测绘行业职业教育工学结合一体化规划教材

土地管理技术与实务

侯方国　王　莉　张萍丽
高　晋　尚俊玲　丁永昌　编著

黄河水利出版社
·郑州·

内 容 提 要

本书以国土资源管理业务流程为主线，采用案例导入的方式编写。全书共八个项目。项目一介绍了国土资源管理的基本概念及基本制度；项目二介绍了地籍管理的内容、业务流程；项目三介绍了土地权属的流转管理；项目四介绍了土地利用的方式、手段及措施；项目五介绍了城市土地市场管理的机制及运行；项目六介绍了信息化建设的应用；项目七介绍了土地监察的方法及对违法行为的处罚方式；项目八主要以各种典型案例分析土地管理实务。

本书是国土资源管理专业、测量相关专业教材，也可作为国土资源管理行业培训教材，亦可作为经管类相关专业参考教材。

图书在版编目(CIP)数据

土地管理技术与实务/侯方国等编著.—郑州：黄河水利出版社，2015.8
ISBN 978-7-5509-1110-9

Ⅰ.①土… Ⅱ.①侯… Ⅲ.①土地管理-中国-中等专业学校-教材 Ⅳ.①F321.1

中国版本图书馆CIP数据核字(2015)第084237号

出 版 社：黄河水利出版社
地址：河南省郑州市顺河路黄委会综合楼14层　邮政编码：450003
发行单位：黄河水利出版社
发行部电话：0371-66026940、66020550、66028024、66022620(传真)
E-mail：hhslcbs@126.com
承印单位：河南承创印务有限公司
开本：787 mm×1 092 mm　1/16
印张：14.5
字数：370千字　印数：1—3 000
版次：2015年8月第1版　印次：2015年8月第1次印刷

定价：34.00元

前 言

本书是根据测绘企事业单位的生产情况，采用基于工作过程的项目引领、任务驱动的模式，由骨干专业教师与黄河勘测规划设计有限公司的行业专家组成的教材开发团队完成编写的，可作为高、中等职业院校国土资源调查专业核心课程教材，也可供相关专业的人员参考。

本书打破传统的学科体系教材编写方式，以任务驱动模式编写，坚持任务引领，以国土资源管理业务实务流程为主线，采取案例导入的方式，将枯燥的理论知识与实际案例相结合，力求将理论知识融入实际操作中，体现"做中学，学中做"的职业教育特色，增加了大量的案例教学，力求学做合一，理实一体，以使学生掌握土地管理的基础理论知识及基本技能；培养其分析问题和解决问题的能力，使其形成良好的学习方法，具备优良的职业素养，为今后解决实际生产问题及职业生涯的发展奠定基础。

本书依据国土资源管理岗位技能要求共编写了 8 个项目，包括土地管理理论知识准备、地籍管理、土地权属管理、土地利用管理、城市土地市场管理、土地信息管理、土地监察、土地管理实务与探索。

本书由侯方国担任主编并负责全书统稿，其中项目一、项目六由侯方国编写，项目四、项目五由王莉编写，项目七、项目八由张萍丽编写，项目二、项目三由高晋编写，本书所有关于操作实践部分黄河勘测规划设计有限公司尚俊玲、丁永昌均参与了编写。

本书作为校企合作开发教材，得到了黄河勘测规划设计有限公司、山东东营市垦利县国土资源局的大力支持（提供大量案例及调研支持），全书由郑州市航空港区国土资源局王晓翠审稿。在此，对审稿专家及文献资料原作者表示诚挚的谢意！本书在编写过程中，也得到郑州测绘学校教务处及地形地籍测量教学部老师们的大力支持，在此一并致以诚挚的谢意！

由于编者水平有限，书中不足之处恳请读者指正。

编 者

2015 年 2 月于郑州

目 录

项目一　土地管理理论知识准备

【学习目标】

1. 能够了解我国国土资源管理的形势及任务；
2. 能够明确我国国土资源管理的体制。

【知识目标】

1. 掌握土地概念及其特性；
2. 了解我国土地资源现状及可持续利用的意义；
3. 掌握土地管理的概念、内容体系。

任务一　认识土地的概念与特性

【任务目标】

1. 掌握土地概念；
2. 掌握土地特性。

【学习过程】

1. 课件演示；
2. 分组讨论。

【知识导航】

一、土地的概念

土地是人类生存、生活的物质基础。它在我们的身边司空见惯，与我们的生活密不可分，如何理解、解释、描述土地的概念呢？不同的历史时期，不同的行业，有不同的理解。

随着科学技术的进步，人类利用自然的能力加强，人们对土地的认识也不断深化。在农业社会里，人们主要利用地球陆地表层的可更新资源，因而将土壤看作土地。在工业社会里，人们扩大了土地利用范围，除农用地外，其他土地利用类型如交通用地、工业用地等比重加大，土地含义就扩大为地球表面的陆地。随着人口—资源—环境的矛盾日益尖锐，人们在开发陆地资源的同时，也发展水产养殖、航运等，土地范畴又扩大到地球表面陆地和内陆水域（马克思说：土地经济学也包括水，“只有水流等有一个所有者，是土地的附属物，我们也把它作为土地来理解”）。目前，世界上很多国家掀起海洋开发热潮，开发利用海洋动植物资源、矿产资源及海洋空间资源，一些专家认为，土地的含义应扩大为地球表面陆地和海洋。

从土地管理的角度分析，土地是指地球陆地表层，包括内陆水域、沿海滩涂和岛屿。从纵向空间上，土地是地球表面由地貌、土壤、植被、水文、岩石、气候等要素组成的自然、经济综合体，也包括过去和现在人类活动的结果。

★思考：查找资料，区分以下概念。

土地与土壤　土地与景观　土地与国土　土地与地产　土地与土地资源

二、土地的特性

土地的特性,包括自然特性和经济特性。土地的自然特性是不以人的意志为转移的自然属性;土地的经济特性是人们在利用土地的过程中,在生产力和生产关系方面表现的特性。

(一)自然特性

(1)土地面积的有限性。列宁指出:“土地有限是一个普遍现象。”土地是自然的产物,人类不能创造土地。通过人类的活动,可以改变地球形态,如炸山填海、围湖造田等,仅仅是改变了用途,土地总面积不变。

(2)土地位置的固定性。土地位置是固定的,不能移动。这一特性就决定了土地的用途和适用性随土地位置的不同有较大的变化,这就要求人们必须因地制宜使用土地。

(3)土地质量的差异性。不同地域,其地理位置和自然、社会经济条件的差异,决定了土地质量的差异。

(4)土地永续利用的相对性。土地是一种非消耗性资源,它不会随着人们的利用而消失,在土地利用中,只有维持土地生态系统,注意保护它,才能实现永续利用。

(二)经济特性

(1)土地资源的稀缺性。首先土地面积是有限的,其次供人类所使用的各种不同用途的土地资源也是有限的,不能完全满足人类的用地需求,造成土地的升值,地价昂贵,也迫使人们必须节约、集约利用土地。

(2)土地用途的多样性。土地具有多种用途,既可作为工业用地,也可作为商业用地、住宅用地等,在这多种用途中,要求人们在利用土地时,必须考虑最佳、最有效利用原则,满足其最大的社会效益、生态效益、经济效益。

(3)土地用途变更的困难性。土地利用是不可逆转的,当农用地变为建设用地时,较为容易,但是建设用地转为农用地非常困难,这就要求我们确定土地用途时,要科学规划,充分论证,合理决策。

(4)土地报酬递增递减性。一般情况下,土地报酬随土地的投入递增,但当达到一定限度时,土地上投入增加,土地报酬反而减少。这就必须寻找合适的投资度、适当的投资结构,防止出现土地报酬递减的现象。

(5)土地利用的社会性。人类利用土地的过程,反映出人与人的社会生产关系,土地的利用要受到社会、他人的制约,要符合土地利用总体规划、城市规划的要求。

任务二　认识我国土地资源概况

【任务目标】

1. 了解我国土地资源现状;
2. 了解土地资源可持续利用的意义。

【学习过程】

1. 课件演示;
2. 分组讨论。

【知识导航】

我国土地资源的基本国策是："十分珍惜、合理利用土地和切实保护耕地。"

我国土地资源范围：北至漠河以北的黑龙江江心，南至南沙群岛的曾母暗沙，东至黑龙江与乌苏里江的汇合处，西至帕米尔高原。

一、我国土地资源的数量

据国土资源部2013年国土资源公报，2013年国土资源数据如下：

截至2012年年底，全国共有农用地64 646.56万hm^2，其中耕地13 515.85万hm^2（20.27亿亩❶），占土地总面积的14.3%；林地25 339.69万hm^2（38.01亿亩），占土地总面积的26.7%；牧草地21 956.53万hm^2（32.94亿亩），占土地总面积的23.2%；建设用地3 690.70万hm^2，其中城镇村及工矿用地3 019.92万hm^2。

二、我国土地资源的特点

（1）土地资源绝对数量大，相对数量小。我国土地总面积居世界第三位，但人均为10.3亩，相当于世界平均水平的30%。而耕地、林地、草地的人均占有量分别为1.35亩、2.7亩、2.4亩，分别为世界平均数的1/2、1/3、1/2。

（2）后备土地资源不足。我国现有未利用土地总面积为270万km^2，其中难以利用的沙漠、戈壁、永久积雪、冰川及裸岩、石砾等地占73%，宜作耕地开垦的仅为2亿亩，远远不能满足需要。

（3）山地丘陵多、平地少。

（4）资源分布不均衡。

（5）土地质量较差。在现有的耕地中，1/3为低产田，1/3为中产田，1/3为高产田。根据卫星测算结果，我国水土流失面积已达150万km^2，仍在扩大。目前，我国有1/3的草场处于退化中，沙漠化土地有17万km^2，盐碱地有5亿亩。此外，还有大量的"三废"污染地。

（6）森林覆盖率低。我国森林覆盖率为21.63%，日本为68%，瑞典为69%，世界平均为31%，无论是森林覆盖率，还是人均林地面积，我国都远低于世界平均水平。

★思考：我国土地资源利用存在哪些问题？

三、土地资源的可持续利用

（一）可持续发展战略的提出

由于人口急剧增长、资源耗竭、环境恶化，人口问题、资源问题、环境问题、经济发展问题成为当今世界人们密切关注的热点问题，也引起世界各国注意。为此，20世纪80年代以来，联合国大会成立了以挪威首相布伦特兰为首的世界环境与发展委员会，该委员会于1987年7月向联合国提交了"我们的共同未来"的报告。报告指出，为了未来，必须实施可持续发展战略，即："满足当代人需求，又不损害后代人满足其需求能力的发展。"

1989年联合国环境署对"可持续发展"作出界定：可持续发展系指满足当前需要而又不

---

❶ 1亩＝1/15 hm^2，下同。

削弱子孙后代满足其需要能力的发展。

(二)土地资源可持续利用

土地资源可持续利用思想是在1990年的首次国际土地可持续利用系统研讨会上得到正式确认的,其后又分别在1991年的“发展中国家可持续土地管理评价”和1993年的“21世纪可持续土地管理”两次国际学术讨论会上进行了讨论。土地资源可持续利用指土地资源代际分配合理,部门配置得当,经济、社会和生态综合效益最佳的利用方式,就是实现土地生产力的持续增长和稳定性,保证土地资源潜力,防止土地退化,并具有良好的经济效益和社会效益,即达到生态合理性、经济有效性和社会可承受性。由于不同发展水平国家面临的土地问题不同,所以土地持续利用的定义不同。相对而言,发达国家侧重生活质量的提高,因而强调资源利用的环保效益;而发展中国家则在提高经济效益的前提下保持生态平衡,这正符合持续发展的公平性准则。1989年美国爱荷华州立大学的Leopold持续农业研究中心首先提出土地资源开发利用的“持续性”,即运用合适的作物和畜牧体系、农业投入支持来保证社会经济效用性,同时保持土地生产力和土地质量。

20世纪90年代以来,土地资源的可持续利用相继在各国逐步展开。随着土地持续利用研究的深入,人们对“土地可持续性”含义的认识也有了变化,但总的来说都离不开土地的生产力、社会经济效益和生态效益这三个方面,而且进行的研究也主要围绕着它们展开。在人口、资源、环境和发展的关系中,土地资源居于其他资源无法替代的核心地位。这种特殊作用主要通过土地资源的三大功能表现出来:生态系统生产功能、空间场所功能和景观功能。

人们对土地的开发和利用就是对这些功能的开发和利用。人类利用土地满足自身需要,一方面是指利用土地创造财富,以满足人类生产和生活的需要;另一方面是指改善环境,以满足人类生存的需要。所以,土地可持续利用包含了土地开发、利用、整治和保护的深刻内涵。开发是人类首先通过一定的技术措施将一定的土地资源投入使用,并将其改变成可使用状态;利用是指土地开发后,利用土地的特性来满足某种生产和生活的需要;整治是指土地利用过程中,为了更好地满足人类对土地某一方面的要求,克服原来土地特性中的某些缺陷,对土地进行改良,如配方施肥、平整土地和水利设施配套等;保护是指为了长期持续地利用土地,防止土地质量劣化而丧失某些特性所采取的某种综合措施,以保持土地的综合生产能力。因此,土地的开发、利用、整治和保护是土地可持续利用过程中彼此联系、相互依赖的四个方面,不可偏废;否则,将破坏土地资源,打破生态平衡。如果这种破坏性作用长期积累,就会直接影响到地球上的生命支持系统,对人类自身构成严重威胁。因此,为了保护有限的土地资源,维护生态平衡,土地持续开发与利用成为自然资源研究的重要领域。

任务三　土地管理

【任务目标】

1. 掌握土地管理的概念;
2. 掌握土地管理的内容体系;
3. 了解我国土地管理体制。

【学习过程】

课件讲解。

【知识导航】

一、土地管理的概念

土地管理是国家在一定的环境条件下,综合运用行政、经济、法律、技术等方法,为提高土地利用生态、经济、社会效益,维护在社会中占统治地位的土地所有制,调整土地关系,监督土地利用,而进行的计划、组织、控制等综合性活动。这一概念包括6个方面的内容:

(1)土地管理的主体是国家。国家委派国务院土地行政主管部门管理全国土地。

(2)土地管理的客体是土地,以及土地利用中产生的人与人、人与地、地与地之间的关系。

(3)土地管理的基本任务是维护在社会中占统治地位的土地所有制、调整土地关系和监督土地利用。目标是不断提高土地利用的生态效益、经济效益和社会效益,以满足社会日益增长的需求。

(4)综合运用行政、经济、法律、技术等方法管理土地。

(5)管理的职能是计划、组织与控制。计划是一种预测未来、设定目标、决定政策、选择方案的连续过程。组织是指建立组织机构,确定职位、职责和职权,建立各级人员的相互关系,对部属行动领导与监督,建立纵向、横向间良好关系,协同彼此间步调,综合共同的力量,使之为实现既定目标而努力。控制是指通过修正执行状况与原定计划间的偏差,以保证达到预期目标的管理活动。

(6)土地管理的目的和特点受社会环境的制约,主要受社会制度、土地制度的制约。例如,我国是社会主义国家,在土地制度上实行社会主义土地公有制,这就决定了我国的土地管理除了要最大限度地提高土地利用综合效益,还要维护社会主义土地公有制,从而为有计划地、合理地利用土地提供保证。

二、土地管理的任务

(一)土地管理的基本任务

我国土地管理的基本任务是维护社会主义土地公有制及土地所有者和使用者的合法权益,保护、开发、合理利用土地,切实保护耕地,促进社会经济的可持续发展。

(二)土地管理的现阶段任务

现阶段,土地管理的具体任务如下:

(1)加强耕地保护,实现耕地总量的动态平衡。贯彻“十分珍惜、合理利用土地和切实保护耕地”的基本国策,制定和执行世界上最严格的耕地保护措施。从严控制城乡建设用地,在保护生态环境的前提下加强耕地开发和复垦,积极推动土地整理,努力提高土地利用效率,确保规划期内耕地总量的动态平衡。

(2)加强土地资源的调查评价和科学规划。开展新一轮的国土资源大调查,开展经常性的土地利用变更调查和监测,每两年进行一次城镇基准地价的更新与平衡,6年内完成全国农用土地分等定级工作,10年内实现一次全国系统性的1:5万地形图的更新,做好《全国土地利用总体规划纲要》,以及省级、地(市)、县乡土地利用总体规划的修编和审批工作。

(3)加强土地资源信息系统建设,实现信息服务社会化。建立土地资源信息中心,形成全国土地资源信息网络,做到信息共享,利用现代科技和管理手段建立土地资源动态监测系统,为政府决策提供科学依据,为社会提供信息服务。

(4)深化改革,建立适应社会主义市场经济的管理新体制、新机制。按照政、企分开的原则,实现国土资源部的职能转变,建立起高效精干的国土资源行政管理机构,强化国土资源管理的国家职能,强化国土资源集中统一管理体制和统筹规划。建立和完善在国家宏观调控下市场配置土地资源的机制,形成土地使用权有偿使用和流转制度,促进土地资源的合理配置和有效使用。

(5)健全法制,依法行政,实现土地管理程序的根本好转。加强土地管理法制建设,形成完备的法律体系,做到有法可依,建立和完善土地资源执法体系,组建强有力的执法队伍。坚持严格执法,加大执法监察力度,严肃查处土地方面的违法案件,保护土地资源。

三、土地管理的内容体系

土地管理的基本内容由地籍管理、土地权属管理、土地利用管理、土地综合管理四大部分构成。

(一)地籍管理

地籍管理包括土地调查和土地动态监测,土地资源评价,土地登记,土地统计,地籍信息资料的管理、应用、维护、更新等内容。

(二)土地权属管理

土地权属管理包括土地所有权、使用权及他项权利的审核和依法确认,土地权属变更管理,土地权属纠纷的调处,依法查处有关侵犯土地所有权、使用权及他项权利方面的违法案件等内容。

(三)土地利用管理

土地利用管理包括编制和实施全国、省、地(市)、县、乡土地利用总体规划和专项规划,制订土地供给计划,对土地利用,特别是耕地保护,以及土地开发、整理、复垦等进行监督和控制。

(四)土地综合管理

土地综合管理包括对土地市场供需、土地交易、土地价格、土地市场化配置等进行的市场管理、土地税费管理、土地信息化管理和其他管理。

上述四部分内容是相互联系、相互依赖的,它们共同构成完整的土地管理内容体系。从上述四大内容在土地管理系统中的作用来看,地籍管理是基础,土地权属管理、土地综合管理是手段,土地利用管理是核心。因为土地管理的总目标是取得尽可能大的生态效益、经济效益和社会效益,实现土地资源的持续利用,这主要是通过合理利用土地来实现的,而土地权属管理、土地市场管理的任务在于正确地调整土地关系,调整土地权属单位合理用地的积极性,并通过市场机制合理配置土地资源,为实现土地管理的总目标服务。

四、土地管理的原则

土地管理应遵循以下基本原则。

(一)正确处理国家、集体、个人之间关系的原则

在我国,国家、集体、个人的根本利益是一致的,但在土地利用的一些具体问题上,各方

利益也常出现不一致的现象。例如,占地盖房的问题,作为单位和个人希望占用交通便利、离城镇较近的耕地;作为国家则要求节约用地,尽量利用荒地、劣地、旧宅基地。土地管理者必须在保证社会主义长远利益、全局利益的前提下,本着既要保证十多亿人口的吃饭用地,又要保证各建设用地的方针,正确处理好国家、集体、个人之间的土地分配和用地关系,以使土地利用的总效益最佳。

(二)坚持生态、经济、社会三效益统一的原则

从全局的、长远的观点看,三效益是一致的,具有良好生态的土地利用,必然也会取得良好的经济效益和社会效益。但在土地利用中,常常出现只重视当前经济利益的短期行为,例如,毁林开荒、盲目围湖造田、乱排"三废"等。这些短期行为的严重后果,在当时并不明显,而是经过较长一段时间才暴露出来,在人们注意到时,已为时太晚,如果补救,得付出高昂代价。因此,土地管理工作者必须从长远利益出发,在土地利用上,坚持生态、经济、社会三效益统一的原则。

(三)坚持依法、统一、集中、科学地管理土地的原则

土地是国家的财富,只有将土地管理纳入法制轨道,依法管理,才能有效地维护社会主义土地公有制和保证土地的合理利用。土地利用涉及城乡土地和各行各业用地,为了避免在管理上的政出多门、互相扯皮的混乱局面,必须对全国城乡土地实行统一管理,做到统筹兼顾城乡各部门、各行业对土地的需求,协调各部门、各行业的土地关系,提高土地管理的效率。土地是自然历史的综合体,又是生产资料,因此必须根据土地利用的自然、经济规律,采用先进的科学技术,科学地管理土地。

五、我国的土地管理体制

(一)土地管理体制的含义

土地管理体制是指土地管理机构的设置、管理权限划分及运行等各种制度的总称,是中央和地方各级土地管理机构设置体系及其管理权限、范围的体现。其中,土地管理机构设置是土地管理体制的核心。

(二)现行的土地管理体制

在1986年成立国家土地管理局之前,土地由各部委多头分散管理,国家土地管理局成立后,实行全国土地集中统一管理的体制。1998年国务院组建国土资源部,实行陆地与海洋、土地与矿产统一管理。

任务四　土地制度与土地政策

【任务目标】

1. 掌握土地制度的含义;
2. 掌握土地政策的含义;
3. 了解现行土地管理的制度。

【学习过程】

1. 课件展示;

2. 网络查询。

【知识导航】

土地制度是一切社会形态中最重要、最基本的制度。它对一个国家一定时期的上层建筑起着决定性的作用。土地政策是土地制度得以实现的措施体系或行为准则。土地制度是土地政策的基础,土地政策是土地制度的体现。

一、土地制度

土地制度是指在特定的社会经济条件下土地关系的总称,是一个国家人地关系的法定结合形式。它包括土地所有制、土地使用制度和土地管理制度。

(一)土地所有制

土地所有制是指人们在一定社会经济条件下拥有土地的经济形式,是土地制度的核心,是土地关系的基础。土地所用权是土地所有制的法律表现形式。

(二)土地使用制度

土地使用制度是对土地使用的程序、条件和形式的规定,是土地制度的另一个重要组成部分。土地使用权是土地使用制度的法律体现。土地所有制决定着土地使用制度。

(三)土地管理制度

土地管理制度是国家对全国的土地在宏观上进行管理、监督和调控的制度、机制和手段的综合,由中央和各级地方政府实施。

二、土地政策

(一)土地政策的含义

政策是一个行政组织为完成某项任务而制定的具体目标、准则、方案、办法等各种决策。土地政策是国家为了维护土地制度,实现土地资源优化配置,合理组织土地利用而制定的一系列措施体系或行为准则。它是协调人地关系的行动路线,是指导人们利用土地的基本要求。土地政策制定的主要目标是要巩固现有的土地制度,同时促使现有的土地制度发挥更大的效益。在不同的土地制度下,其土地政策是不同的。

(二)土地政策制定的原则

1. 目标明确原则

目标是一切活动的方向。土地政策是为土地管理过程指明方向和提供依据,其目标要明确、恰当。

2. 全面准确收集信息原则

准确而全面的信息是土地政策的基础。掌握大量的准确可靠的信息资料,并进行归纳、整理、分析,才能制定正确的土地政策。

3. 可行性原则

制定土地政策时,必须考虑可行性,不能凭主观愿望,否则会给土地管理工作带来损害。

4. 多方案择优原则

依据政策对象和土地管理过程的复杂性,制订多个方案,对比选优。

5. 系统性原则

土地政策涉及范围广,错综复杂,很多利害关系交杂,必须运用系统性原则,注重整体性、相关性，才能制定科学的土地政策。

6. 公共利益原则

土地资源是人类赖以生存的基础，为保障人类的生态环境、可持续利用，应优先保证公共利益原则。

7. 动态性原则

土地利用不是一成不变的，而是呈现动态变化的，土地政策制定应能适应这种变化，要有前瞻性、预见性，对政策及时修改、调整，以满足新形势、新情况的要求。

【背景知识】

一、我国现行的土地管理制度

国家实行《国有土地有偿使用制度》《土地用途管制制度》《基本农田保护制度》《土地登记制度》《土地统计制度》《土地调查制度》《土地征收制度》《农用地转用制度》。

二、土地行政管理

土地行政是指土地政务的推行与管理，即国家行政机关为了体现土地利用当前和未来的社会整体利益而对土地事务的组织与管理活动。

土地行政管理是土地行政管理主体实施各种行政行为，作用于行政管理对象，从而实现土地行政管理目标的过程。其基本过程包括土地行政管理决策、实施、效率评估和反馈等环节，是一个动态的运行过程，如图 1-1 所示。

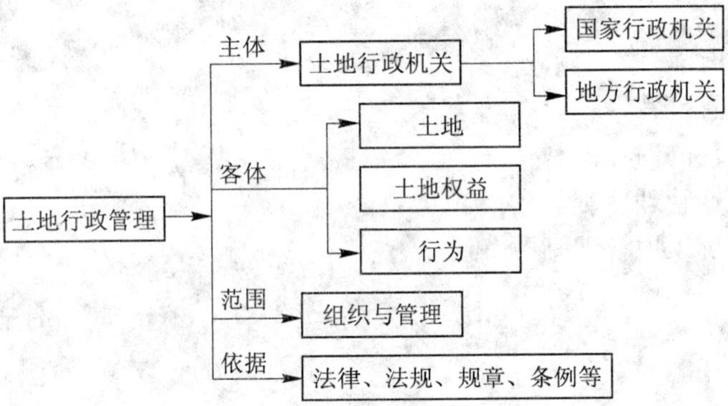

图 1-1　土地行政管理的动态过程

土地行政管理的目标是：

(1) 实现土地资源优化配置——经济目标；

(2) 实现土地利用的相对公平，促进整体效率提高——社会目标；

(3) 实现土地资源可持续利用——生态目标。

土地行政管理功能：

(1) 政治功能；

(2) 经济功能；

(3) 社会、文化功能。

三、土地管理的理论基础

土地资源管理的理论基础由四大学科支撑,分别为管理学、经济学、法学、生态学。管理学是研究人类管理活动规律及其应用的科学,为社会公共管理提供理论平台,其中人本原理、系统原理、动态原理、效益原理为土地管理提供了思想源泉。从经济学中分离出来的土地经济学解决了土地资源配置与利用问题。土地法学研究土地利用中的各种法律关系,促进土地管理的规范性,合法维护产权主利益。土地生态学研究土地内在规律,为土地资源可持续利用提供理论基础。

四、土地管理的技术基础

土地管理的技术基础赖以测绘技术、计算机技术、信息技术。土地管理基础信息(定位、定量、定性等)的获取随着“3S”技术的进步,更加便捷、准确、可靠。计算机是土地管理工作的基本工具。随着国家大力提倡信息化建设,无纸化办公系统、局域网络建设促进了土地管理工作的系统化、规范化。信息技术对海量的土地信息是必不可少的系统平台,完成对土地信息的数据编辑、数据加工、空间分析,为规划、政府决策、社会管理等方面提供其强大的信息支持。

思考题

1. 什么是土地?
2. 土地的特性有哪些?
3. 什么是土地管理?
4. 简述土地管理的内容体系。
5. 简述我国土地管理体制。
6. 简述我国现行土地管理制度。

项目二　地籍管理

【学习目标】

1. 掌握地籍管理的内容；
2. 掌握土地调查、土地登记、土地统计及地籍档案管理的工作流程。

【知识目标】

1. 掌握土地登记的业务流程；
2. 掌握土地统计的业务流程；
3. 掌握地籍档案的业务流程。

【知识导航】

一、地籍管理的概念

地籍管理与地籍是两个不同的概念。为了建立地籍，设置地籍簿和地籍图，需要收集、记载、定期更新地籍信息。为此，就要开展土地调查、土地评价、土地登记、统计等一系列工作。这些工作的总称就是地籍管理，一般由国家委派土地管理部门完成。所以，地籍管理可以理解为：国家为获得地籍信息，科学管理土地而采取的以土地调查（含测量）、土地分等定级、估价、土地登记、土地统计、地籍档案管理为主要内容的综合措施。

地籍管理又称地籍工作。按地籍工作任务和进行时间的不同可区分为初始地籍工作和经常地籍工作。初始地籍工作指对行政区域内全部土地所进行的全面调查、分等定级、登记、统计、建立地籍档案系统。经常地籍工作是在初始地籍工作的基础上，对土地数量、质量、权属和利用状况的变化所进行的调查、登记、统计、更改地籍图等工作，以保持地籍资料的现势性和适用性。

二、地籍管理的任务

地籍管理具有鲜明的阶级性。在资本主义国家，地籍管理的主要任务是维护资本主义土地私有制和少数土地私有者的权益，并为税收目的服务。在我国，地籍管理的主要任务是：维护土地的社会主义公有制，保护土地所有者和使用者的合法权益，促进土地的合理开发、利用，编制土地利用年度计划、土地利用总体规划，制定有关土地政策、法律等，提供、保管、更新有关土地自然、经济、法规方面的信息。

三、地籍管理的内容

地籍管理的内容与一定的社会生产方式相适应。如在我国几千年的封建社会中，地籍管理的主要内容是为制定各种与封建土地占有密切相关的税收、劳役和租赋制度而进行的土地清查、分类和登记。又如新中国成立初期，地籍管理的主要内容是结合土改分地，进行土地清丈、划界、定桩和土地登记、发证等。现阶段地籍管理的主要内容包括土地调查、土地分等定级、估价、土地登记、土地统计及地籍档案管理等。

(一)土地调查

土地调查是以查清土地的位置(界线、四至)、利用类型、数量、质量和权属状况而进行的调查。根据土地调查的内容侧重面不同,可分为土地利用现状调查、地籍调查和土地条件调查。

(二)土地分等定级

土地分等定级是在土地利用条件调查与土地利用分类的基础上,以马克思的地租、地价理论为主要依据所确定的各类土地等级。

(三)土地登记

土地登记指土地所有权、使用权以及他项权利的登记。依照我国土地法律的规定,主要开展农民集体土地所有权、农民集体土地使用权和国有土地使用权以及土地他项权利的登记。

(四)土地统计

土地统计是对土地的数量、质量等级、权属、利用类型和分布等进行统计、汇总与分析,为国家提供土地统计资料,实行统计监督。

(五)地籍档案管理

地籍档案管理是将经过土地调查、分等定级、估价、登记、统计等工作形成的各种文字、数据、图册资料进行立卷归档、保管与提供利用等工作。

地籍管理的内容不是一成不变的,其各项内容也是相互联系和补充的。地籍管理内容将随着社会经济的迅速发展和国家对地籍资料需求的增长而不断变化和完善。

四、地籍管理的原则

为确保地籍工作的顺利进行,地籍管理必须遵循以下基本原则。

(一)地籍管理必须按国家规定的统一制度进行

为实现城乡地籍的统一管理,使地籍工作取得预期的效果,国家必须对地籍管理的各项工作制定规范化的政策和技术要求。如地籍簿册、图件(包括比例尺的要求)等的格式,项目,填写内容及其详略程度;土地登记规则;土地统计报表制度以及地籍资料中有关土地分类系统等,国家必须做出统一规定,并要求全国各地按统一规定开展地籍工作。

(二)保证地籍资料的可靠性和精确性

地籍簿册上所记载的数字必须以具有一定精度的近期测绘、调查和土地评价成果资料为依据,地籍中有关宗地的界址线、界址拐点的位置应达到可以随时在实地得到复原的要求;地籍中有关权属关系的记载,必须以相应的法律文件为依据。

(三)保证地籍工作的连续性

地籍管理的文件应该是有关土地数量、质量、权属和利用状况的连续记载资料,这就决定了地籍工作不是一次性的工作,而是经常性的工作。在进行最初的土地调查、分等定级、登记、统计、建档工作以后,随着时间的推移,土地的数量、质量、权属和利用状况会不断地发生变化,为了将这些变化正确地反映到地籍簿及图上,就要求进行土地补充调查、评价、变更登记和经常统计,也就是不间断地开展地籍工作。

(四)保证地籍资料的完整性

所谓地籍资料的完整性,是指地籍管理的对象必须是完整的土地区域空间。如全国的地籍资料的覆盖面必须是全国土地;省级、县级及其以下的地籍资料的覆盖面必须分别是省级、县级及其以下的行政区域范围内的全部土地;宗地或地块的地籍也必须保持一宗地或一个地块的完整性,不应出现间断和重漏的现象。

五、地籍管理流程图

地籍管理流程如图 2-1 所示。

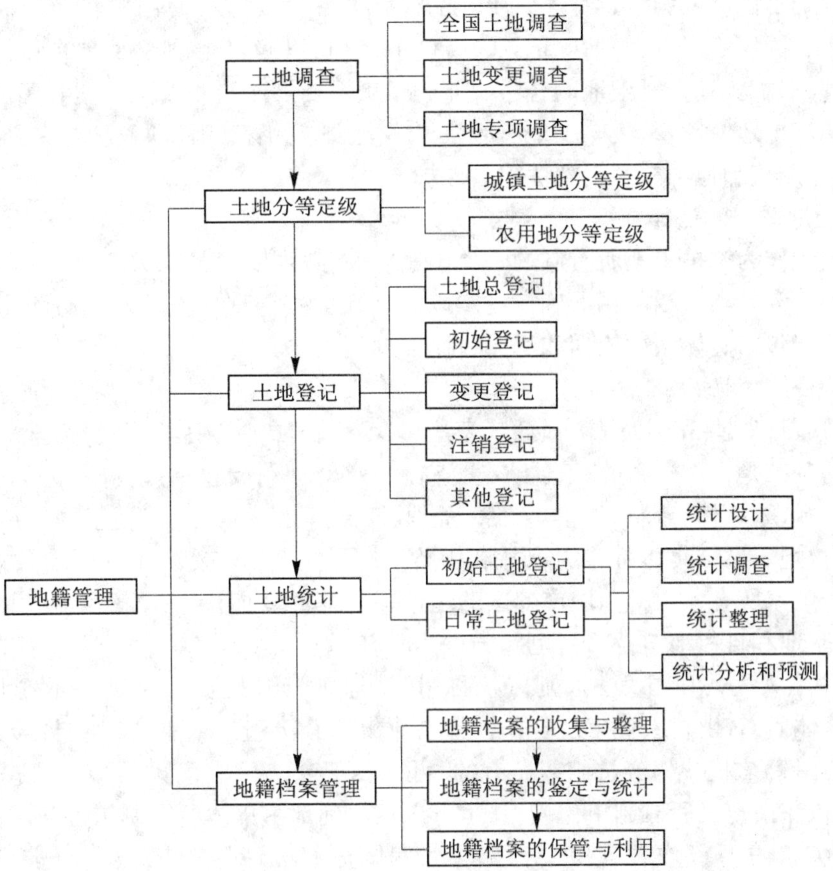

图 2-1　地籍管理流程

任务一　土地登记

【任务目标】

1. 掌握初始土地登记的内容、程序;
2. 掌握变更土地登记的内容、程序;
3. 掌握注销土地登记等其他土地登记的内容。

【学习过程】

1. 课件讲解；

2. 实训。

【知识导航】

一、土地登记的概念和法律依据

（一）土地登记的概念

土地登记是国家依照法定程序将土地的权属关系（所有权、使用权和他项权利）、用途、面积、使用条件、等级、价值等情况记录于专门的簿册，以确定土地权属，加强政府对于土地的有效管理，保护权利人对土地的合法权益的一项重要的法律制度。根据我国的具体情况，主要登记国有土地使用权、集体土地所有权、集体土地使用权和他项权利等。经过登记的土地所有权、使用权和他项权利受到法律的保护。

（二）土地登记的法律依据

土地登记作为维护土地所有制的一项国家制度，必须以有关的法律为依据，这些法律依据包括土地权利种类、权利义务、确权规定以及确权和登记程序。从大的分类上看，土地登记的法律依据包括实体法律依据和程序法律依据两大类。

1. 实体法律依据

（1）《中华人民共和国宪法》（简称《宪法》）第六条规定："中华人民共和国的社会主义经济制度的基础是生产资料的社会主义公有制，即全民所有制和劳动群众集体所有制。"第九条规定："矿藏、水流、森林、山岭、草原、荒地、滩涂等自然资源，都属于国家所有，即全民所有；由法律规定属于集体所有的森林和山岭、草原、荒地、滩涂除外。"第十条规定："城市的土地属于国家所有。农村和城市郊区的土地，除由法律规定属于国家所有的以外，属于集体所有；宅基地和自留地、自留山，也属于集体所有。"

（2）《中华人民共和国民法通则》（简称《民法通则》）规定："集体所有的土地依照法律属于农民集体所有，由村农业生产合作社等农业集体经济组织或者村民委员会经营、管理。已经属于乡（镇）农民集体经济组织所有的，可以属于乡（镇）农民集体所有。""国家所有的土地，可以依法由全民所有制单位使用，也可以依法确定由集体所有制单位使用……"。

（3）1962 年 9 月，《农村人民公社工作条例修正草案》对生产队集体土地所有权的规定。《农村人民公社工作条例修正草案》第四章规定："生产队范围内的土地，都归生产队所有。生产队所有的土地，包括社员的自留地、自留山、宅基地等，一律不准出租……生产队所有的土地，不经过县级以上人民委员会的审查和批准，任何单位和个人都不得占用……集体所有的山林、水面和草原，凡是归生产队所有比较有利的，都归生产队所有。"

（4）《中华人民共和国土地管理法》（简称《土地管理法》）第二条规定："中华人民共和国实行土地的社会主义公有制，即全民所有制和劳动群众集体所有制。"第八条规定："城市市区的土地属于国家所有。农村和城市郊区的土地，除由法律规定属于国家所有的以外，属于农民集体所有；宅基地和自留地、自留山，属于集体所有。"第九条规定："国有土地和农民集体所有的土地，可以依法确定给单位或者个人使用。"第十条规定："农民集体所有的土地依法属于村农民集体所有的，由村集体经济组织或者村民委员会经营、管理；已经分别属于村内两个以上农村集体经济组织的农民集体所有的，由村内各该农村集体经济组织或者村民小组经营、管理；已经属于乡（镇）农民集体所有的，由乡（镇）农村集体经济组织经营、管理。”第十一条规定：“农民集体所有的土地，由县级人民政府登记造册，核发证书，确认所有权。农民集体所有的土地依法用于非农建设的，由县级人民政府登记造册，核发证书，确认建设用地使用权。单位和个人依法使用的国有土地，由县级人民政府登记造册，核发证书，确认使用权；其中，中央国家机关使用的国有土地的具体登记发证机关，由国务院确定。确认林地、草原的所有权或者使用权，确认水面、滩涂的养殖使用权，分别依照《中华人民共和国森林法》《中华人民共和国草原法》《中华人民共和国渔业法》的有关规定办理。”第十二条规定：“依法改变土地权属和用途的，应当办理土地权属变更登记手续。”第十三条规定：“依法登记的土地所有权和使用权受法律保护，任何单位和个人不得侵犯。”

(5)《中华人民共和国城市房地产管理法》第五章专门规定了房地产权属登记管理的相关内容，明确规定国家实行土地使用权登记发证制度、土地登记与房屋登记的关系、房地产抵押登记、房产证与土地证合一的条件（经省、自治区、直辖市人民政府确定，县级以上地方人民政府由一个部门统一负责房产管理和土地管理工作的，可以制作、颁发统一的房地产权证书……）。

(6)《中华人民共和国担保法》第三十四条规定下列财产可以抵押：抵押人依法有权处分的国有土地使用权、房屋和其他地上附着物；抵押人依法承包并经发包方同意抵押的荒山、荒沟、荒丘、荒滩等荒地的土地使用权。第三十五条规定：抵押人所担保的债权不得超出抵押物的价值。财产抵押后，该财产的价值大于所担保债权的余额部分可以再次抵押，但不得超出其余额部分。第三十六条规定：以依法取得的国有土地上的房屋抵押，该房屋占用范围内的国有土地使用权同时抵押。以出让方式取得的国有土地使用权抵押的，应当将抵押时该国有土地上的房屋同时抵押。乡（镇）、村企业的土地使用权不得单独抵押。以乡（镇）、村企业的厂房等建筑物抵押的，其占用范围内的土地使用权同时抵押。第三十七条规定下列财产不得抵押：土地所有权；耕地、宅基地、自留地、自留山等集体所有的土地所有权，但本法第三十五条第（五）项、第三十六条第三款规定的除外。第四十一条规定：当事人以本法第四十二条规定的财产抵押的，应当办理抵押物登记，抵押合同自登记之日起生效。第四十二条规定办理抵押登记的部门如下：以土地上附着物的土地使用权抵押的，为核发土地使用权证的土地管理部门；以城市房地产或者乡（镇）、村企业厂房等建筑物抵押的，为县级以上地方人民政府规定的部门。

(7)《中华人民共和国土地管理法实施条例》除对《土地管理法》的有关规定作了具体化的规定外，还明确规定了土地证书式样由国家土地管理部门统一制定。

(8)《城镇国有土地使用权出让和转让暂行条例》。

(9)《国家土地管理局确定土地所有权和使用权的若干规定》。

2. 程序法律依据

依照有关法律规定，土地登记、确定土地权属由各级人民政府土地管理部门负责，国家土地管理部门负责管理全国土地登记、土地确权工作，直接负有依法规范土地登记工作的责任。因此，为确保土地登记工作的顺利进行，国家土地管理部门专门发布规章，规范土地登记和处理土地权属争议的任务、内容和程序。主要有：

(1)国家土地管理局《土地登记规则》；

(2)国家土地管理局《土地权属争议处理暂行办法》。

二、土地登记的特点、原则和类型

（一）土地登记的特点

1. 统一性

土地登记是依据统一的实体法律规范，遵循统一的登记程序，在统一的登记机关进行的。

2. 唯一性

同一土地上的登记结果应当是唯一的，不能同时存在两个或两个以上的登记结果。

3. 连续性

由于土地权利状况是经常变化的，为了保持现势性，土地登记结果也必须不断更新，所以土地登记具有连续性的特点。

4. 强制性

土地登记的强制性体现在任何土地使用或所有的单位或个人，都必须依照规定办理土地登记。对逾期不进行登记申请的，按规定予以处理。

5. 公开性

土地登记的实质在于公示，将土地权利变动的状况向社会公众公示，让公众知晓。土地登记的公开包括登记依据的公开、登记程序的公开和登记结果的公开，土地登记资料可公开查询就是土地登记公开性的内在要求。

6. 公信力

由国家专门机关依法登记的土地权利具有公信力，值得社会公众信赖，它包括两方面：一是登记结果真实可靠；二是如果登记错误，国家应通过行政赔偿方式对受损人予以赔付。

（二）土地登记的原则

为保证土地登记工作的顺利开展，保质保量地完成任务，应遵循以下原则。

1. 依法的原则

土地登记必须依法进行，具体包括三个方面的含义：①土地登记义务人必须依法向土地登记机关申请，提交有关的证明文件资料，并按照土地登记机关的要求到现场指界等；②土地登记机关必须依法对土地登记义务人的申请进行审查、确权和在土地登记簿上进行登记；③土地权利经登记后的效力由法律、法规和政策规定，任何单位和个人都不能随意夸大或缩小土地登记的效力。

2. 申请的原则

土地登记机关办理土地登记，一般都应当由土地权利人或土地权利变动当事人首先向土地登记机关提出申请。由于土地登记是国家实行的一项法律措施，其结果具有决定物权变动是否生效的法律依据，因此土地登记申请应采取书面方式，口头方式无效。

3. 审查的原则

土地登记机关对土地登记申请和地籍调查的结果必须进行审查。主要包括两个方面：一是形式审查，审查土地登记申请所提交的各种证明文件资料是否为土地登记所必须具备的要件；二是实质审查，审查所申请的土地权利或权利变动事项是否符合国家有关法律和政策。经审查，有的还需要通过公示。凡符合土地登记要求的，应予以登记；否则，不予登记。

4. 属地管辖的原则

土地登记属于不动产物权登记,不动产物权的管辖为属地管辖,土地登记也遵循属地管辖的原则。具体有两个要求:一是土地登记机关应当坚持统一性,即在一个登记区内只能由一个土地登记机关来登记;二是土地登记资料应当保持完整,即同一个登记区内的土地登记资料只能由一个土地登记机关建档保存。

(三)土地登记的类型

按照我国《土地登记办法》的规定,土地登记分为土地总登记、初始土地登记、变更土地登记、注销土地登记及其他登记。

土地总登记是指在一定时间内对辖区内全部土地或者特定区域内的土地进行的全面登记。初始土地登记是指土地总登记之外对设立的土地权利进行的登记。变更土地登记是指因土地权利人发生改变或者因土地权利人姓名或者名称、地址和土地用途等内容发生变更而进行的登记。注销土地登记是指因土地权利的消灭等而进行的登记。其他登记包括更正登记、异议登记、预告登记和查封登记。

三、土地总登记的内容、程序和主要文件

(一)土地总登记的内容

土地登记的单元是宗地。土地登记的内容是指反映在土地登记簿内的土地登记对象质和量方面的要素,包括土地权属性质与来源、土地权利主体、土地权利客体以及与这三方面直接相关的其他内容。

1. 土地权属性质与来源

(1)土地权属性质,指附着在某宗土地上的权利是一种什么性质的权利。按照有关法律法规,我国的土地权属性质分为国有土地所有权、集体土地所有权、国有土地使用权、集体土地使用权以及土地他项权利等。

(2)土地权属来源,指土地所有者或使用者最初取得土地的方式。按照土地权利的不同,土地权属来源可分为国家土地所有权来源和集体土地所有权来源、国有土地使用权来源和集体土地使用权来源等。

2. 土地权利主体

土地权利主体是指土地权利人,包括集体土地所有权人、集体土地使用权人、国有土地使用权人和土地他项权利人。

(1)集体土地所有权人。集体土地所有权人有三种形式:属乡(镇)农民集体所有的土地所有权人是乡(镇)农民集体,由乡(镇)农民集体经济组织经营管理;属村农民集体所有的土地所有权人是村农民集体,由村集体经济组织或者村民委员会经营管理;属村内各农民集体所有的土地所有权人是村内各农民集体,由村内各该农村集体经济组织或者村民小组经营管理。

(2)集体土地使用权人。一般应是本集体内部的成员或单位,但特殊情况除外,如集体"四荒地"土地使用权人可以是本集体内部的成员,也可以是本集体以外的个人和单位等。

(3)国有土地使用权人。国有土地使用权人可以是任何自然人、法人和其他组织。

(4)土地他项权利人。土地他项权利人可以是自然人、法人和其他组织。

3. 土地权利客体

土地权利客体指土地权利、义务所共同指向的对象,是权利主体所拥有或使用的土地,具体包括土地的位置、权属界址、面积、用途、使用条件、等级、价格等。

(1)土地位置,指土地的坐落和四至。土地坐落是指土地使用者和所有者申请登记的土地所在的具体地点。四至是指相邻土地的所有者或使用者的名称以及与之为界的永久性明显地物的名称和相互距离。

(2)权属界址,指某一权利人所有或使用的土地权属界线。土地权属界线,反映在实地上,表现为界址点及界标物;反映在地籍图上,表现为界址点符号及其编号和界址点连线;反映在调查簿册上,是各界址点的坐标或相对位置说明。

(3)土地面积,亦称宗地面积,是指一宗地权属界址线范围内的土地面积。土地面积由土地权属界址确定。土地权属界址一经确定,土地面积也就随之确定。土地面积根据土地权利人对宗地的利用情况可以分为独自使用面积、共有使用面积、共有使用权分摊面积。

(4)土地用途,一般是指土地权利人依照规定对其权利范围内土地的利用方式。土地权利人任意改变土地用途和闲置土地都是违法的。

(5)土地使用条件。土地使用条件包括建筑占地、建筑限高、建筑容积率、建筑密度等。这些使用条件来源于三个方面:①城镇规划已经限定;②土地使用权有偿使用合同文本中作出的规定;③批准用地文件所规定。

(6)土地等级和价格。土地等级指经土地管理部门依法评定的土地等级。土地等级作为土地登记的内容较为简单和稳定,土地价格则较复杂且变动较快。土地价格包括标定地价、出让地价、转让地价以及土地的抵押价格、入股价格等。

(二)土地总登记的程序

土地总登记的程序是:土地登记申请—地籍调查—权属审核—注册登记—核发土地证书。

1. 土地登记申请

土地登记申请是指市、县人民政府发布要求土地权利人在何时、何地进行申请的通告,土地权利人按规定向土地登记机关提交《土地登记申请书》、申请人身份证明、土地权属状况及其他证明文件并请求予以注册登记,土地登记机关对申请者提交的证明文件逐项审查后登记装袋的行为。

2. 地籍调查

地籍调查系土地登记机关按规程要求,对申请登记的土地采取实地调查、核实、定界、测量、成图等措施,查清土地的位置、权属性质、界线、面积、用途及土地所有者、使用者和他项权利者的有关情况,为权属审核、注册登记和核发土地证书提供依据。地籍调查分为权属调查和地籍测量两部分。

3. 权属审核

土地权属审核是土地登记机关根据申请者所提交的申请书、权属证明材料和地籍调查成果,对土地使用者、所有者和他项权利者申请登记的土地使用权、所有权及他项权利进行确认的过程。权属审核结束后,对符合规定要求的,土地登记人员填写《土地登记审批表》。

4. 注册登记

注册登记是指土地登记机关对批准土地登记的土地所有权、使用权或他项权利进行登卡、装簿、造册的工作总称。一经注册登记，土地权利即产生法律效力。《土地登记审批表》是土地登记机关进行注册登记的重要依据。注册登记的内容主要包括：填写《土地登记卡》、《土地共有使用权登记卡》与《土地归户卡》，组装《土地登记簿》，填编《土地归户册》。

5. 核发土地证书

核发土地证书是土地行政主管部门根据注册登记结果，代表人民政府向土地权利人发放土地证的过程。土地证书是土地权利人拥有土地使用权、所有权、他项权利的法律凭证。

(三) 土地总登记的主要文件

土地总登记形成的主要文件有土地登记申请书、土地登记审批表、土地登记卡、土地归户卡、土地证书等。

四、初始土地登记的内容、程序

(一) 初始土地登记的内容

《土地登记办法》将初始土地登记分为：

(1) 依法以划拨方式取得国有建设用地使用权的，当事人应当持县级以上人民政府的批准用地文件和国有土地划拨决定书等相关证明材料，申请划拨国有建设用地使用权初始登记。新开工的大中型建设项目使用划拨国有土地的，还应当提供建设项目竣工验收报告。

(2) 依法以出让方式取得国有建设用地使用权的，当事人应当在付清全部土地出让价款后，持国有建设用地使用权出让合同和土地出让价款缴纳凭证及相关证明材料，申请出让国有建设用地使用权初始登记。

(3) 划拨国有建设用地使用权已依法转为出让国有建设用地使用权的，当事人应当持原国有土地使用证、出让合同及土地出让价款缴纳凭证等相关证明材料，申请出让国有建设用地使用权初始登记。

(4) 依法以国有土地租赁方式取得国有建设用地使用权的，当事人应当持租赁合同和土地租金缴纳凭证等相关证明材料，申请租赁国有建设用地使用权初始登记。

(5) 依法以国有土地使用权作价出资或者入股方式取得国有建设用地使用权的，当事人应当持原国有土地使用证、土地使用权出资或者入股批准文件和其他相关证明材料，申请作价出资或者入股国有建设用地使用权初始登记。

(6) 以国家授权经营方式取得国有建设用地使用权的，当事人应当持原国有土地使用证、土地资产处置批准文件和其他相关证明材料，申请授权经营国有建设用地使用权初始登记。

(7) 农民集体土地所有权人应当持集体土地所有权证明材料，申请集体土地所有权初始登记。

(8) 依法使用本集体土地进行建设的，当事人应当持有批准权的人民政府的批准用地文件申请集体建设用地使用权初始登记。

(9) 集体土地所有权人依法以集体建设用地使用权入股、联营等形式兴办企业的，当事人应当持有批准权的人民政府的批准文件和相关合同申请集体建设用地使用权初始登记。

(10)依法使用本集体土地进行农业生产的，当事人应当持农用地使用合同，申请集体农用地使用权初始登记。

(11)依法抵押土地使用权的，抵押权人和抵押人应当持土地权利证书、主债权债务合同、抵押合同以及相关证明材料，申请土地使用权抵押登记。同一宗地多次抵押的，以抵押登记申请先后为序办理抵押登记。符合抵押登记条件的，国土资源行政主管部门应当将抵押合同约定的有关事项在土地登记簿和土地权利证书上加以记载，并向抵押权人颁发土地他项权利证书。申请登记的抵押为最高额抵押的，应当记载所担保的最高债权额、最高额抵押的期间等内容。

(12)在土地上设定地役权后，当事人申请地役权登记的，供役地权利人和需役地权利人应当向国土资源行政主管部门提交土地权利证书和地役权合同等相关证明材料。符合地役权登记条件的，国土资源行政主管部门应当将地役权合同约定的有关事项分别记载于供役地和需役地的土地登记簿和土地权利证书，并将地役权合同保存于供役地和需役地的宗地档案中。供役地、需役地分属不同国土资源行政主管部门管辖的，当事人可以向负责供役地登记的国土资源行政主管部门申请地役权登记。负责供役地登记的国土资源行政主管部门完成登记后，应当通知负责需役地登记的国土资源行政主管部门，由其记载于需役地的土地登记簿。

(二)初始土地登记的程序

初始土地登记的程序与土地总登记的程序基本一致，即初始土地登记申请—初始地籍调查—审核—注册登记—换发或更改土地证书或核发他项权利证。

五、变更土地登记的内容、程序

(一)变更土地登记的内容

《土地登记办法》将变更土地登记分为：

(1)以出让、国有土地租赁、作价出资或者入股方式取得的国有建设用地使用权转让的，当事人应当持原国有土地使用证和土地权利发生转移的相关证明材料，申请国有建设用地使用权变更登记。

(2)因依法买卖、交换、赠与地上建筑物、构筑物及其附属设施涉及建设用地使用权转移的，当事人应当持原土地权利证书、变更后的房屋所有权证书及土地使用权发生转移的相关证明材料，申请建设用地使用权变更登记。涉及划拨土地使用权转移的，当事人还应当提供有批准权人民政府的批准文件。

(3)因法人或者其他组织合并、分立、兼并、破产等原因致使土地使用权发生转移的，当事人应当持相关协议及有关部门的批准文件、原土地权利证书等相关证明材料，申请土地使用权变更登记。

(4)因处分抵押财产而取得土地使用权的，当事人应当在抵押财产处分后，持相关证明文件，申请土地使用权变更登记。

(5)土地使用权抵押期间，土地使用权依法发生转让的，当事人应当持抵押权人同意转让的书面证明、转让合同及其他相关证明材料，申请土地使用权变更登记。已经抵押的土地使用权转让后，当事人应当持土地权利证书和他项权利证书，办理土地抵押权变更登记。

(6)经依法登记的土地抵押权因主债权被转让而转让的，主债权的转让人、受让人可以持原土地他项权利证明书、转让协议、已经通知债务人的证明等相关证明材料，申请土地抵押权变更登记。

(7)因人民法院、仲裁机构生效的法律文书或者因继承、受遗赠取得土地使用权，当事人申请登记的，应当持生效的法律文书或者死亡证明、遗嘱等相关材料，申请土地使用权变更登记。权利人在办理登记之前先行转让该土地使用权或者设定土地抵押权的，应当依照本办法先将土地权利申请登记到其名下后，再申请办理土地权利变更登记。

(8)已经设定地役权的土地使用权转移后，当事人申请登记的，供役地权利人和需役地权利人应当持变更后的地役权合同及土地权利证书等相关证明材料，申请办理地役权变更登记。

(9)土地权利人姓名或名称、地址发生变化的，当事人应当持原土地权利证书等相关证明材料，申请姓名或者名称、地址变更登记。

(10)土地的用途发生变更的，当事人应当持有关批准文件和原土地权利证书，申请土地用途变更登记。土地用途变更依法需要补交土地出让价款的，当事人还应当提交已补交土地出让价款的缴纳凭证。

(二)变更土地登记的程序

1. 变更土地登记申请

土地使用权、他项权利变更、更名、更址以及更改土地用途，均需向土地管理部门及时提出变更申请，并提交土地变更证明文件、土地证书、他项权利证书、地上附着物权属证明、法定代表人证明、委托书等资料，填写变更土地登记申请书。

2. 变更地籍调查

实地调查、核实、填写变更地籍调查表，绘制宗地草图，变更地籍勘丈，清绘宗地图。

3. 变更土地登记审核

对变更情况、资料等进行全面的审核，填写土地登记审批表，并签初审意见和审核意见后，报人民政府批准他项权利的变更登记。

4. 注册登记

在原地登记卡上填写注销登记内容或他项权利登记内容，填写新的土地登记卡，同时更改土地归户卡的相应内容。

5. 核发证书

由县人民政府换发或更改土地证书，由县国土资源管理部门核发土地他项权利证明书。

六、注销土地登记、其他土地登记的内容

(一)注销土地登记的内容

《土地登记办法》将注销土地登记分为：

(1)有下列情形之一的，可直接办理注销登记：①依法收回的国有土地；②依法征收的

农民集体土地；③因人民法院、仲裁机构的生效法律文书致使原土地权利消灭，当事人未办理注销登记的。

(2)自然灾害等原因造成土地权利消灭的，原土地权利人应当持原土地权利证书及相关证明材料，申请注销登记。

(3)非住宅国有建设用地使用权期限届满，国有建设用地使用权人未申请续期或者申请续期未获批准的，当事人应当在期限届满前15日内，持原土地权利证书，申请注销登记。

(4)已经登记的土地抵押权、地役权终止的，当事人应当在该土地抵押权、地役权终止之日起15日内，持相关证明文件，申请土地抵押权、地役权注销登记。

(5)当事人未按照《土地登记办法》第五十一条、第五十二条和第五十三条的规定申请注销登记的，国土资源行政主管部门应当责令当事人限期办理，逾期不办理的，进行注销公告，公告期满后可直接办理注销登记。

(6)土地抵押期限届满，当事人未申请土地使用权抵押注销登记的，除设定抵押权的土地使用权期限届满外，国土资源行政主管部门不得直接注销土地使用权抵押登记。

(7)土地登记注销后，土地权利证书应当收回，确实无法收回的，应当在土地登记簿上注明，并经公告后废止。

(二)其他土地登记的内容

《土地登记办法》将其他土地登记分为：

(1)国土资源行政主管部门发现土地登记簿记载的事项确有错误的，应当经人民政府批准后进行更正登记，并书面通知当事人在规定期限内办理更换或者注销原土地权利证书的手续。当事人逾期不办理的，国土资源行政主管部门报省人民政府批准并公告后，原土地权利证书废止。更正登记涉及土地权利归属人，应当对更正登记结果进行公告。

(2)土地权利人认为土地登记簿记载的事项错误的，可以持原土地权利证书和证件登记错误的相关材料，申请更正登记。利害关系人认为土地登记簿记载上事项错误的，可以持土地权利人书面同意更正的证明文件，申请更正登记。

(3)土地登记簿记载的权利人不同意更正的，利害关系人可以申请异议登记。对符合异议登记条件的，国土资源行政主管部门应当将相关事项记载于土地登记簿，并向申请人颁发异议登记证明，同时书面通知土地登记簿记载的土地权利人。异议登记期间，未经异议登记权利人同意，不得办理土地权利的变更登记或者设定土地抵押权。

(4)有下列情形之一的，异议登记申请人或者土地登记簿记载的土地权利人可以持相关材料申请注销异议登记：①异议登记申请人在异议登记之日起15日内没有起诉的；②人民法院对异议登记申请人的起诉不予受理的；③人民法院对异议登记申请人的诉讼请求不予支持的。异议登记失效后，原申请人就同一事项再次申请异议登记的，国土资源行政主管部门不予受理。

(5)当事人签订土地权利转让的协议后，可以按照约定持转让协议申请预告登记。对符合预告登记条件的，国土资源行政主管部门应当将相关事项记载于土地登记簿，并向申请人颁发预告登记证明。预告登记后，债权消灭或者自能够进行土地登记之日起两个月内当事人未申请土地登记的，预告登记失效。预告登记期间，未经预告登记权利人同意，不得办理土地权利的变更登记或者土地抵押权、地役权登记。

(6)国土资源行政主管部门应当根据人民法院提供的查封裁定书和协助执行通知书，报经人民政府批准后将查封或者预查封的情况在土地登记簿上加以记载。

(7)国土资源行政主管部门在协助人民法院执行土地使用权时，不对生效法律文书和协助执行通知书进行实体审查。国土资源行政主管部门认为人民法院的查封、预查封裁定书或者其他生效法律文书错误的，可以向人民法院提出审查建议，但不得停止办理协助执行事项。

(8)对被执行人因继承、判决或者强制执行取得，但尚未办理变更登记的土地使用权的查封，国土资源行政主管部门依照执行查封的人民法院提交的被执行人取得财产所依据的继承证明、生效判决书或者执行裁定书及协助执行通知书等，先办理变更登记手续后，再行办理查封登记。

(9)土地使用权在预查封期间登记在被执行人名下的，预查封登记自动转为查封登记。

(10)两个以上人民法院对同一宗土地进行查封的，国土资源行政主管部门应当为先送达协助执行通知书的人民法院办理查封登记手续，对后送达协助执行通知书的人民法院办理轮候查封登记，并书面告知其该土地使用权已被其他人民法院查封的事实及查封的有关情况。轮候查封登记的顺序按照人民法院送达协助执行通知书的时间先后进行排列。查封法院依法解除查封的，排列在先的轮候查封自动转为查封；查封法院对查封的土地使用权全部处理的，排列在后的轮候查封自动失效；查封法院对查封的土地使用权部分处理的，对剩余部分，排列在后的轮候查封自动转为查封。

(11)查封、预查封期限届满或者人民法院解除查封的，查封、预查封登记失效，国土资源行政主管部门应当注销查封、预查封登记。

(12)对被人民法院依法查封、预查封的土地使用权，在查封、预查封期间，不得办理土地权利的变更登记或者土地抵押权、地役权登记。

【知识拓展】

国外土地登记制度

世界上许多国家实行了土地登记制度，具体做法也多种多样，但总体上可分为三类，即契约登记制度、托伦斯登记制度和产权登记制度。

(一)契约登记制度

契约登记制度起源于法国，英国、意大利、西班牙、比利时、美国及中国的香港地区均采用这种登记制度。契约登记制度有以下特点。

1.采用登记对抗主义及登记公示主义

将土地权利的得失、变更记载于土地所在地的行政管理部门的土地产权簿，土地登记只是对抗第三人的要件，即未经登记的土地权利不得对抗第三人。

2.以契约为生效要件

土地权利变动当事人双方只要意思表示一致，订立了契约，就发生土地权利变动的法律后果，以契约为生效要件，并不以登记为生效要件。

3. 采取形式审查主义

土地登记机关对土地登记申请不进行实质性审查,而只进行形式审查,完全按照土地登记申请人提交的文件资料予以审查,不过问土地权利是否真实等事项。

4. 登记无公信力

已经登记完毕的土地权利变动事项,当有第三人主张其权利时,仍应按照实体法律决定该土地权利的归属。

5. 登记无强制作用

土地权利变动事项是否登记,依当事人双方意愿,政府无强制性要求。

6. 登记簿的编成采取人的编成主义

由于不是强制登记,所以土地登记簿的编成不采用物的编成主义,即不是以土地为标准,而是以土地权利人登记的次序为标准编成,并且不核发权利凭证。

7. 土地权利以动态登记为主

土地登记包括土地权利和土地权利变动事项的登记,仅对土地权利现状的登记为静态登记,对土地权利变动事项的登记为动态登记,后者为登记的主要状态。

(二)托伦斯登记制度

托伦斯登记制度为澳大利亚的罗伯特·理查-托伦斯爵士首创,所以称托伦斯登记制。采用托伦斯登记制的国家有澳大利亚、新西兰、爱尔兰、加拿大、菲律宾等。其主要特点如下。

1. 初次登记不强制,但一经登记即进入强制状态

托伦斯登记制度不强制要求一切土地必须申请登记。但是,任何一宗土地一经申请第一次登记后,其土地权利之转移或变更非经登记不发生效力。

2. 采取实质审查主义

登记机关对土地登记申请进行实质性审查,并可要求经公告程序后,方准予登记。

3. 登记有公信力

土地权利一经登记,国家提供保障,并具有不可推翻的效力。

4. 颁发权利凭证

土地登记簿填写两份,登记机关保留正本,权利人取得副本,正、副本内容完全一致,土地权利人持有权利证书,作为土地登记簿副本。

5. 负有赔偿责任

土地经登记后,有不可推翻的公信力,国家登记机关负责因错误登记的赔偿责任。

6. 登记簿的编成采取人的编成主义

土地登记簿按土地权利人登记的先后次序编成,而不以土地为标准,与地号无关,地籍图只是辅助登记簿说明之不足。

(三)产权登记制度

产权登记制度起源于德国,采用产权登记制的国家有德国、瑞典、荷兰及第二次世界大战前的奥地利、匈牙利等国。其主要特点如下。

1. 采用形式主义立法

土地权利的取得或变动不经官方正式登记不发生效力,即土地权利变动只有到土地登

记机关办理登记后，才产生法律效力。

2. 采取实质审查主义

登记机关对土地登记申请、权利变更的原因和事实以及是否符合相关法令规定等进行实质性审查。

3. 登记有公信力

土地权利一经登记即具有法律效力，即使登记本身有瑕疵，土地登记簿上记载的土地权利变动事项按照实体法不成立或无效，对于善意取得土地权利的第三人仍具有法律效力，善意第三人不负返还义务。

4. 不颁发权利凭证

登记机关只在登记簿上登记，不向土地权利人颁发土地权利凭证。

5. 强制性登记

任何权利的发生或变更均必须登记。

6. 登记簿的编成采取物的编成主义

土地登记簿以土地为标准，另外按照登记的先后顺序编成。

7. 以静态登记为主

土地均先登记现在的权利状态，待变动时，再登记变动时的状态。

(四)我国目前的土地登记制度

我国目前实行的土地登记制度可以划归为一类，即改良的产权登记制度，因为中国的产权登记制度既保留了产权登记制度的优点，又吸收了托伦斯登记制度的长处。其主要特点为：

(1)采用形式主义立法。土地权利的取得或变更非经官方登记不发生效力，土地登记是土地权利变动的生效要件，即土地权利变动只有到土地登记机关登记后，才产生法律上的后果。

(2)采取实质审查主义。土地登记机关不仅要审查申请人所必须具备的形式要件，还要对所申请登记的权利或权利变动状况是否符合国家的有关法律、法规等进行实质性审查。

(3)强制性登记。除国有土地所有权外，一切土地权利均需进行初始土地登记，初始土地登记后土地权利的变更均需进行变更土地登记。不申请初始登记的，按非法占地论处。不申请变更登记的，除按违法占地处理外，视情节轻重，注销土地登记和土地证书。

(4)登记有公信力。土地权利一经登记即具有法律效力，即使土地登记簿上记载的土地权利变动事项按照实体法不成立或无效，对于善意取得土地权利的第三人仍具有法律效力，善意第三人取得的土地权利不可推翻，不负返还义务。

(5)颁发权利凭证。土地登记机关将土地权利和权利变动事项登记到土地登记簿后，还要向土地权利人颁发土地权利证书，作为由土地权利人持有的享有该土地权利的法律凭证。

(6)登记簿的编成采取物的编成主义。从根本上说，我国的土地登记簿是按物编成的，即以宗地为标准，按宗地号的顺序编成。按人编成主要体现在土地归户卡上。

(7)土地登记不仅登记土地权利的静态，而且登记土地权利的动态。

【实训】

1. 以郑州测绘学校土地使用权为例，填写初始登记申请书。

编号：

土地登记申请书

______者(人、方)______________(印章)

通信地址______________邮编______

______者(人、方)______________

通信地址______________

年　　月　　日

编号：

土地登记申请书

<table>
<tr><td colspan="6">申请登记的类型</td><td colspan="9"></td></tr>
<tr><td rowspan="5">申请人</td><td colspan="7">者（人、方）</td><td colspan="7">者（人、方）</td></tr>
<tr><td colspan="3">法定代表人姓名</td><td colspan="4"></td><td colspan="3">法定代表人姓名</td><td colspan="4"></td></tr>
<tr><td colspan="3">单位名称</td><td colspan="4"></td><td colspan="3">单位名称</td><td colspan="4"></td></tr>
<tr><td colspan="3">单位性质</td><td colspan="4"></td><td colspan="3">单位性质</td><td colspan="4"></td></tr>
<tr><td colspan="3">主管部门</td><td colspan="4"></td><td colspan="3">主管部门</td><td colspan="4"></td></tr>
<tr><td rowspan="15">申请登记内容</td><td colspan="14">土地坐落</td></tr>
<tr><td colspan="4">权属性质</td><td colspan="3"></td><td colspan="3">使用期限</td><td colspan="4"></td></tr>
<tr><td colspan="4">使用权类型</td><td colspan="3"></td><td colspan="3">终止日期</td><td colspan="4"></td></tr>
<tr><td colspan="14">农村集体土地所有权或国有土地农业用地使用权面积（m^2、hm^2）</td></tr>
<tr><td rowspan="3">土地总面积</td><td colspan="13">其中地类面积</td></tr>
<tr><td rowspan="2">耕地</td><td colspan="3">其中</td><td rowspan="2">园地</td><td rowspan="2">林地</td><td rowspan="2">牧草地</td><td rowspan="2">居民点及工矿用地</td><td colspan="2">其中</td><td rowspan="2">交通用地</td><td rowspan="2">水域</td><td rowspan="2">未利用土地</td></tr>
<tr><td>旱地</td><td>水浇地</td><td>水田</td><td>宅基地</td><td>企业建设用地</td></tr>
<tr><td></td><td></td><td></td><td></td><td></td><td></td><td></td><td></td><td></td><td></td><td></td><td></td><td></td><td></td></tr>
<tr><td colspan="14">城、镇、村土地（含宅基地）使用权面积（m^2）</td></tr>
<tr><td rowspan="2">独自使用</td><td colspan="4">面积</td><td colspan="3"></td><td colspan="3">土地用途</td><td colspan="3"></td></tr>
<tr><td colspan="4">其中：建筑占地</td><td colspan="3"></td><td colspan="3">建筑物类型</td><td colspan="3"></td></tr>
<tr><td rowspan="3">共有使用权</td><td colspan="4">面积</td><td colspan="3"></td><td colspan="3">申报建筑物权属</td><td colspan="3"></td></tr>
<tr><td rowspan="2">其中分摊</td><td colspan="3">面积</td><td colspan="3"></td><td colspan="3" rowspan="2">申报地价</td><td colspan="3" rowspan="2"></td></tr>
<tr><td colspan="3">建筑占地</td><td colspan="3"></td></tr>
<tr><td>他项权利</td><td colspan="13"></td></tr>
<tr><td>变更简要说明</td><td colspan="14"></td></tr>
<tr><td>申请登记的依据</td><td colspan="14"></td></tr>
</table>

<table>
<tr><td>附
图</td><td colspan="3"></td></tr>
<tr><td>四
至</td><td colspan="3">东：
南：
西：
北：</td></tr>
<tr><td>备
注</td><td colspan="3"></td></tr>
<tr><td>图号</td><td></td><td>地号</td><td></td></tr>
</table>

土地登记申请书填写说明

(1)××者(人、方)。申请人名称,按土地登记的类型填写。此栏及对应档目设有两处。单独申请的,填写一处,划掉一处。双方共同申请的分别填写。申请人为土地使用者、土地所有者单独申请的,填写“土地使用”或“土地所有”,将“人”、“方”划掉;对土地使用权转让的,分别填写“转让”和“受让”,将“者”、“人”划掉;土地使用权出租、抵押的,分别填写“出租”、“抵押”和“承租”、“抵押权”,将“者”、“方”划掉。

(2)通信地址。申请人的地址及邮政编码。

(3)申请登记的类型。填写所申请土地登记的具体类型。如划拨国有土地使用权设定登记、出让国有土地使用权设定登记、国家出资(入股)国有土地使用权设定登记、国家租赁国有土地使用权设定登记、国家授权经营国有土地使用权设定登记、集体土地使用权设定登记、土地使用权抵押设定登记、土地使用权出租设定登记,划拨国有土地使用权变更登记、出让国有土地使用权变更登记、国家出资(入股)国有土地使用权变更登记、国家租赁国有土地使用权变更登记、国家授权经营国有土地使用权变更登记、集体土地所有权变更登记、集体土地使用权变更登记、土地使用权抵押变更登记、土地使用权出租变更登记、名称变更登记、地址变更登记、注销土地登记等。

(4)单位性质。行政事业单位填写“行政、事业”,企业单位填写“国有、集体、私营、港澳台、联营、股份制、个体或其他”。个人住宅填写“个人”。

(5)权属性质。填写“国有土地使用权”或“集体土地所有权”或“集体土地使用权”。

(6)主管部门。指直接负责本单位业务或行政管理工作的领导部门。如××县农业局开办的企、事业,上级主管部门填写:××县农业局。

(7)土地坐落。指土地使用者或所有者申请登记的土地所在地的名称。

(8)使用期限。填写政府批准的使用期限。尚未规定期限的暂不填写。

(9)使用权类型。指土地使用权取得方式,与土地的权属性质相对应。国有土地使用权填写划拨、出让、入股、租赁或授权经营;集体土地使用权按具体取得方式填写荒地拍卖、批准拨用宅基地、批准拨用企业用地、农用地承包、集体土地入股等。

(10)终止日期。土地使用权使用期限的终止时间,未明确的,本栏不填。

(11)国有土地农业用地使用权面积。指国有农、林、牧、渔场及其他使用国有土地从事农、林、牧、渔业生产的单位和个人使用的土地面积。地类面积按实际面积填写。

(12)农村集体土地所有权面积。指村农民集体所有的土地面积及分类面积。地类面积按实际面积填写。

(13)土地用途。填写申请登记时的实际用途,如商店、学校。

(14)共有使用权面积。指几个土地使用者共同使用的土地面积。通常是指在地面上不宜或无法划分使用权界线的土地面积。

(15)城、镇、村土地使用权面积。指单位或个人使用城市、乡镇、村庄内国有土地或集体土地建设用地的面积。

(16)分摊面积。指使用者在共有使用权面积中应分摊的面积。共同使用一幢建筑物可按使用的建设面积比例分摊。

(17)建筑物类型。填写楼房、平房等。

(18)申报建筑物权属。申请人认定的建筑物所有权。

(19)申报地价。土地权利人在申请土地登记时申报的交易地价。

(20)四至。填写相邻土地的使用者或所有者名称,如权属界线上有线状地物或附近有永久显著标志(如河流、山峰等),可填写地物或标志名称及权属线与某一标志或地物的距离。

(21)申请登记的依据。填写申请登记的相关证明文件的类型、编号、日期。

(22)他项权利。填写本宗地使用者或其他单位(个人)在本宗地的使用权或所有权以外的使用土地的限制条件和权利。

(23)附图。指申请登记宗地的宗地草图或宗地图。

(24)图号、地号。指变更登记时,原登记的图号、地号。

(25)变更简要说明。简要说明变更的事项或内容。

任务二　土地统计

【任务目标】

1. 掌握土地统计的类型和内容;
2. 掌握土地统计报表和土地统计图;
3. 掌握土地统计分析。

【学习过程】

课件;实训。

【知识导航】

一、土地统计的概念

土地统计是利用数字、图表及文字资料,对土地的数量、质量、分布、权属和利用状况及其动态变化,进行全面、系统的记载、整理和分析的一项管理措施。

开展土地统计具有十分重要的意义。首先,可以及时掌握全国土地数量、质量、分布、权属和利用状况及其动态变化,保持土地调查成果资料的现势性;其次为党和国家制定各项政策、计划及监督其执行情况提供依据;最后为科学管理土地,编制土地利用总体规划、土地利用年度计划等提供基础数据和图资料。

《中华人民共和国统计法》(简称《统计法》)第十二条规定:部门统计调查项目,调查对象属于本部门管辖系统内的,由部门拟订,报国家统计局备案,调查对象超出本部门管理系统的,由该部门拟订,报国家统计局审批,其中统计调查项目报国务院审批。第三条规定:国家建立集中统一的统计系统,实行统一领导、分级负责的统计管理制度。第十七条规定:"国家制定统一的统计标准,保障统计调查采用的指标含义、计算方法、分类目录、调查表式和统计编码等方面的标准化。土地统计属于部门统计,所以土地统计资料的管理和公布也必须严格遵守《统计法》中的上述几项规定。

二、土地统计的任务和内容

(一)土地统计的任务

土地统计的主要任务是为维护社会主义土地所有制、充分合理利用土地和制订国民经济计划等,系统地收集、整理、保管和更新一切有关土地的自然、法律和经济方面的资料。具体任务是:

(1)将土地资源的数量、质量、分布、权属、利用状况及其动态变化信息,按国家统一规范要求,准确、及时、全面、系统地载入地籍簿册和地籍图。

(2)不断更新、充实、修正原有的统计资料,保持土地统计资料的现势性。

(3)建立土地统计信息库,逐步实施土地统计数据处理和传输的自动化。

(4)进行土地统计分析,提供统计信息,开展统计咨询,实行统计监督。

(二)土地统计的内容

土地统计的基本内容主要包括土地调查总面积、质量、分布、权属和利用状况。

土地调查总面积指统计范围内全部土地的总量,如全国土地调查总面积等。

土地质量指通过土地评价确定的不同等级土地的数量及分布,如某县拥有不同等级耕地的数量及分布等。

土地权属状况指不同权属性质的土地面积及分布。土地权属性质分为国有土地和集体所有土地两种。使用国有土地按隶属关系分系统统计。

土地利用状况指各种土地利用类型的面积。土地分布指土地的位置及范围界线,如行政界线、各权属单位及各种用地的界线。除用文字和数据外,还需要用图件表达。

三、土地统计类型

依据标准的不同,土地统计分不同的类型。

(一)初始土地统计和年度土地统计

根据统计时间和任务的不同,土地统计分为初始土地统计和年度土地统计(或日常土地统计)。

1. 初始土地统计

初始土地统计是在某一个时点首次开展的土地统计,是土地统计的起点。土地利用现状调查成果资料,是初始土地统计的基础。对土地利用现状调查资料加以整理,建立起反映当地土地初始状况的土地台账、统计簿以及图件等,建立起土地调查统计工作制度,是初始土地统计的主要任务。

2. 年度土地统计(或日常土地统计)

年度土地统计是在初始土地统计的基础上,每年所进行的土地统计。随着时间的推移,土地的自然、经济、法律状况不断发生变化,初始土地统计阶段调查、整理、汇总的土地统计资料,与土地的实际情况产生了不一致现象。为了保持土地统计资料(数据、文字、图件)和实地的一致,必须坚持年度土地调查统计制度,逐年进行土地变更调查,更新土地统计数据。

(二)基层土地统计和国家土地统计

根据国家土地统计管理体制有关土地统计报表的报告程序的规定,土地统计又分为基层土地统计和国家土地统计。

1. 基层土地统计

基层土地统计指县级土地管理部门组织乡(镇)土地管理所从事的经常性的土地统计工作。土地统计工作自下而上进行,是国家土地统计的源头。它是以图斑或宗地为基础进行的,是保证提供准确、及时统计资料的关键。基层土地统计工作包括在土地利用现状调查的基础上,以县为单位,建立各乡(镇)初始土地统计,根据土地变更调查成果,进行年度土地统计,做好年报,建立和完善各项土地统计工作制度等。

2. 国家土地统计

国家土地统计是指县级(含县级)以上土地管理部门所进行的土地统计设计、调查、整理和分析等土地统计工作。它包括按国家统一制定的土地统计报表制度,定期完成年报的填写和汇总，进行数据整理和分析，监督和检查国家各项土地管理政策执行情况，并提出改进的建议和措施，为国家提供全面、科学、准确、系统的土地信息。

四、土地统计表和土地统计图

(一)土地统计表

1. 土地统计表的含义

土地统计表可以看成是填有土地统计指标的表格。土地统计指标由两部分构成：指标名称和指标数值。一个科学的土地统计指标应满足以下基本要求：

(1)统计指标要有科学的概念。统计指标要有科学的内涵和合理的外延，它是正确统计与计算指标的基础。例如，牧草地的科学概念是：以生长草本植物为主，用于畜牧业的土地。

(2)统计指标要有一个科学的计算方法。这里包含两层意思：其一指统计指标如何计算才能符合客观实际，具有现实意义；其二指统计指标数值采用什么样恰当的数学公式进行计算。

2. 土地统计表的构成

土地统计表(见表2-1)由总标题、统计指标名称、权属单位或统计单位名称、计量单位、填报单位、填表人、填表日期、加盖公章、表号、制表机关、批准机关和批准文号等构成。

表2-1　土地统计表(年)

表号：
制表机关：
批准机关：
批准文号：
单位：

填报单位：

序号	土地权属单位或乡镇名称	土地总面积	耕地						园地						纵栏标题
			小计	灌溉水田	望天田	水浇地	旱地	菜地	小计	果园	桑园	菜园	橡胶园	其他园	
			10	11	12	13	14	15	20	21	22	23	24	25	
1	合计														
横行标题	甲乡														数据资料
	乙乡														
	丙乡														
	……														

(填表人：　)　　(公章)　　(填表日期：　年　月　日)

(1)总标题。总标题位于表格的正上方。标题词义要求确切、简明扼要，正确地反映出统计时间和基本内容。

(2)统计指标名称。通常位于统计表的纵栏，用以填写土地利用类型名称。

(3)权属单位或统计单位名称。一般位于统计表的横行。

(4)数字资料的计量单位。若只有一种单位，则列于表的右上方。

(5)填报单位。通常填写在表的左上方。

(6)填表人、填表日期、加盖公章。一般位于表的下方。

(7) 表号、制表机关、批准机关和批准文号。通常填写在表的右上方。

统计表一般采用开口式，即表的左、右两端不画竖线。表的上、下基线用粗直线画出，其余则用细线画出。

(二) 土地统计图

土地统计图是土地统计的重要文件。县级一般采用1:10 000分幅土地统计图；在已完成地籍调查或土地利用现状调查的县，可以采用地籍图或土地利用现状图作为土地统计图。土地统计图须具备以下内容：①各级行政界线；②土地使用单位的权属界线；③一级和二级地类界线及符号；④权属单位名称及编号；⑤权属单位面积和地类面积统计表；⑥比例尺；⑦图名、图廓、图例、指北针等。

城镇、村庄土地统计图应包含以下内容：①各级行政界线；②宗地的界址线；③地类界线；④建筑物界线；⑤地籍编号；⑥地类、面积、单位名称等注记；⑦比例尺，一般采用1:500或1:1 000，村庄可采用1:2 000。

在编绘土地统计图时，首先要对各级行政界线、权属界线和地类界线进行校核，以消除面积的重复或遗漏；然后用黑墨汁清绘整饰成县土地统计图。

在进行土地日常统计时，首先要根据已校核过的文献数据、图纸资料，将全县范围内土地权属和土地利用变化用铅笔标示到土地统计图上，到实地调查核实后，再统一用红墨汁描绘；然后清绘、复制成本年度土地统计图。由于在图上反映出土地面积变化的具体位置，就可以发现土地统计中的错误，避免面积的重复计算和遗漏。

五、土地统计分析

(一) 土地统计分析的概念

土地统计分析是对土地数量结构、利用状况、权属状况的区域分布特征、动态变化规律及其内在联系与发展趋势进行分析研究。目的在于及时发现土地利用、开发、保护及土地管理等方面的新问题、新情况、新矛盾、新动态，为在国民经济建设和土地管理中加强宏观调控、科学决策，及时正确制定政策、法规、指令计划等提供依据，从而充分发挥土地统计资料的积极作用。

(二) 土地统计分析的内容

1. 计算

计算各种分析指标，对土地统计整理成果进行“深加工”，包括计算绝对数、相对数和平均数等各种分析指标，并在此基础上做进一步的研究分析。

2. 评价

对各种统计数据及分析指标显示出的直观与表面现象作出科学的、客观的判断和评价。例如，耕地是增加还是减少、增加(减少)的程度、增加(减少)的原因及是否合理等。

3. 对动态变化进行分析

对土地数量、质量、权属和分布等动态变化进行分析，从总体的特殊表征过渡到总体的一般表征，从而对土地现象形成规律性的认识。

4. 对土地动态变化趋势进行分析

对土地动态变化趋势进行分析、预测和推论，即从对土地现状的认识过渡到对土地未来状况的认识。

5. 撰写报告

撰写分析报告，形成各种分析数据、图表及文字材料等成果。

（三）土地统计分析的种类及方法体系

土地统计通常可分为进度分析、专题分析、发展水平分析、综合分析、预测分析。

土地统计分析工作，是统计上所特有的分析方法在土地管理工作中的具体应用。常用的土地统计分析方法主要有综合指标分析法、动态数列分析法、统计指数分析法、相关分析法和平衡分析法等。

（四）主要指标解释

1. 土地总量指标

土地总量指标反映在一定时间、地点条件下土地现象的规模或增减变化，其表现形式为绝对数，因此也称土地的绝对指标，例如土地总面积、各类土地面积、农业用地面积、建设用地当年增加面积等。

2. 土地相对指标

土地相对指标指两个有联系的相关指标对比的结果，又称相对数。

在土地统计分析中，根据土地统计研究的目的和任务，土地相对指标有6种：土地结构相对指标、土地比较相对指标、土地强度相对指标、土地比例相对指标、土地动态相对指标及土地利用计划执行情况相对指标等。

1）土地结构相对指标

结构相对指标就是利用统计分组结果，计算各组成部分在总体中的比重，用来反映总体内部的构成，用公式表示为

$$\text{结构相对指标}=\frac{\text{构成总体的部分数值}}{\text{总体的全部数值}}\times 100\%$$

2）土地比较相对指标

比较相对指标是表明在同一时期，同类现象在不同条件下的数量对比关系，可以是同类现象在不同的地区或单位之间的对比，也可以是同一总体内不同部分的对比。土地比较相对指标是两个同类指标在不同空间的对比，是说明土地利用或使用过程中不平衡程度的综合指标。用公式表示为

$$\text{比较相对指标}=\frac{\text{某类现象的数值}}{\text{不同空间同类现象的数值}}\times 100\%$$

3）土地强度相对指标

强度相对指标是指同一时期两个性质不同而又有联系的总量指标之比，用来说明某种现象的强度、密度、普遍程度或利用程度等。用公式表示为

$$\text{强度相对指标}=\frac{\text{某一总体的指标数值}}{\text{另一有联系的总体的指标数值}}$$

4）土地比例相对指标

比例相对指标是反映总体内部各组成部分之间数量对比关系的综合指标。用公式表示为

$$\text{比例相对指标}=\frac{\text{总体中某一部分的数值}}{\text{总体中另一部分的数值}}$$

5）土地动态相对指标

土地利用状况及其数量、质量、权属、等级、价格都是不断变化的，为了研究土地利用发

展变化的程度和规律,就要运用土地动态相对指标。动态相对指标是将两个同类指标在不同时间上进行对比。用公式表示为

$$动态相对指标=\frac{报告期水平}{基期水平}\times 100\%$$

6)土地利用计划执行情况相对指标

以某现象某一段时间内实际完成的数字与计划规定的数字对比,来反映和监督计划执行情况的指标,称为计划执行情况指标。用公式表示为

$$计划执行情况指标=\frac{实际完成数}{计划规定数}\times 100\%$$

3. 土地平均指标

平均指标又称平均数,是同质总体内各单位某一数量标志的一般水平或典型水平的综合指标。平均指标是一种代表数,其代表性的大小与各单位差异程度的大小相联系。在计算时依据现象的特点可分别采用简单算术平均数和调和平均数。

4. 土地统计综合指数分析

土地统计综合指数是指将不能加总的复杂的土地经济现象,通过同度量因素综合起来,反映其总量在不同时期发展变化的方向和程度的相对数。例如,为了分析某农户的土地利用情况,需要分析该农户种植的农产品产量变动情况,该农户 1995 年和 2000 年农作物产量及价格资料见表 2-2。

表 2-2　某农户 1995 年和 2000 年农作物产量及价格资料

农产品名称	产量(kg)		不变价格(元/kg)
	基期(1995 年)	报告期(2000 年)	
小　麦	6 750	9 000	1.2
油菜籽	2 550	3 750	2.5
籽　棉	10 500	15 000	5.0

由表 2-2 可见,该农户种植的三种作物的价格不同,不能将它们的产量相加进行比较。要比较该农户的农产品单产的变化,需要用同度量因素——价格进行折算,计算公式为

$$I_Q=\frac{\sum Q_1P_n}{\sum Q_0P_n}\times 100\% =\frac{95\ 175}{66\ 975}\times 100\% = 142.1\%$$

式中,I_Q 为产品产量指数;Q_1 为报告期产品的产量; Q_0 为基期产品的产量;P_n 为不变价格。

计算结果表明,该农户生产的三种农产品产量,报告期为基期的 142.1%,即比基期增长了 42.1%;分子与分母差额,$\sum Q_1P_n - \sum Q_0P_n = 95\ 175 - 66\ 975 = 28\ 200$(元),表明由于报告期比基期三种农产品产量提高了 42.1%,从而使产值每公顷增加了 28 200 元。

任务三　城镇土地分等定级

【任务目标】

1. 掌握城镇土地分等定级方法;
2. 掌握城镇土地分等定级工作流程。

【学习过程】

课件。

【知识导航】

土地分等定级是在特定的目的下,对土地的经济和自然两方面的属性及其在社会活动中的地位、作用进行综合鉴定,并使鉴定结果等级化的过程。

土地分等定级包括"分等"和"定级"两个层次。"分等"通常在全国范围内进行;"定级"通常以市、县为单位进行。

一、城镇土地分等

(一)城镇土地分等的任务和目的

1. 城镇土地分等的任务

城镇土地分等是通过对影响城镇土地质量的经济、社会、自然等各项因素的综合分析,揭示城镇之间土地质量的地域差异,运用定量和定性相结合的方法对城镇进行分类排队,评定城镇土地等。城镇土地分等反映了城镇之间土地质量的地域差异。

2. 城镇土地分等的目的

城镇土地分等的目的是为全面掌握城镇土地质量及利用现状,科学管理和合理利用城镇土地,提高土地利用率,为国家和各级政府制定各项土地政策和调控措施,为土地评估、土地税收征收和城镇土地利用规划、计划的制订提供科学依据。

(二)城镇土地分等原则

城镇土地分等与定级应当坚持以下原则。

1. 综合分析原则

城镇土地分等定级应对影响城镇土地质量的各种经济、社会、自然等各项因素的综合分析,按照综合差异划分土地的等和级。

2. 主导因素原则

城镇土地分等定级应重点分析对土地等和级具有重要作用的因素,突出主导因素的影响。

3. 地域分异原则

城镇土地分等结果要符合城镇本身的经济特征,充分考虑城镇的宏观地理位置,与区域经济发展水平保持相对一致。城镇土地定级应掌握土地区位条件和土地特性的分布与组合规律,分析由于区位条件不同形成的土地质量差异,将类似地域划归为同一土地级。

4. 土地收益差异原则

城镇土地等、级的划分应符合区域和城镇内部的土地收益分布规律。

5. 定量与定性分析相结合原则

城镇土地分等定级应尽量把定性的、经验性的分析进行量化。在确定土地等和级的初步方案时以定量分析为主,城镇土地等、级的调整和最终定案宜依靠定性分析。

(三)城镇土地分等的工作内容

城镇土地分等的工作内容包括:

城镇土地分等准备工作及外业调查;

城镇土地分等因素选择,资料整理与定量化;

城镇分值计算及土地等级初步划分；

验证、调整分等的初步结果，评定城镇土地等；

编制城镇土地分等成果；

城镇土地分等成果验收；

城镇土地分等成果应用与更新。

(四)城镇土地分等的技术程序

城镇土地分等的技术程序如下：

建立影响城镇间土地等级的因素因子体系；

确定各因素因子的相应权重；

分析因素因子的影响方式，建立评价标准；

对各城镇因素因子的评价指标值进行标准化处理，加权计算各城镇总分值，并初步划分城镇土地等级；

验证分等初步结果，制订分等基本方案，开展意见征求，对城镇土地分等进行调整并定案；

编制城镇土地分等成果图件、报告和基础资料汇编。

(五)城镇土地分等的因素指标体系

城镇土地分等的因素指标体系见表2-3。

表2-3　城镇土地分等因素体系

因素	选择要求	因子	评价指标	选择要求	指标解释
城镇区位	必选	交通区位	城镇交通条件指数	必选	反映城镇对外交通的便捷程度
		城镇对外辐射能力	城镇对外辐射能力指数	备选	用城镇所在区域的货运总量和客运总量来反映
城镇聚集规模	必选	城镇人口规模	城镇人口规模	必选	城镇驻地的常住人口(万人)
		城镇人口密度	城镇人口密度	备选	城镇人口除以城镇建成区面积(人/m^2)
		城镇非农产业规模	城镇第二、三产业人口增加值	备选	反映城镇非农产业规模状况(万元)
		城镇工业经济规模	城镇工业销售收入	备选	反映城镇工业的经济规模(万元)
城镇基础设施	必选	道路状况	城镇人均铺装道路面积	必选	城镇驻地年末铺装道路面积/人口数(万 m^2/人)
		供水状况	城镇人均生活用水量	备选	反映城镇基础设施中的供水状况(t/人)
		供气状况	城镇气化率	备选	使用燃气的城市非农人口与城市非农人口总数之比
		排水状况	城镇排水管道密度	备选	城镇驻地排水管道总长度/城镇建成区面积(km/km^2)

续表 2-3

因素	选择要求	因子	评价指标	选择要求	指标解释
城镇用地投入产出水平	备选	城镇非农业产出效果	城镇单位用地第二、三产业增加值	备选	城镇第二、三产业增加值/城镇建成区面积(万元/km^2)
		城镇商业活动强度	城镇单位用地批发零售贸易商品销售总额	备选	城镇批发零售贸易商品销售总额/城镇建成区面积(万元/km^2)
		城镇建设固定资产投资强度	城镇单位用地建设固定资产投资	备选	基本建设投资与更新改造投资之和
		城镇劳动力投入强度	城镇单位用地从业人员数	备选	城镇当年从业人员总数/城镇建成区面积(人/m^2)
区域经济发展水平	必选	国内生产总值	国内生产总值综合指数	必选	所有常住单位在一定时期内所生产和提供最终使用的产品和劳务的价值(万元)
		财政状况	地方财政收入综合指数	必选	通过城镇所在区域的全年地方财政收入、人均地方财政收入、3～5年内地方财政收入年均增长率三项指标来计算
		固定资产投资状况	全社会固定资产投资综合指数	必选	通过全年全社会固定资产投资、人均全社会固定资产投资两项指标来计算
		商业活动	社会消费品零售总额综合指数	必选	通过城镇所在区域的全年社会消费品零售总额、人均社会消费品零售总额、3～5年内社会消费品零售总额年均增长率三项指标来计算
		外贸活动	外贸出口额综合指数	备选	通过全年外贸出口额、人均外贸出口额两项指标来计算
区域综合服务能力	必选	金融状况	人均年末银行储蓄存款余额	必选	城镇所在区域居民年末储蓄存款余额/城镇所在区域人口数(元/人)
		邮电服务能力	人均邮电业务量	备选	城镇所在区域年邮电业务总量/城镇所在区域人口数(元/人)
		科技水平	专业技术人员比	备选	城镇所在区域专业技术人员数/城镇所在区域人口数
区域土地供应潜力	备选	区域农业人口人均耕地	区域农业人口人均耕地	备选	城镇所在区域范围内年末耕地面积/城镇所在区域人口数(亩/人)
		区域人口密度	区域人口密度	备选	城镇所在区域人口/城镇面积(人/km^2)

（六）城镇土地分等的技术方法

1. 城镇土地分等因素因子权重的确定

权重反映分等因素因子对城镇土地质量的影响程度。权重确定的原则为：权重值与因素对土地质量影响的大小成正比，数值为0～1，各选定因素的权重值之和为1；因素所涉及的因子权重值为0～1，每个因素对应的选定因子的权重值之和为1；权重值可单独选用特尔菲测定法、因素成对比较法或层次分析法确定，也可用特尔菲测定法结合其他两种方法来确定。

1）特尔菲测定法

特尔菲测定法（Delphi方法）是一种客观地综合多数专家的经验与主观判断，以确定参评因素及其权重的方法。通常所选的专家应当总体权威程度较高、代表面广，并由严格的专家推荐和审定程序推选。专家的人数以10～40人为宜。专家在指定时间内将其填写完毕的因素选择和权重评估表反馈给组织者，由组织者进行统计分析，当统计误差在设计阈值内时，便以专家所选因素及其平均权重值作为参评因素和权重值。当统计误差超过设计阈值时，将信息反馈给专家重新填写，直到统计误差在设计阈值内。打分轮次一般为2～3轮。

2）因素成对比较法

因素成对比较法主要通过因素间的成对比较，对比较结果进行赋值、排序，最终确定各因素的权重值。为避免某一因素的指标值为0，通常设计一个虚拟因素，使参评的所有因素的权重值均大于该虚拟因素权重值。采用因素成对比较法有两个重要前提：一是因素间必须具有可成对比较性，对因素所赋权重值应在0～1内，同时两因素权重值之和为1；二是因素比较的可转移性。设有A、B、C三个因素，如果A较B重要，B较C重要，则必定A较C重要。因素比较时，A较B明显重要，A的权重值可设为1，B为0，如果A较B相当重要，可将A值设为0.5～1的某一数值，B的权重值为1减去A的权重值。某一因素最终的权重值为该因素与其他参评因素相比较所得指标值之和与所有参评因素指标值之和的比值。

3）层次分析法

层次分析法（Analytical Hierarchy Process）简称AHP法，也称多层次权重分析法。该方法的基本原理就是把所要研究的复杂问题看作一个大系统，根据系统所涉及因素和所要达到的目标，通过对系统内的因素及相互关系的分析，划分出各因素间相联系的有序的层次结构体系；在对体系中的每一层次按某种给定准则，请有关专家对每一层次中的各因素进行客观的逐对比较和判断后，相应给出各因素的相对重要性的定量表示；进而建立判断矩阵，计算出每一层次全部因素的相对重要性的权重值，并加以排序；最后，根据排序结果即可确定参评因素及其权重值。

2. 城镇土地分等因素因子分值计算

（1）城镇土地分等因素因子分值计算公式如下：

$$F_{ik} = \sum_{j=1}^{n} W_{kj} \times Y_{ij}$$

式中 F_{ik}——第i个分等对象第k个因素分值；

W_{kj}——第j项因子对应上层第k个因素的权重值；

Y_{ij}——第i个分等对象第j项因子的分值；

n——第 k 个因素包含的因子个数。

(2)城镇土地分等对象的综合分值计算

$$S_i = \sum_{k=1}^{n} W_k \times Y_{ik}$$

式中 S_i——第 i 个分等对象的综合分值;

W_k——第 k 个因素的权重值;

Y_{ik}——第 i 个分等对象第 k 个因素分值;

n——第 k 个因素包含的因子个数。

3. 划分城镇土地等

城镇土地等按照综合分值分布状况划分,不同土地等对应不同的综合分值区间,按从优到劣的顺序对应于1,2,3,…,n 个等别值。土地等的数值,依不同区域的行政级别所包含的城镇数量、差异复杂程度而定,一般确定:省(自治区)3~8等;直辖市3~5等;省级以下区域2~5等;全国和跨省级区域依实际情况而定;任何一个综合分等只能对应一个土地等。

城镇等的初步划分方法有数轴法、总分频率曲线法等。

数轴法——将综合分值点标绘在数轴上,按土地利用效果的实际状况,选择点稀少处作为等间分界。

总分频率曲线法——对综合分值进行频率统计,绘制频率直方图,按土地利用效果的实际状况,选择频率波谷作为等间分界。

(七)城镇土地分等成果资料

城镇土地分等的主要成果如下。

1. 城镇土地分等报告

城镇土地分等报告包括工作报告和技术报告。工作报告的主要内容为总结城镇土地分等工作情况,包括人员组成、进度安排、经费、资料收集和整理、技术运用、工作经验与存在的问题等。技术报告的主要内容包括:城镇土地分等对象及所在区域的自然、经济和社会概况;城镇土地分等方法;城镇土地分等成果;城镇土地等的分析;从土地管理角度说明城镇土地等与土地市场培养、城镇地价之间的衔接;不同等城镇为土地有偿使用服务的途径等。

2. 城镇土地等别图

城镇土地等别图反映城镇位置、等别等内容。一般可根据需要编绘彩色城镇土地等别图,色彩以暖色为主,相邻等的色差不宜过大。

3. 中间成果

中间成果包括:分等对象所在区域的自然、社会和经济条件资料;分等对象的因素因子评价原始数据和经标准化处理的数据;分等对象的市场资料数据;城镇土地分等工作底图;各因素分值图;各因子分值图等。

二、城镇土地定级

我国城镇土地定级的对象是城镇建成区和近郊区范围内的所有土地。以城镇整体为单元进行,城镇附近的独立工矿等用地也可一起进行评定。建成区、近郊区、独立工矿以外的土地分别纳入农用土地或其他类型的土地定级范围之中。

(一)城镇土地定级的因素指标体系

定级受多种因素影响,归纳起来有土地区位、城市设施和环境优劣度三个基本因素,每个基本因素又可分为若干派生因素,形成一个多层次、相互联系的因素指标体系。

1. 土地区位

土地区位因素又包括商服繁华度、交通通达度二级派生因素。商服繁华度因素包括商业中心等级、距商服中心的距离等因子;交通通达度因素包括道路宽度、道路密度、公交便捷度等因子。

2. 城市设施

城市设施因素包括城市基础设施和社会服务设施等派生因素。城市基础设施因素包括供排水设施、供暖设施、供气设施、供电设施等因子;社会服务设施因素包括教育文化设施、医疗卫生设施、娱乐体育设施、基层商服网点、距公园的远近等因子。

3. 环境优劣度

环境优劣度因素包括环境污染状况、自然条件和人口状况等派生因素。环境污染状况因素包括大气污染、水污染、噪声污染等因子;自然条件因素包括地形坡度、地基承载力、洪水淹没与积水状况和绿化覆盖率等因子;人口状况因素包括人口密度、人口流量等因子。

城镇土地定级因素体系见表2-4。

表2-4　城镇土地定级因素体系

基本因素	派生因素	因子
土地区位	商服繁华度	商业中心等级
		距商服中心的距离
	交通通达度	道路宽度
		道路密度
		公交便捷度
城市设施	城市基础设施	供排水设施
		供暖设施
		供气设施
		供电设施
	社会服务设施	教育文化设施
		医疗卫生设施
		娱乐体育设施
		基层商服网点
		距公园的远近

续表 2-4

基本因素	派生因素	因子
环境优劣度	环境污染状况	大气污染
		水污染
		噪声污染
	自然条件	地形坡度
		地基承载力
		洪水淹没与积水状况
		绿化覆盖率
	人口状况	人口密度
		人口流量

(二)城镇土地定级工作的程序和内容

1. 准备工作

准备工作包括编写土地定级任务书、组织和物质准备、收集调查有关资料、整理资料、编制分值表等。城镇土地定级任务书应当包括以下内容:开展土地定级城镇的基本情况;所需的技术和图件资料;工作的组织、人员实施步骤和方法;时间安排和经费预算等。收集的资料应当包括商服繁华度,交通状况,基础设施状况,环境条件,社会、历史及人口资料,土地利用效益资料等。

2. 定级因素选择及其权重确定

1)选择定级因素的原则

影响土地定级的因素和因子很多,但不能全部选为参评因素,通常应当区别主导因素和非主导因素,按下列原则选择:选择影响大,对分级有重要作用的因素;选择覆盖面广,适用于城市各类用地的因素;选择能反映土地质量差异的因素;不同类型的土地定级应分别选择相应的定级因素。不同类型的土地定级因素选择要求见表 2-5 ~ 表 2-8。

表 2-5　城镇土地综合定级因素

定级因素	商服繁华度	交通条件			基本设施状况		环境条件		
		道路通达度	公交便捷度	对外交通便利度	基础设施完善度	公共设施完善度	环境质量优劣度	绿地覆盖度	自然条件优劣度
选择性	必选	至少一种必选		备选	至少一种必选		备选		
重要性顺序	1	2 或 3			3 或 2		4		
权重范围	0.2 ~ 0.4	0.1 ~ 0.3			0.1 ~ 0.3		0.03 ~ 0.2		

表 2-6　城镇商业用地定级因素

定级因素	商服繁华度	交通条件			基本设施状况	人口状况
		道路通达度	公交便捷度	对外交通便利度	基础设施完善度	人口密度
选择性	必选	至少一种必选			必选	备选
重要性顺序	1	2 或 3			3 或 2	4
权重范围	0.25～0.45	0.25～0.05			0.25～0.05	0.2～0.1

表 2-7　城镇住宅用地定级因素

定级因素	基本设施状况		交通条件			环境条件		商服繁华度	人口状况
	基础设施完善度	公共设施完善度	道路通达度	公交便捷度	对外交通便利度(客运)	环境质量优劣度	绿地覆盖度	商服繁华影响度	人口密度
选择性	必选		至少一种必选		备选	至少一种必选	备选		备选
重要性顺序	1		2 或 3		3 或 2	4 或 5	5 或 4		
权重范围	0.2～0.4		0.2～0.3		0.12～0.25	0.1～0.2	0.05～0.01		

表 2-8　城镇工业用地定级因素

定级因素	交通条件		基本设施状况	环境条件	产业集聚效益
	道路通达度	对外交通便利度(货运)	基础设施完善度	自然条件优劣度	产业集聚影响度
选择性	必选	备选	必选	备选	备选
重要性顺序	1		2	3	4
权重范围	0.2～0.4		0.2～0.3	0.1～0.2	0.05～0.01

2)定级因素权重确定的原则

权重是一个因素对土地质量影响程度大小的反映。土地定级因素选定后，还要对各因素的重要性程度予以鉴定，确定各因素的权重值。因素权重的确定原则：权重大小与因素对土地质量因素的影响大小成正比，作用大的权重值高，作用小的权重值低；各因素权重值在

0～1 变化，所选因素的权重值之和为 1。

3）定级因素选择和权重确定的方法

定级因素选择和权重确定可以分开进行，也可以将两者结合起来进行。常用的因素选择和权重确定方法有特尔菲测定法、因素成对比较法和层次分析法等。

3. 土地定级单元划分及其指标取样

定级单元是各定级因素分值计算的基础，也是土地级别划分的基本空间单位。对照各因素分值评定表，评出各单元的因素得分和总分值，作为定级的基础。

1）定级单元的划分原则

定级单元划分应当遵循以下原则：一是单元内部的相似性原则，即单元内各定级因素的优劣程度和影响大体一致。二是单元间的差异性原则，即单元间应当有较明显的差异，但单元间的差异分值应当在规定值范围内，即不得大于 $100/(N+1)$，其中 N 为土地定级的级别数。三是明显属于统一服务中心的区域不能分割为不同单元。四是除交通用途外，兼有商业等多种用途的道路不能作为单元之间的分界线。

2）单元界线的选用

单元界线一般选用：自然线状地物和面积较大的自然地物；城镇中的铁路；权属界限或权属单位内部的地类线；其他线状地物，如道路、围墙等明显、易定位的现状地物。

3）定级单元划分的方法

定级单元划分方法主要有叠置法、主导因素判定法、网格法等。

（1）叠置法。首先根据影响土地定级的主导因素在定级区域的实际分布状况，利用等值线法、指标区段法或分层设色法画出各主要因素的作用分值分布图；然后将采用的几个主要因素作用值分布重叠，勾画出作用分值基本一致的区域，形成不同大小的封闭图斑；再按照单元划分原则对图斑边界进行修订，得到土地定级单元。

（2）主导因素判定法。首先选用两个以上的主导因素，沿城镇主要方向选一定数目的特征点，作出各自的分值剖面图；然后根据因素分值变化规律，选择突变曲线段的位置作为单元的边界位置；再根据经验，把因素分值基本一致的区域划分为一个单元。

（3）网格法。网格法有动态网格法和静态网格法两种，两种方法均以一定大小的网格作为定级单元。静态网格法的划分是根据一定的经验，先定出一个统一大小的面积作为定级单元的面积，然后依规定的网格面积把城镇划分为若干网格，作为等级的单元，并不再变动。动态网格法一般采用 0.25 km×0.25 km 网格把城镇分成若干基本网格，然后选择包括市中心、市郊在内的几类不同的典型网格，将网格四等分。在四分点上检查每类网格内部 2 个以上的主要因素的差异，如果某类网格内同一因素分值不小于某一单元内部均值程度的规定，则以四等分加密。重复检查、加密，直到满足要求，得到定级单元。

4）单元内指标取样

单元内加权取样的目的是获取单元内各参评因素的指标值。样点的选取方法有许多，如单元边界特征点、单元的重点、单元的几何中心、单元内的任意点、线性内插等。当单元由若干个不同值的均值区域所组成时，可以采用面积加权法计算单元因素分值。

5）单元总分值计算

用因素加权分值法计算单元总分值。评定每个单元的因素及其数目必须相同，各个单元内因素的权重、分值及总值应结合一定的表格填表计算。

4. 土地分级的确定

在完成定级单元划分及单元内各定级因素作用分值后，即可用因素综合评定法进行土地级的初步划分，然后用级差收益测算最后确定的土地级别。

1）级别划分的原则

土地级别按总分值变化状况划分，不同的土地级别对应不同的分值区间，按从优到劣的顺序分别对应1，2，…，n个等级。

土地级别数按照城市规模及其复杂程度确定。一般大城市5～10级，中等城市4～7级，小城市以下3～5级。在图上对相同级别的相邻单元应勾画连块，以初步定级。

2）土地定级划分的方法

确定土地级别的方法主要有总分数轴法、总分频率曲线法、总分剖面图法等。

（1）总分数轴法。该方法按各单元总分值的大小，将其点绘于数轴上侧，按土地优劣的实际情况选择点稀少处作为级内边界，把相对密集的地方划为一个区段，再根据定性分析结果，定出每一区段代表的级别。

（2）总分频率曲线法。该方法以一定的分数间隔对单元总分作频率统计，然后绘制频率直方图，按土地优劣的实际情况，选择若干频率曲线突变处作为各级之间的分界线，再根据定性分析结果，定出分析结果，确定各组代表的土地级别。

（3）总分剖面图法。该方法沿城镇若干方向作总分变化剖面，按土地优劣的实际情况选择频率曲线分布突变处为级间分界，最后定级。

3）土地级别的确定

按上述方法可以初步确定土地级别，但在效益上如何表现则需要通过级差收益测算。当测算结果表明对区位最敏感的行业在效益上都不存在差异时，则应对土地级别进行修订和归并，最终确定土地级别。用级差测算收益结果修订土地初步级别的常用方法有两类：一是用级差收益的数值对初步的土地级别进行检验核对；二是将级差收益的状况转化为相应的系数，用系数修订土地的初步级别。

4）成果整理

土地定级成果整理工作包括面积量算、土地定级图的编制和土地定级报告的编写等。

土地定级图件包括定级工作图和定级成果图。定级工作图包括人口分布图、商业网点分布图、各因素分值计算图等。土地定级成果图包括用地定级单元分值图、土地级别分布图、土地级差收益测定图等。

土地定级报告包括定级工作报告和定级技术报告。定级工作报告应当详细写明定级工作程序、定级中的主要问题等。定级技术报告应当写明城镇的地理位置、面积等自然状况和经济状况，定级单元的划分方法、划分结果、定级成果对划分单元的验证，每个单元量算的技术手段、方法和结果，抽样调查方法、内容、作业方法及各类表格、结果，单元分值测算公式、因素测算公式、表格、方法和结果，权重值的确定方法、结果，定级原则与结果，成果应用的建议与应用方案，定级成果的论证与分析等。

5. 土地定级成果的检查验收

为保证土地定级成果质量，每个阶段或每道工序完成后必须认真自检和互检，全部完成后要进行全面的自检。在自检的基础上再提请上级土地行政主管部门按《城镇土地分等定级规程》（GB/T 18507—2014）规定的标准进行验收，全部符合《城镇土地分等定级规程》

(GB/T 18507—2014)要求的,才能定位合格。

土地定级的主要结果如下:

(1)土地定级报告;

(2)土地级别总图和级别边界图;

(3)土地定级单元分值图;

(4)各定级因素作用分值图;

(5)级差收益测算结果资料;

(6)土地利用效益和土地微观区位效益增减系数资料;

(7)土地分级面积汇总和土地定级分宗统计资料。

6. *定级成果资料的归档和更新*

城镇土地定级过程中所收集的文字和图件资料,定级因素的确定和分值计算过程中的技术资料,土地级别初步划分及级差收益测算、土地利用效益增减系数计算、微观区位效益增减系数计算资料等,都应按照归档要求予以归档。

定级工作具有一定的时效,为保证定级资料的现势性,在影响土地级别的因素发生较大变化,使土地质量也发生变化时,应当对定级成果按一定方式进行更新。我国《土地管理法实施条例》规定,土地等级每2年调整1次。

任务四　农用地分等定级

【任务目标】

1. 掌握农用地分等定级方法;
2. 掌握农用地分等定级工作流程。

【学习过程】

课件。

【知识导航】

农用地是指直接用于农业生产的土地,包括耕地、园地、林地、牧草地、农田水利用地和养殖水面等。农用地分等定级是指根据农用地的自然属性和社会经济属性,对农用地的质量优劣进行综合评定,并划分等别、级别。

一、农用地分等定级的目的

农用地分等定级的目的如下:

(1)贯彻落实《中华人民共和国土地管理法》,对农用地进行科学、合理、统一、严格的管理,为提高农用地管理水平提供依据。

(2)为科学量化农用地数量、质量和分布,实施区域耕地占补平衡制定和基本农田保护制定提供依据。

(3)为理顺土地价格体系,培育完善土地市场,促进土地资产的合理配置,开展土地整理、土地征用(收)补偿、农村集体土地使用权流转等工作提供依据。

二、农用地分等定级的对象

农用地分等定级工作的对象是行政区内现有的农用地和宜农未利用地,不包括自然保护区和土地利用总体规划中的永久性林地、永久性牧草地和永久性水域。

三、农用地分等定级的体系

农用地分等定级采用“等”和“级”两个层次的工作体系。

农用地等别是依据构成土地质量稳定的自然条件和经济条件，在全国范围内进行的农用地质量综合评定。农用地等别划分侧重于反映因农用地潜在的（或理论的）区域自然质量、平均利用水平和平均效益水平不同而造成的农用地生产力水平差异。农用地分等成果在全国范围内具有可比性。

农用地级别是依据构成土地质量的自然因素和社会经济因素，根据地方土地管理工作的需要，在行政区（省或县）内进行的农用地质量综合评定。农用地级别划分侧重于反映因农用地现实的（或实际可能的）区域自然质量、利用水平和效益水平不同而造成的农用地生产力水平差异。

四、农用地分等定级原则

（一）综合分析原则

农用地质量是各种自然因素、经济因素综合作用的结果，农用地分等定级应以对造成等级判别的各种因素进行综合分析为基础。

（二）分层控制原则

农用地分等定级以建立不同行政区内的统一等级序列为目的。在实际操作中，农用地分等是在国家、省、县三个层次上展开的，而农用地定级主要是在县级进行的。不同层次的评价成果必须兼顾区域内总体可比性和局部差异性两个方面的要求。在标准条件下，建立分等定级评价体系，进行综合分析，将具有类似特征的土地划入同一土地等或土地级。

（三）主导因素原则

农用地分等定级应根据影响因素因子的种类及作用的差异，重点分析对土地质量及土地生产力水平具有主要作用的主导因素的影响，突出主导因素对土地分等定级结果的作用。

（四）土地收益差异的原则

农用地分等定级既要反映出土地自然质量条件、土地利用水平和社会经济水平的差异及其对不同地区土地生产力水平的影响，也要反映出投入水平对不同地域土地生产力水平和收益水平的影响。

（五）定量分析和定性分析相结合原则

农用地分等定级应尽量把定性的、经验的分析进行量化，以定量计算为主，对现阶段难以定量的自然因素、社会经济因素进行必要的定性分析，将定性分析的结果运用于农用地分等定级成果的调整和确定阶段工作中，提高农用地分等定级成果的精度。

五、农用地分等定级的内容

农用地分等内容如下：

（1）工作准备，编写农用地分等任务书；

（2）收集资料；

（3）根据标准耕作制度，确定基准作物、指定作物；

(4)确定分等方法；

(5)划分分等指标区或样地适用区；

(6)确定分等因素或分等特征属性；

(7)编制"指定作物—分等因素—质量分"关系表或分等特性属性质量分加(减)规则表；

(8)资料整理；

(9)外业补充调查；

(10)编制分等因素分值图或分等特性属性质量分加(减)规则表；

(11)划分分等单元,编制分等单元图；

(12)计算分等单元各指定作物的土地质量分；

(13)查光、温生产潜力指数,产量比系数；

(14)计算各指定作物的土地利用系数和土地经济系数；

(15)计算分等指数；

(16)初步分等；

(17)校订确认分等；

(18)设立永久性标志；

(19)图件编制,面积量算,成果报告编写；

(20)成果验收；

(21)成果归档与更新应用。

农用地定级内容如下：

(1)工作准备,编写农用地定级任务书；

(2)收集资料；

(3)确定农用地定级方法；

(4)确定定级因素或定级特征属性；

(5)编制定级特性属性质量分加(减)规则表；

(6)资料整理；

(7)外业补充调查；

(8)编制定级因素因子分值图或定级特性属性质量分加(减)规则表；

(9)划分定级单元,编制定级单元图；

(10)计算定级指数；

(11)初步定级；

(12)校订确认定级；

(13)设立永久性标志；

(14)图件编制,面积量算,成果报告编写；

(15)成果验收；

(16)成果归档与更新应用。

六、农用地分等定级的技术要求

(一)农用地分等的技术要求

(1)全国统一建立农用地分等标准体系,包括光、温生产潜力指数计算,标准耕作制度,分等因素因子体系分区,标准样地体系设置等。

(2)开展农用地分等工作的省级土地行政主管部门,负责确认本行政区内农用地分等标准体系;在全国的统一指导下,与相邻省(市、区)就因素因子分区、主导因素选择等事宜进行协调。

(3)开展农用地分等工作的县级土地行政主管部门,负责本行政区内的农用地分等工作。

(4)开展农用地分等工作的省(市、区),在行政区内各县农用地分等及其验收、校订工作全部完成后,负责省级农用地分等成果的汇总和上报。

(5)各省(市、区)农用地分等及其验收、校订工作全部结束后,由国务院土地行政主管部门组织国家级的农用地分等成果汇总。

(二)农用地定级的技术要求

(1)农用地定级标准体系根据当地需要和实际情况而定。

(2)与分等相比,对农用地定级有以下原则要求:一是突出现实生产力水平的原则,定级因素要比分等因素更具体,反映现实农用地生产力水平的差异;二是突出经济因素影响的原则;三是受分等成果制约的原则,在分等工作开展之后进行定级的,应考虑并利用分等结果;四是县域内可比的原则,定级不要求县际间的可比性;五是满足委托方要求的原则,定级要与定级目的相联系,即与委托方的要求相一致。

七、农用地分等定级的技术方法

(一)农用地分等的技术方法

1. 计算分等指数

农用地分等体系建立在全国统一的标准之上,开展农用地分等工作的地方需使用统一的国家级参数,计算出行政区内各地方、各分等单元的以基准作物理论产量指数表示的分等指数,以分等指数作为分等的依据。

2. 测算农用地分等参数

农用地分等的国家级参数包括光、温生产潜力指数,标准耕作制度,产量比系数,指定作物最大产量,指定作物最大“产量—成本”指数等,采用统一的计算方法,由国土资源部组织计算,公布成果。农用地分等所采用的分等参数包括农用地质量分、土地利用系数、土地经济系数等,由开展分等定级的地方测算。

3. 确定基准作物和指定作物

标准耕作制度中涉及的作物分为基准作物和指定作物。基准作物有开展分等工作的地方,从标准耕作制度中的全国性粮食作物中选择一种;指定作物由国家统一指定。极个别地方,在报请国务院土地行政主管部门同意后,可根据当地大宗作物的种植比例确定 1 ~ 2 种指定作物。

4. 确定分等因素

农用地分等因素分推荐因素和自选因素两类。推荐因素由国家统一确定,分区、分地貌类型给出;自选因素由开展农用地分等定级工作的省级土地行政管理部门确定,用于分等的自选因素不超过3个。所有分等因素都需要采用特尔菲法、因素成对比较法、主成分分析法、层次分析法等方法中的一种或几种进行检验和确定,在开展农用地分等工作的省(县)签订的分等定级任务书中予以明确。

5. 计算农用地质量分

农用地质量分用无量纲百分数表示,计算方法包括因素法和样地法。应用因素法计算农用地质量分的地方需要编制“指定作物—分等因素—质量分”关系表。应用样地法计算农用地质量分的地方需要确定样地,编制农用地质量加(减)分规则表。

6. 确定分等因素权重,计算综合农用地质量分

农用地质量分的综合方法,因素法中可采用几何平均法或加权平均法;样地法中可采用代数和法。开展农用地分等定级的地方需要采用适当的方法,如特尔菲法、层次分析法、因素成对比较法、回归分析法中的一种或几种,确定地方因素权重。

7. 计算土地利用系数、土地经济系数

土地利用系数、土地经济系数在县域内分等值区计算。在等值区内,以行政村为单位,按产量差异随机、分层设置一定数量的样点进行采样,分别计算样点的系数值,行政村的土地利用系数、土地经济系数取各采样点的平均数。

8. 划分分等单元

分等单元划分采用叠置法、地块法、网格法或多边形法。最小评价单元不小于最小图上面积(6 mm^2)。

9. 计算分等指数

分等指数的计算采用乘积法,用千分制表示。

10. 划分农用地等别

农用地的划分采用等间距法,每间隔50分划分一个农用地质量等别。

(二)农用地定级的技术方法

1. 因素法

农用地定级应根据县域内的生态条件、经济条件、区位条件、耕作条件划分不同的定级指标区。应用因素法进行农用地定级时,需要编制“定级因素—质量分”关系表。

2. 样地法

应用样地法进行农用地定级时,需要事先确定样地,编制农用地质量加(减)分规则表。

3. 修正法

可以直接引用农用地分等工作的中间成果,如农用地质量分、土地利用系数、土地经济系数。考虑到分等因素与定级因素可能不同,在引用农用地分等中间成果时要事先进行论证和分析。

应用修正法进行农用地定级时,还需要补充计算土地区位系数和耕作便利系数。土地区位系数根据县城内城镇、交通等因子情况,采取计算影响度的办法,确定其对农用地质量的作用。耕作便利系数主要反映村级水平的耕作距离、耕地装备及田间道路状况等因子的差异,采用计算影响度的办法,确定其对农用地质量的作用。

八、农用地分等定级的工作底图比例尺

农用地分等工作底图(分等单元图)采用1∶1万～1∶10万比例尺的土地利用现状图,原则上与土地详查的精度相一致。

九、农用地分等定级成果

农用地分等定级成果包括文字报告、图件、标准剖面标志、标准样地景观照片、标准样地剖面照片、样地标志、基础资料汇编。

当采用计算机进行技术处理时,可采用农用地分等定级管理信息数据库的方式来替代。

任务五　地籍档案管理

【任务目标】

1. 掌握地籍档案管理的收集和整理;
2. 掌握地籍档案的分类和编制;
3. 掌握地籍档案的鉴定和统计;
4. 掌握地籍档案的保管和利用。

【学习过程】

课件。

【知识导航】

一、地籍档案管理的概念

档案指过去和现在的国家机构、社会组织以及个人从事政治、军事、经济、科学、技术、文字、宗教等活动直接形成的对国家和社会有保存价值的各种文字、图表、声像等不同形式的历史记录。地籍档案是指国家和地方各级土地管理部门及其事业单位在地籍工作中直接形成的,对国家、社会和土地管理工作有保存价值的,反映地籍工作和土地状况的各种文字、图表、声像等不同形式的历史记录。

建立地籍档案需要对地籍档案材料进行收集、整理、分类编目、归档保管等工作,这就是地籍档案的管理活动。所以,地籍档案管理可以理解为:以地籍档案为对象而进行的收集整理、分类编目、归档保管、提供利用等各项活动的总称。

二、地籍档案的收集和整理

(一)地籍档案的收集

地籍档案的收集指将分散在各有关部门、单位和个人那里的地籍档案,按照土地管理的有关法规和《中华人民共和国档案法》的有关规定,有计划、有步骤地分别集中到各级土地管理机关档案室,包括原始资料的收集、图纸的收集和往来资料的收集。

(二)地籍档案的整理

地籍档案的整理指将已经集中到档案室的零散的地籍档案,按档案内容所反映的问题

进行分类，再按类组成不同体系的保管单位（如图集、卷宗、册籍、卡片簿等）。对每一个保管单位的整理工序（以卷宗为例）是：组卷、卷内文件整理、案卷封面填写、案卷装订、案卷排列、案卷目录编制等。

整理地籍档案要充分利用先前整理的基础，要注意保持档案之间的历史联系，要便于保管和提供利用。

三、地籍档案的分类和编目

（一）地籍档案的分类

地籍档案是土地档案全宗的一部分。地籍档案的分类通常采用：档案全宗—大类—属类。土地档案全宗，指归国家所有，由国家统一管理的一切土地档案的总和。全宗内档案可划分成若干大类，如地籍档案、土地利用规划档案等。大类可再划分成若干属类，如地籍档案又可分为国家地籍档案和基层地籍档案。根据地籍档案的来源、时间、内容和形式上的异同，分成若干类或案卷，在地籍档案分类中，常用的分类法如下。

1. 按专题分类

按专题分类就是按文件资料的内容所说明的问题、业务范围或科学研究专题进行分类。如按地籍管理的业务活动专题可分为土地调查、土地评价、土地登记、土地统计、城镇地籍、农村地籍和综合等属类。

2. 按地区分类

按地区分类就是按照地籍档案所涉及的行政区域进行分类。这种方法最适用于基层地籍档案的组卷。通常情况下，图、表、卡等都适于按地区组卷；农村基层可按村民小组组卷。

3. 按时间分类

按时间分类就是按照形成和处理文件资料日期的先后顺序以一定的时间（年、月）作为区分地籍档案类别的标志进行分类。

在实际的地籍档案分类中，大多采用以上几种方法的综合，如先按专题划分类别，再按时间或地区分属类。

地籍档案分类还可以采用问题分类法、年度分类法、组织机构分类法、年度－问题分类法、问题－年度分类法等。

（二）地籍档案的编目

地籍档案的编目指对各类不同保管单位地籍档案案卷（图集、卡片簿、册籍）目录的编制。案卷目录是查找和利用档案的基本检索工具，也是统计和检查档案的重要依据。

案卷目录包括封面、序言、目次、简称与全称对照表、案卷目录表和备考表。

1. 封面

案卷目录封面要写明全宗和目录名称、全宗号、目录号、年、月、日和编制单位。

2. 序言

案卷目录序言要简要说明案卷数量、全宗、分类和立卷整理情况以及存在的问题。

3. 目次

写明各类的名称及起止页码。

4. 简称与全称对照表

案卷标题、内容、作者、机关、地区等全称过长需要简化时，应按统一规定列出对照表，以便查用。

5. 案卷目录表

案卷目录的主要部分。在目录表中要写明卷号、案卷标题、年度、份数、页码、保管期限和备注。

6. 备考表

在表中写明该目录的有关情况,如案卷数量、目录的页数、编制日期及案卷移出、销毁、损坏情况的说明等。

四、地籍档案的鉴定和统计

(一)地籍档案的鉴定

地籍档案鉴定,首先评定各种地籍档案的价值,将失去价值的地籍档案清理出来,加以销毁。对有价值的地籍档案,根据其保存价值大小,确定保管期限;根据档案的保密程度和允许提供的范围,确定其保密等级。

(二)地籍档案的统计

地籍档案的统计是以表册、数字形式反映地籍档案及其管理的有关情况。地籍档案统计分为档案登记和统计两部分。登记内容包括地籍档案的改进、移出、整理、鉴定、保管档案数量和状况以及档案利用情况等。统计内容包括地籍档案的构成、档案利用、档案工作人员构成、档案机构建设等情况。地籍档案统计工作为分析和研究地籍档案管理的经验和问题、不断完善档案的管理工作提供了依据。

五、地籍档案的保管和利用

(一)地籍档案的保管

地籍档案的保管就是要采用各种保管方法,消除一切可能损坏档案的自然因素(不适当的温度、湿度、虫蛀、空气中酸污染、纸张质量低劣等)和人为因素(档案保管制度不严等),尽可能地延长档案的使用期限,防止档案的泄露和丢失,维护档案的安全。

(二)地籍档案的利用

地籍档案的利用是地籍档案管理的目的。利用方式通常有:以地籍档案原件提供使用,可在档案室内设阅览室或将原件借出室外使用;以档案复制件提供利用,如制作档案复制品,提供微缩胶卷(片)、静电复印件,制作档案 VCD、DVD 或建立相应的档案网站等,出版或印发档案汇编;编写档案证明;函复、查询外调等。

思考题

1. 什么是地籍管理?地籍管理的内容包括哪些?
2. 简述土地登记的内容及程序。
3. 简述我国的土地登记制度。
4. 土地统计的内容及主要指标是什么?
5. 简述城镇土地分等定级的内容。
6. 农村土地分等定级的内容及技术方法有哪些?

项目三 土地权属管理

【学习目标】

1. 能了解土地权属管理的内容、方法及手段；
2. 能明确土地权属流转的方式、程序及相关政策。

【知识目标】

1. 掌握土地权利类型；
2. 掌握土地调查、土地登记的内容及程序；
3. 掌握土地征收、出让、划拨、转让的方式、程序、条件；
4. 掌握集体土地流转的方式；
5. 掌握土地违法行为的处罚措施。

【知识导航】

一、土地权利结构

由于政治、经济、文化、社会条件等不同，在土地权利结构上，不同的法系、不同的国家存在着较为明显的差别。我国现有的土地权利体系也是历史的产物。它不仅受到20世纪50~70年代我国政治、经济制度的影响，而且同80年代以来的经济体制改革和社会进步有着密切的关系。分析我国的土地权利结构，对建立合理的权属体系，加强土地物权法制建设具有重要意义。

一般而言，我国的土地权利可以分为土地所有权、土地使用权和土地他项权利三大组成部分。

（一）土地所有权

土地所有权是土地所有者对其所有的土地主张的权利。在我国，根据土地所有权主体的不同，可以分为国家土地所有权和农民集体土地所有权两类。

（二）土地使用权

在土地所有权与土地使用权相分离的情况下，土地使用权是指土地使用者对其使用的土地拥有的权利。根据土地所有权主体的不同，同样可以将土地使用权分为国有土地使用权和集体土地使用权两类；根据是否支付使用费的不同，可以分为有偿土地使用权和无偿土地使用权两类；根据地块用途的不同，可以分为农用地使用权和建设用地使用权两类。

（三）土地他项权利

土地他项权利是指土地权利中，除土地所有权和使用权外的其他权利，包括地役权、空中权、地下权、租赁权、抵押权、借用权、耕作权等。

二、土地所有制和土地所有权

（一）我国的土地所有制

土地是资源，也是重要的生产资料。土地所有制是经济制度的重要组成部分。根据我国《宪法》的规定,中华人民共和国的社会主义经济制度的基础是生产资料的社会主义公有制,即全民所有制和劳动群众集体所有制。我国《土地管理法》规定:"中华人民共和国实行土地的社会主义公有制,即全民所有制和劳动群众集体所有制。"

(二)我国的土地所有权

土地所有权是指土地所有者依照法律规定对其所有的土地享有的占有、使用、收益和处分的权利,是土地所有制的法律表现形式。与我国土地所有制的两种形式相对应,我国的土地所有权包括国家土地所有权和集体土地所有权两类。土地所有权是一种民事权利,是财产权中最为重要的一种。

在我国,土地所有权具有以下特点。

1. 主体的特定性

根据我国《宪法》及《土地管理法》的规定,土地只能为国家、集体所有。国家和集体以外的任何单位、个人都不能成为土地所有权主体。国家所有的土地的所有权由国务院代表国家行使。

2. 交易的限制性

根据我国法律规定,土地所有权不能以任何形式交易。土地所有权的买卖、赠予、互易以及将土地所有权作为投资,均属非法。

3. 权属的稳定性

由于主体的特定性和交易的限制性,我国的土地所有权处于高度稳定的状态。除国家为了社会公共利益的需要,可以对集体所有的土地实行征收外,土地所有权的归属状态不能改变。

4. 权能的分离性

在土地所有权高度稳定的情况下,为实现土地资源的有效利用,法律需要将土地使用权从土地所有权中分离出来,使之成为一种相对独立的物权并且能够交易。因此,土地使用权制度在我国《土地管理法》乃至《物权法》体系中占据重要地位。

(三)国有土地

根据1998年12月24日国务院第十二次常务会议通过的《中华人民共和国土地管理法实施条例》,下列土地属于国家所有:

(1)城市市区的土地;

(2)农村和城市郊区中已经依法没收、征收、征购为国有的土地;

(3)国家依法征用(收)的土地;

(4)依法不属于集体所有的林地、草地、荒地、滩涂及其他土地;

(5)农村集体经济组织全部成员转为城镇居民的,原属于其成员集体所有的土地;

(6)因国家组织移民、自然灾害等原因,农民成建制地集体迁移后不再使用的原属于迁移农民集体所有的土地。

(四)集体土地所有权的限制

由于土地的开发、利用、治理、保护以及土地权属流转具有很大程度上的社会性,土地所有权的行使也应受到社会公共利益需要的制约。在我国,国家所有权具有全民性和单一性,它代表范围广泛、全局性的社会利益,而集体土地所有权具有团体性和分散性,它代表的是范围较小、局部性的社会利益。同时,集体土地的使用、处分,与国家的经济发展、社会稳定密切相关。由于在集体土地所有权的团体性和分散性与社会公共利益的全局性要求之间存在一定的矛盾,因此为社会公共利益需要,有必要对集体土地所有权加以适当限制。

根据《土地管理法》等的有关规定,我国对集体土地所有权中的处分权能的限制主要表现在以下几个方面。

1. 对集体土地使用的限制

1)对集体建设用地的限制

《土地管理法》规定:“任何单位和个人进行建设,需要使用土地的,必须依法申请使用国有土地。但是,兴办乡镇企业和村民建设住宅经依法批准使用本集体经济组织农民集体所有的土地的,或者乡(镇)村公共设施和公益事业建设经依法批准使用农民集体所有的土地的除外。”也就是说,集体建设用地的使用主体,只能是本集体内的乡镇企业或村民,或者乡(镇)村公共设施和公益设施建设单位。

2)对集体农用地的限制

《土地管理法》规定,农民集体所有的土地由本集体经济组织的成员承包经营,从事种植业、林业、畜牧业和渔业生产。土地承包经营期限为三十年。发包方和承包方应当订立合同,约定双方的权利和义务。在土地承包经营期限内,对个别承包经营者之间承包的土地进行适当调整的,必须经村民会议三分之二以上成员或者三分之二以上的村民代表的同意,并报乡(镇)人民政府和县级人民政府农业行政主管部门批准。农民集体所有的土地由本集体经济组织以外的单位或者个人承包经营的,必须经村民会议三分之二以上成员或者三分之二以上的村民代表的同意,并报乡(镇)人民政府批准。

2. 对集体土地权属流转的限制

1)对集体土地使用权取得的限制

集体土地所有者将集体土地使用权让渡给土地使用者,必须经过有关人民政府的审批,必须符合土地利用总体规划、村庄和集镇规划以及土地利用年度计划。兴办乡镇企业的或者与其他单位、个人以土地使用权入股、联营等形式共同兴办企业的,应当持有关批准文件,向县级以上地方人民政府土地行政主管部门提出申请,按照省、自治区、直辖市规定的批准权限,由县级以上地方人民政府批准;乡(镇)村公共设施、公益事业建设需要使用土地的,经乡(镇)人民政府审核,向县级以上地方人民政府土地行政主管部门提出申请,按照省、自治区、直辖市规定的批准权限,由县级以上地方人民政府批准;农村村民建住宅,经乡(镇)人民政府审核,由县级人民政府批准。涉及占用农用地的,应当依法办理农用地转用审批手续。

2)对集体土地使用权流转的限制

《土地管理法》规定:“农民集体所有的土地的使用权不得出让、转让或者出租用于非农业建设;但是,符合土地利用总体规划并依法取得建设用地的企业,因破产、兼并等情形致使土地使用权依法发生转移的除外。”也就是说,集体土地不得在非农业建设用地市场内随意流转。

三、土地使用制和土地使用权

(一)土地使用制

土地使用制是指土地使用者使用土地的程序和条件。使用土地的程序是指土地使用者从土地所有者手中取得土地使用权的程序。使用土地的条件是指土地所有者和使用者之间约定的开发、利用、保护、改善以及土地权属流转的条件。

1. 国有土地使用制

国有土地分为国有建设用地、国有农用地和国有未利用地。

1）国有建设用地使用制

新中国成立以来，城镇土地使用制大致经历了从无偿、无限期、无流转到有偿、有限期、有流转两个阶段。

新中国成立初期到1990年《城镇国有土地使用权出让和转让暂行条例》颁布为第一阶段，这一阶段的城镇国有土地一般以无偿、无限期划拨方式提供给土地使用者，取得土地使用权的程序如下：申请用地—审查批准—划拨土地—颁发国有土地使用证。

1990年《城镇国有土地使用权出让和转让暂行条例》颁布后，我国城镇国有土地使用制度开始发生明显改变，城镇国有土地使用权逐步采用有偿、有限期方式提供给土地使用者。《城镇国有土地使用权出让和转让暂行条例》规定：居住用地的使用权最高出让年限为七十年；工业用地为五十年；商业、旅游业、娱乐业用地为四十年；教育、科技、文化、体育、卫生用地为五十年；综合及其他用地为五十年。

1998年修订后的《土地管理法》规定："国家依法实行国有土地有偿使用制度。但是，国家在法律规定的范围内划拨国有土地使用权的除外。""建设单位使用国有土地，应当以出让等有偿使用方式取得；但是，下列建设用地，经县级以上人民政府依法批准，可以以划拨方式取得：（一）国家机关用地和军事用地；（二）城市基础设施用地和公益事业用地；（三）国家重点扶持的能源、交通、水利等基础设施用地；（四）法律、行政法规规定的其他用地。""以出让等有偿使用方式取得国有土地使用权的建设单位，按照国务院规定的标准和办法，缴纳土地使用权出让金等土地有偿使用费和其他费用后，方可使用土地。"

《土地管理法实施条例》规定："国有土地有偿使用的方式包括：（一）国有土地使用权出让；（二）国有土地租赁；（三）国有土地使用权作价出资或者入股。"从上述规定可以看出，城镇国有土地除一部分公益性建设用地外，均需有偿、有期限使用。

2）国有农用地使用制

根据我国《土地管理法》的规定，"国家依法实行国有土地有偿使用制度"，"国有土地可以由单位或者个人承包经营，从事种植业、林业、畜牧业和渔业生产"。也就是说，国有土地以有偿承包的方式提供给土地使用者。

3）国有未利用地使用制

我国对国有未利用地的使用采取"谁开发，谁使用"的原则。

我国《土地管理法》规定："开发未确定使用权的国有荒山、荒地、荒滩从事种植业、林业、畜牧业、渔业生产的，经县级以上人民政府依法批准，可以确定给开发单位或者个人长期使用。"我国《土地管理法实施条例》规定，国有未利用地的使用期限最长不得超过五十年。

2. 农村集体所有土地使用制

农村集体土地可以分为三类：集体农用地、集体建设用地和集体未利用地。

1）集体农用地使用制

新中国成立以来，集体农用地使用制大致经历了两个不同的阶段：新中国成立初期到实行家庭联产承包责任制时期为第一阶段。这一阶段的集体农用地主要由农业生产合作社内的社员共同经营，不需向农业生产合作社支付任何费用，所得收益除向国家上交一部分外，其余收益在农业生产合作社内部平均分配。第二阶段是实行家庭联产承包责任制至今。这一阶段，原农业生产合作社的农用地，包括耕地、园地、林地、牧草地和其他农用地，以户为单位，按人数分配给农户，由农户自主经营，收益除向国家上交一部分、向集体上交一部分外，其余收益归农户所有。取得承包经营权不需要支付任何费用。

2002 年 8 月 29 日第九届全国人民代表大会常务委员会第二十九次会议通过了《中华人民共和国农村土地承包法》。该法规定，“国家实行农村土地承包经营制度”，“农村土地承包采取农村集体经济组织内部的家庭承包方式，不采取家庭承包方式的荒山、荒沟、荒丘、荒滩等农村土地，可以采取招标、拍卖、公开协商等方式承包”，“国家依法保护农村土地承包关系的长期稳定”，“农村土地承包后，土地所有权性质不变。承包地不得买卖”，“农村集体经济组织成员有权依法承包由本集体经济组织发包的农村土地”，“任何组织和个人不得剥夺和非法限制农村集体经济组织成员承包土地的权利”，“国家保护承包方依法、自愿、有偿地进行土地承包经营权流转”。

2）集体建设用地使用制

我国对集体建设用地的使用主要采取无偿配拨制。乡镇企业、乡（镇）村公共设施和公益事业建设以及农村居民建房，需要使用土地的，首先提出用地申请，经有批准权的人民政府批准后，无偿拨给。

无偿拨给的集体建设用地不能流转。1998 年修订后的《土地管理法》规定：“任何单位和个人进行建设，需要使用土地的，必须依法申请使用国有土地；但是，兴办乡镇企业和村民建设住宅经依法批准使用本集体经济组织农民集体所有的土地的，或者乡（镇）村公共设施和公益事业建设经依法批准使用农民集体所有的土地的除外。”“农民集体所有的土地使用权不得出让、转让或者出租用于非农业建设；但是，符合土地利用总体规划并依法取得建设用地的企业，因破产、兼并等情形致使土地使用权依法发生转移的除外。”“农村村民一户只能有一处宅基地，其宅基地面积不得超过省、自治区、直辖市规定的标准。”“农村村民出卖、出租住房后，再申请宅基地的，不予批准。”也就是说，集体建设用地的使用者只能是乡镇企业、乡（镇）村公共设施和公益事业建设以及农村居民，而且建设用地使用权不得流转。

3）集体未利用地使用制

我国《土地管理法》规定：“国家鼓励单位和个人按照土地利用总体规划，在保护和改善生态环境，防止水土流失和土地荒漠化的前提下，开发未利用的土地；适宜开发为农用地的，应当优先开发为农用地。”

（二）土地使用权

土地使用权是指土地使用者根据法律规定对其使用的土地享有的占有、使用、收益和部分处分的权利。土地使用权是一种民事权利，是与财产所有权有关的财产权。在我国，土地使用权具有以下特性。

1. 派生性

土地使用权的派生性，是指土地使用权中土地所有权的享用权能在一定条件下与所有权相分离而形成的一种权利。土地所有权的权能包括占有、使用、收益和处分，这些权能在土地所有者未作为时，完全归于土地所有权。当土地所有者在不丧失其所有权的情况下，将所有权的一部分权能如占有权、使用权、收益权，乃至部分处分权暂时或长久地让渡于他人时,就从土地所有权中派生出土地使用权。

2. 从属性

土地使用权的从属性,是指土地使用权的发生以所有权的行使为前提,它的存续亦受到所有权的制约,表现在以下几个方面。

1)土地使用权的发生需要有所有权人的设定行为

设定行为是指土地所有权人有设立土地使用权的意思,并依照法律规定的程序,对特定相对人授予土地使用权的行为。根据我国有关法律规定,土地使用权的设立通常包括两个步骤:一是土地所有权人设立土地使用权的意思表示;二是办理土地登记。

2)土地使用权附有一定的义务

如合理利用土地的义务,不得任意改变土地用途的义务,缴纳有关税费的义务,办理有关登记的义务等。此外,在不同的情况下,法律和行政管理规章还规定特别的义务,如划拨土地使用权不得转让、出租、抵押,通过出让方式取得的国有土地使用权,未按规定的期限和条件进行开发前,不得转让等。

3)土地使用权受到所有权一定程度的限制

我国的土地使用权,无论是国有土地使用权,还是集体土地使用权,受到所有者的干预程度是很高的。

土地使用权的从属性并不意味着所有权人及其代表可以任意干预或限制土地使用权人的权利行使。我国土地使用权制度建设的方向,应该是在明确土地使用权人的义务和完善土地法律法规,规范土地管理的前提下,相对地强化土地使用权的法律地位,发挥使用权的经济职能。

3. 直接性

土地使用权的直接性是指权利直接附着于标的物,权利人能够直接、现实地占有和使用该标的物。土地使用权不是对人的请求权,而是对土地的支配权。土地使用权人实现对土地的占有、使用、收益,不依赖于他人的任何给付义务或者其他积极义务的履行。

土地使用权的直接性使它具有排他的地位,即排斥他人在未经土地使用权人的许可并无其他法律依据的情况下,对土地行使占有、使用、收益、处分的权利。当使用权人对其使用的土地的享用权益受到侵犯时,土地使用权人有权请求法律保护,包括请求停止侵害、排除妨碍、消除危险、返还财产、恢复原状和赔偿损失等。

4. 可转让性

土地使用权的可转让性是指土地使用权可以依照一定的合法方式和程序转移给其他人。土地使用权人有权以转让、出租、抵押等方式处分其土地使用权。我国法律规定,通过出让方式取得的国有土地使用权,按照出让合同规定的条件和期限投资开发、利用土地后,可以转让、出租和抵押;划拨土地使用权在办理有关手续前,不得转让、出租和抵押;集体土地使用权不得转让、出租用于非农业建设。

5. 有期性

土地使用权的有期性是指土地使用权的期限一般由法律予以规定。

对城镇国有土地使用权的最高使用年限,我国《城镇国有土地使用权出让和转让暂行条例》规定:居住用地的使用权最高出让年限为七十年;工业用地为五十年;商业、旅游业、娱乐业用地为四十年;教育、科技、文化、体育、卫生用地为五十年;综合及其他用地为五十年。

对农村农用地的承包经营年限,我国《土地管理法》规定:“农民集体所有的土地由本集体经济组织的成员承包经营,从事种植业、林业、畜牧业、渔业生产。土地承包经营期限为三十年。”“农民集体所有的土地,可以由本集体经济组织以外的单位或者个人承包经营,从事种植业、林业、畜牧业、渔业生产。发包方和承包方应当订立承包合同,约定双方的权利和义务。土地承包经营的期限由承包合同约定。”

四、土地他项权利制度与土地他项权利

土地他项权利是指土地权利中,除土地所有权和使用权外的其他权利。凡不属于土地所有权和土地使用权,而在土地法上需要加以确认和保护的土地权利,都可列入土地他项权利。他项权利的主体具有特定性,他项权利拥有者必须是与土地所有者或使用者有着密切联系的单位和个人,如邻里关系、土地使用权租赁关系、土地使用权抵押关系、地上附着物权属关系等。

在我国,土地他项权利具有以下特点:第一,土地他项权利是在他人土地上享有的权利。土地他项权利主体是土地所有者、使用者以外的,与土地所有人、使用人之间存在着某种法律关系的民事主体。第二,土地他项权利不受一物一权的限制。在同一土地上,只能有一个所有权,并且这个所有权只能派生一个土地使用权,但这并不妨碍在同一土地上设立多种甚至多个同种的他项权利。第三,土地他项权利是对土地所有权、使用权的一种限制。表现为他项权利人对土地的某种利用权利,或者他项权利人请求土地所有人、使用权人对土地的某种利用权利,或者他项权利人请求土地所有人、使用人在利用该土地时为某种行为或不为某种行为的权利。第四,土地他项权利是长期存续的权利,一般情况下应当予以登记。

我国法律、法规已有明确规定的土地他项权利主要有以下几种:地役权、租赁权、抵押权、空中权、地下权等。

(一)地役权

目前,我国法律法规并没有对地役权进行明确的规定。但我国《民法通则》以及最高人民法院司法解释中有对相邻权的规定。相邻关系是指不动产的相邻各方在处理相互权利冲突时,本着道德和理性的精神,对他人权利的行使加以容忍或者对自己权利的行使加以克制的行为准则的总称。相邻权是基于相邻关系而产生的一方对他方享有的请求权。相邻权的适用范围,不仅包括相邻土地之间的关系,而且包括相邻建筑物甚至同一建筑物的相邻单元之间的关系。

现有的相邻权中,凡是以在他人土地上的一定行为为内容并长期存续的权利,属于地役权。地役权是指为自己的土地利用需要,而对他人土地加以支配的权利,包括在他人土地上实施一定行为或者限制土地所有人、使用权人在其土地上实施一定行为的权利。我国《民法通则》第八十三条以及最高人民法院《关于贯彻执行〈中华人民共和国民法通则〉若干问题的意见》所列的相邻权中,主要有两种地役权,即通行权和排水权。通行权是指人、畜和车辆不受妨碍地通过他人土地的权利。排水权是指向他人土地或者经由他人土地排放自己土地之水的权利。地役权的存续期间一般是永久性的。地役权人行使权利时,应当尊重土地所有人、使用人的合法权益,尽量避免损害的发生。因行使地役权而不得不造成损害的,应本着公平原则,给予适当的补偿。因行使地役权的方式不当或者对避免损害的发生欠缺

必要的注意的，应当对所造成的损失承担赔偿责任。

(二)租赁权

土地租赁权是指承租人在按期支付租金的条件下对土地进行占有和使用的权利。对土地租赁权，我国有关的法律法规的主要规定如下。

1. 土地租赁权的取得

根据《城镇国有土地使用权出让和转让暂行条例》的规定，国有土地使用权出租必须签订租赁合同，租赁合同不得与有关的法律法规相冲突。也就是说，土地租赁权的取得方式只有一种，就是合同取得。在法律许可的范围内，承租人与土地所有权人或者土地使用权人订立土地租赁合同。土地租赁合同必须采用书面形式，并履行登记。

2. 土地租赁权的期限

土地租赁权的期限由当事人在合同中约定。法律、行政规章对土地租赁期限有规定的，合同中规定的期限不得超过该土地使用权的最高期限。通过出让方式取得的土地使用权的租赁期限，不得超过出让合同规定的土地使用年限扣减已使用年限后的剩余年限。

3. 土地租赁权的效力

土地租赁权的效力主要指土地租赁权人的权利和义务。

土地租赁权人的权利一般包括以下几个方面：一是对土地的占有权和使用权。土地租赁权人，有占有、使用所租用的土地并由此获得收益的权利。二是续租权。续租权包括法定续租权、约定续租权以及优先承租权等。法定续租权是指法律规定的期满续租的权利，如在合同规定的租赁期限不到法定最低的租赁期限的情况下，合同到期时，承租人有权要求租赁期限自动延长至法定最低期限；约定续租权是指当事人以合同或事后协议的方式设定期满续租的权利；优先承租权是指合同到期后，出租人继续出租的，租赁权人享有同等条件下的优先租赁权。三是优先购买权。在租赁权存续期间，出租人转让该土地的，承租人享有同等条件下的优先购买权。四是转租权。租赁权人可以将其租赁的土地，临时或者长期转租与他人，但必须征得出租人的同意并且不得借机牟取暴利。

土地租赁权人的义务一般包括以下几个方面：一是按期缴纳租金；二是合理利用和保护所租赁的土地；三是转让租赁权时必须征得出租人的同意；四是尊重同一土地上其他权利人的合法权益等。

4. 土地租赁权的终止

土地租赁权可以因各种原因而消灭，如租赁期满，未续租或续租未达成协议而终止，因国家征收土地而导致的租赁终止等。

(三)土地抵押权

土地抵押是指土地使用权人在法律规定的范围内，以不转移占有的方式，将土地使用权作为债务履行担保，以取得资金支持的行为。当抵押人到期不能履行债务时，抵押权人有权依法处分该土地的使用权，并从处分所得中优先受偿。

土地抵押权就是指土地抵押关系中，抵押权人对作为抵押物的土地使用权和地上建筑物、其他附属物所享有的以处分权和优先受偿权为中心的一系列权利。土地抵押权是一种担保物权，具有担保物权的功用和效力，它的目的是通过土地权益归属的变动来实现对债权的保障，而不是直接满足对土地利用的需求。因此，土地抵押权不具有对土地占有、使用的权能，也不包含对土地使用权人正常使用行为的限制。

根据《城镇国有土地使用权出让和转让暂行条例》以及《担保法》的有关规定，目前我国土地抵押权制度的构成主要包括以下几个方面。

1. 土地抵押权的设定

土地抵押权只能依法律行为设定。土地抵押权的设定属于法律行为，必须签订土地抵押合同，并办理土地抵押登记。抵押合同应当符合《合同法》和《担保法》的有关规定，不得与之相冲突。土地抵押登记机关，按照《担保法》第四十二条的规定，以无地上定着物的土地使用权抵押的，为核发土地使用权证书的土地管理部门；以城市房地产或者乡(镇)、村企业的厂房等建筑物抵押的，为县级以上地方人民政府规定的部门。

2. 土地抵押权的效力

根据我国有关法律法规的规定，土地抵押权的效力主要体现在以下几个方面：一是在抵押期间，该土地使用权的转让，未经通知抵押权人，不得生效；二是在抵押期间，抵押人的行为足以导致土地使用权的价值减少或者土地使用权丧失的，抵押权人有权予以制止；三是在抵押期间，抵押人到期不履行债务时，抵押权人有权请求人民法院依法实施扣押，并自扣押之日起对由该土地产生的收益享有收取权；四是抵押人到期未清偿债务时，抵押权人有权以折价抵偿的方式取得该土地的使用权，或者通过拍卖、变卖方式将该土地使用权予以转让，并由转让价款中优先受偿；五是在破产清算中，抵押权人享有不依破产程序优先就抵押物获得清偿的权利；六是土地使用权的价值因第三人行为而受损害的，抵押权人有权以抵押人名义向第三人请求赔偿。

3. 土地抵押权的实现

根据《城镇国有土地使用权出让和转让暂行条例》的规定，抵押人到期未能履行债务或者在抵押合同期间宣告解散、破产的，抵押权人有权依照法律、法规和抵押合同的规定处分抵押财产，并从处分抵押财产所得中优先受偿。

4. 土地抵押权的终止

土地抵押权因债务清偿而终止，也可因其他原因而终止。

(四)空中权和地下权

空中权主要指以他人土地为依托，在其上空建造并维持某种建筑物、工作物的权利。地下权主要指在他人土地的地面以下埋设管道、电缆或者建造并维持地下设施的权利。

关于空中权，我国没有专门法规予以规定，但在一些具体的法律法规中，有相关的规定，如《中华人民共和国电力法》第五十三条规定的电力设施维持权，即在他人土地上架设、使用、维护输电线路和变电设施，并排除土地所有人、使用人实施任何可能危及电力设施安全的建筑、种植、堆放等行为的权利，就具有空中权的性质。

关于地下权，我国目前也无专门法规予以规定。地下权的成立是以地表土地使用权已经确定且与空中、地下权利主体不一致为条件的，如在他人土地的地面以下修建隧道、地下铁道、地下商场、地下人防工程等。

五、土地权属管理的目的

土地权属管理是指国家行政机关通过各种手段对土地权属关系进行调整，以维护土地所有制，保护土地所有者和使用者的合法权益，规范土地权属流转，发挥市场对土地资源的优化配置作用，促进土地资源的合理利用。

土地权属特性是土地资产的本质特性之一。土地权属是土地的一个根本问题。土地资产管理的核心是土地权属管理。

国家土地行政主管部门采取各种措施对土地权属进行管理,主要目的如下。

(一)维护土地所有制

我国实行土地的社会主义公有制。为了维护土地公有制,保护国家对国有土地,各农民集体对其所有的土地行使其合法的土地所有权,土地行政主管部门必须通过确认国家土地所有权、集体土地所有权,排斥其他任何单位或个人的土地所有权,达到维护土地所有制的目的。

(二)保护土地权属人的合法权益

土地权属人是指依法享有土地权利的法人或公民。在我国,土地权属人可以分为三类:土地所有者、使用者和他项权利拥有者。明确土地产权、调解土地权属纠纷是保护土地所有者、使用者和他项权利拥有者的合法权益的有效措施。土地所有权、使用权以及部分土地他项权利作为财产权,受我国《民法通则》等法律保护。

(三)规范土地权属流转,发挥市场对土地资源的优化配置作用

土地权属流转是建设社会主义市场经济体制的需要。在我国,土地所有权不能流转,但是土地使用权可以依法流转。土地使用权市场流转一般可以分为两级:一级使用权流转指土地所有者通过土地使用权出让、租赁、作价出资(入股)、联营等方式,将土地使用权从土地所有权中分离出来,提供给土地使用者;二级土地使用权流转是指从一级市场取得土地使用权的土地使用者,通过转让、出租等方式将土地使用权再转移给其他土地使用者。国家土地行政机关通过对一级、二级土地使用权权属流转的审查、批准和监督,以规范土地使用权流转,发挥市场对土地资源的优化配置作用。

(四)促进土地资源的合理利用

明确土地权属,依法管理土地权属变更,规范土地权属流转市场,有利于发挥土地所有者、使用者合理利用土地的积极性。土地所有者、使用者为了在较长时期内获取较大的土地收益,应当采取措施合理利用土地。如对农用地,采取措施培肥地力,改良土壤,维护排灌工程设施;对建设用地,采取措施按照规定用途开发建设,减少闲置、浪费土地的现象发生。

六、土地权属管理的内容

土地权属管理的内容应当包括以下几个方面。

(一)依法确认土地权属

对土地所有者的所有权、土地使用者的使用权、土地他项权利拥有者的他项权利进行确认,是维护土地所有制,保护土地所有者、使用者合法权益的基本措施。国家行政机关通过对土地权属关系的调查、土地权属面积的勘测、土地权属价格的评定、土地登记等手段,对土地权属进行确认,建立土地权属卡、图、表、册,并向土地权属人颁发相关的权属证书。土地证书上标明的土地所有者、使用者、他项权利拥有者的合法土地权益受国家法律、法规的保护。

(二)依法管理土地权属变更

随着土地有偿使用制度和土地市场的不断发展,土地权属变更管理已成为土地权属管理的一项十分重要的内容。依法管理土地权属变更就是要对土地权属人、土地权利内容、权属指向的宗地的变化情况进行调查、勘测、审核、登记、颁发证书。

（三）依法处理土地权属争议

土地权属争议是指因土地所有权、使用权和他项权利的归属而发生的争议。土地权属争议的产生原因是多方面的，有土地所有者、土地使用者、土地管理者方面的原因，也有政策、法规方面的原因。调处土地权属纠纷就是以事实为依据、以法律为准绳，通过对有争议的权属进行调查、对争议各方进行调解，化解矛盾，最终确认土地权属。

（四）依法查处土地权属违法行为

土地权属违法行为是指土地所有者、使用者、管理者，以及其他单位或个人在土地权属调查、登记、统计、价格评估、流转、终止等方面的违反有关法律、法规的行为。依法查处土地权属违法行为是指县级以上人民政府土地行政主管部门对违反土地管理法律、法规的行为进行监督检查，在监督检查中发现土地权属违法行为时，依法进行处理。这也是维护土地所有制，保护土地所有者、使用者和他项权利拥有者的合法权益的必要措施。

（五）依法征收土地权属有关税费

与土地有关的税费可以分为两大类：一是土地资源税费，如城镇土地使用税、耕地占用税、土地闲置税、新菜地开发建设基金等；二是与土地资产（权属）有关的税费，如土地增值税、契税、印花税、土地使用权出让金、地租、土地使用权股利、收回土地使用权补偿金等。依法征收土地权属有关税费就是对土地权属确认、流转、终止过程中发生的，应当予以征收的税费进行征收、管理和监督。

七、土地权属管理制度

为了维护土地所有制，保护土地权属人的合法权益，规范土地权属流转，促进土地资源的合理利用，我国有关法律、法规规定，国家建立以下制度，强化土地权属管理。

（一）土地权属调查制度

我国《土地管理法》规定，“国家建立土地调查制度”，“县级以上人民政府土地行政主管部门会同同级有关部门进行土地调查。土地所有者或者使用者应当配合调查，并提供有关资料”。

我国《土地管理法实施条例》规定，“县级以上人民政府土地行政主管部门应当会同同级有关部门进行土地调查”，“土地调查应当包括下列内容：（一）土地权属；（二）土地利用现状；（三）土地条件”。

（二）土地权属争议调处制度

我国《土地管理法》规定，“土地所有权和使用权争议，由当事人协商解决；协商不成的，由人民政府处理”，“单位之间的争议，由县级以上人民政府处理；个人之间、个人与单位之间的争议，由乡级人民政府或者县级以上人民政府处理”，“当事人对有关人民政府的处理决定不服的，可以自接到处理决定通知之日起三十日内，向人民法院起诉”，“在土地所有权和使用权争议解决之前，任何一方不得改变土地利用现状”。

（三）土地登记发证制度

我国《土地管理法实施条例》规定，“国家依法实行土地登记发证制度。依法登记的土地所有权和土地使用权受法律保护，任何单位和个人不得侵犯”，“土地登记内容和土地权属证书式样由国务院土地行政主管部门统一规定”，“土地登记资料可以公开查询”。

《土地管理法》规定:"依法改变土地权属和用途的,应当办理土地变更登记手续。"

土地登记包括对国有土地和集体所有土地的登记。国有土地登记又包括国有土地使用权登记、国有未利用地登记、国有土地使用权租赁登记、国有土地使用权抵押登记等;农民集体所有的土地登记又包括集体土地所有权登记、集体土地使用权登记等。

(四)土地权属统计制度

土地统计是指对一定区域内的土地权属、面积、质量、用途等状况进行统计。我国《土地管理法》规定:"国家建立土地统计制度。县级以上人民政府土地行政主管部门和同级统计部门共同制订统计调查方案,依法进行土地统计,定期发布统计资料。土地所有者或者使用者应当提供有关资料,不得虚报、瞒报、拒报、迟报。"

(五)土地等级评定制度

我国《土地管理法》规定:"县级以上人民政府土地行政主管部门会同同级有关部门根据土地调查成果、规划土地用途和国家制定的统一标准,评定土地等级。"《土地管理法实施条例》规定,"县级以上人民政府土地行政主管部门应当会同同级有关部门根据土地等级评定标准,对土地等级进行评定。地方土地等级评定结果,经本级人民政府审核,报上一级人民政府土地行政主管部门批准后,应当向社会公布","根据国民经济和社会发展状况,土地等级每6年调整1次"。

(六)土地价格评估与申报制度

我国《城市房地产管理法》第三十三条规定:"基准地价、标定地价和各类房屋的重置价格应当定期确定并公布。具体办法由国务院规定。"第三十四条规定:"国家实行房地产价格评估制度。房地产价格评估,应当遵循公正、公平、公开的原则,按照国家规定的技术标准和评估程序,以基准地价、标定地价和各类房屋的重置价格为基础,参照当地的市场价格进行评估。"第三十五条规定:"国家实行房地产成交价格申报制度。房地产权利人转让房地产,应当向县级以上地方人民政府规定的部门如实申报成交价,不得瞒报或者作不实的申报。"

(七)土地税收制度

土地税是指国家以土地为课税对象,凭借政治权力从土地所有者或土地使用者手中无偿地、强制地取得部分土地收益。征收土地税是保证国家财政收入、抑制土地投机、引导土地利用方向、促进土地合理利用的重要措施。税制由征税对象、纳税人、税率、税的附加与减免、纳税期限、征收形式和违章处理等要素构成。

任务一　土地权属确认

【任务目标】

1. 掌握土地确权的方法、原则;
2. 掌握土地登记的方法、程序、类型。

【学习过程】

课件;案例讲解。

【案例导入】

上诉人(原审被告):铜山县人民政府

被上诉人(原审原告):郝某

原审第三人:张某

张某与郝某因宅基地发生纠纷,铜山县人民政府于2001年7月27日发布公告,以张某之妻陈某、郝某持有的集体土地建设用地使用证属错发,宣布陈某、郝某的土地证书作废。后铜山县人民政府重新为张某颁发集体土地建设用地使用证,张某不服,提起行政诉讼。徐州市中级人民法院二审以县政府未按《中华人民共和国土地管理法》第十三条第一、三、四款的规定对张、郝二人的土地权属争议依法作出处理决定,而直接予以登记颁证,行政程序违法及登记程序度量标准缺乏法律依据为由,撤销了县政府为张某颁发的集体土地建设用地使用证。

2004年6月11日铜山县人民政府为张某、郝某宅基地争议纠纷举行听证会,后于2004年7月6日作出铜政土行决字〔2004〕第100号《关于张某宅基地确权决定书》:①张某主房东山墙清墙向东15 cm为张某宅基地主房东山墙界限;②以张某宅基地与其西邻耿广友的宅基地分界处向东计算,张某宅基地北口东西14.39 m,南口东西14.28 m;③张某宅基地西墙南北长18.94 m,东墙南北长19.12 m;④铜山县国土资源局委托徐州万源地测工程技术有限公司对张某宅基地进行了测绘,张某宅基地面积274.61 m^2。郝某不服,于2004年8月12日向徐州市人民政府提出行政复议,徐州市人民政府于2004年10月13日作出徐政行决〔2004〕60号行政复议决定,维持铜山县人民政府铜政土行决字〔2004〕100号确权决定。郝某于2004年11月8日提起行政诉讼。

原审法院认为,张某、郝某的集体土地建设用地使用证已被宣布作废。根据1999年实施的《中华人民共和国土地管理法》第十六条第一款的规定及徐州市中级人民法院生效的徐行终字〔2003〕第32号行政判决书的观点,被告应对张某与郝某的宅基地争议进行处理。被告作出的铜政土行决字〔2004〕第100号决定书,虽然将郝某列为当事人,但在决定中,只对张某的宅基地进行了确认,未确认郝某的宅基地。且被告确认清墙向东15 cm为张某的宅基地,未提供相关依据,对张某宅基地面积的确认无证据证实,所提供的测绘宗地图,一是在决定书作出后才制作的,二是该宗地图没有标注测绘单位名称,也没有提供证据证明该图为合法资质测绘单位所出具。遂依法判决撤销铜山县人民政府于2004年7月6日作出的铜政土行决字〔2004〕第100号《关于张某宅基地确权决定书》;案件受理费100元、其他诉讼费用400元,由被告承担。

二审法院经审理认为,上诉人铜山县人民政府是以郝某与原审第三人张某存在宅基地使用权争议为由,撤销争议双方原持有的土地使用证,并对双方的土地权属争议予以处理的,上诉人应对争议双方的宅基地使用界限和面积作出处理决定。上诉人2004年7月6日作出的铜政土行决字〔2004〕第100号确权决定,仅对张某的宅基地使用面积作出确定,未能客观、全面地彻底解决双方的争议,属程序违法。另依据争议双方宅基地使用现状,上诉人作出的确权决定,客观上不能明确划定争议双方之间的宅基地界限,不具有可执行性,应属该确权决定认定事实不清。一审法院判决予以撤销,是正确的。判决驳回上诉,维持原判。

【知识导航】

土地权属确认是保护土地所有者、土地使用者、土地他项权利拥有者的合法权益的重要法律措施。确认土地权属应当以法律为依据,以事实为准绳。依据现有法律法规难以确认土地权属的,应当按照有关规定予以调处。

一、确认土地权属的法律依据

(一)宪法

宪法是国家的根本大法。我国宪法对生产资料所有制、土地所有权、土地使用权的规定是确认国家土地所有权、集体土地所有权的根本依据。

关于土地所有权,《宪法》第六条规定:"中华人民共和国的社会主义经济制度的基础是生产资料的社会主义公有制,即全民所有制和劳动群众集体所有制。"土地作为最重要的生产资料,实行社会主义公有制,包括全民所有制和劳动群众集体所有制两种形式。《宪法》第九条规定:"矿藏、水流、森林、山岭、草原、荒地、滩涂等自然资源,都属于国家所有,即全民所有;由法律规定属于集体所有的森林和山岭、草原、荒地、滩涂除外。"《宪法》第十条规定,"城市的土地属于国家所有。农村和城市郊区的土地,除由法律规定属于国家所有的以外,属于集体所有;宅基地和自留地、自留山,也属于集体所有。国家为了公共利益的需要,可以依照法律规定对土地实行征收或者征用并给予补偿"。

关于土地使用权,1988 年修正的《宪法》第十条规定:"任何组织或者个人不得侵占、买卖或者以其他形式非法转让土地。土地的使用权可以依照法律的规定转让。"

(二)民法通则

《民法通则》中关于土地所有权、土地使用权和相邻权的规定,是确认土地所有权、使用权、土地他项权利的基本依据。

《民法通则》规定,"集体所有的土地依照法律属于村农民集体所有,由村农业生产合作社等农业集体经济组织或者村民委员会经营、管理。已经属于乡(镇)农民集体经济组织所有的,可以属于乡(镇)农民集体所有","国家所有的土地,可以依法由全民所有制单位使用,也可以依法确定由集体所有制单位使用,国家保护它的使用、收益的权利;使用单位有管理、保护、合理利用的义务","公民、集体依法对集体所有的或者国家所有由集体使用的土地的承包经营权,受法律保护。承包双方的权利和义务,依照法律由承包合同规定"。"国家所有的森林、山岭、草原、荒地、滩涂、水面等自然资源,可以依法由全民所有制单位使用,也可以依法确定由集体所有制单位使用,国家保护它的使用、收益的权利;使用单位有管理、保护、合理利用的义务","国家所有的矿藏,可以依法由全民所有制单位和集体所有制单位开采,也可以依法由公民采挖。国家保护合法的采矿权","公民、集体依法对集体所有的或者国家所有由集体使用森林、山岭、草原、荒地、滩涂、水面的承包经营权,受法律保护。承包双方的权利和义务,依照法律由承包合同规定"。

(三)土地管理法及其实施条例

《土地管理法》是国家关于土地管理的原则、管理制度、管理内容、程序等的法律规范。《土地管理法》及《土地管理法实施条例》中关于土地所有权、土地使用权的确认、登记、发证等方面的规定,是土地行政主管部门确认土地权属的基本依据。

(四)城市房地产管理法

《城市房地产管理法》中关于土地使用权出让、土地使用权划拨、房地产交易、房地产转让、房地产抵押、房地产租赁以及房地产权属登记管理中有关土地权属的规定,是确认城市房地产中土地使用权的基本依据。

（五）《中华人民共和国城镇国有土地使用权出让和转让暂行条例》

《中华人民共和国城镇国有土地使用权出让和转让暂行条例》中关于城镇国有土地使用权出让、转让、出租、抵押，以及城镇国有土地使用权划拨、土地使用权的收回等规定，是确认城镇国有土地使用权的重要依据。依法通过出让、转让、出租、抵押、划拨等方式取得的城镇国有土地使用权，应当依法予以确认，受国家法律保护。

（六）其他有关法律法规

如《城市规划法》《森林法》《草原法》《渔业法》《矿产资源法》《环境保护法》《水法》《文物保护法》《外商开发经营成片土地管理暂行办法》《中外合资企业建设用地的暂行规定》等法律法规中关于土地权属的规定，也是确认土地使用者的土地使用权的重要法律依据。

二、确认土地权属的一般原则

（一）确定国有土地的原则

1. 城市土地国有化原则

我国城市土地国有化是随着城市资本主义工商业的社会主义改造进行的。但直到1982 年我国《宪法》才明确规定：“城市的土地属于国家所有。”1986 年《土地管理法》进一步明确为：“城市市区的土地属于全民所有即国家所有。”

但是，城市和城市市区的概念和范围，目前法律还没有明文规定。城市作为一种自然的、区域性的概念，与郊区农村在地域上有着不可分割的联系。城市作为一个社会的、经济上的概念，它随着社会、经济的发展，范围可以不断扩大。无论从自然特征还是从经济发展程度来看，城市与郊区农村之间没有一个明显的界线，因此实地划定城市或城市市区的确切范围很困难。

对城市的一般解释是指由国务院批准成立的，有市建制的行政区域。但是，以行政区划范围作为城市国有土地的范围是不合理的。目前，比较普遍的观点就是，应该把城市市区理解为城市建成区。城市建成区是指已进行城市配套建设，具备城市功能、基本连片的区域。

城市建成区是一个动态的概念，其范围不断向外扩展。城市新的建成区一般是占用郊区农村的土地发展起来的。其中，集体所有的土地由全民所有制和城市集体所有制单位使用的，都应是经过征用（收）的，这部分土地依照法律规定属于国家所有。但也有一部分仍由原农民集体自用，或者由原集体和其他单位联合使用，未经过征用（收）。对于这部分位于城市建成区范围内而又未经征用（收）的集体土地，其所有权应当如何确认呢？对此有两种不同观点：一种观点认为，这部分土地应属于国家所有。因为法律规定“城市市区的土地属于国家所有”，根据法律规定，农民集体所有的土地只能存在于城市郊区和农村，城市郊区和农村的土地转为城市土地，其性质已经改变，应确认为国家所有。虽然这部分土地没有经过土地征用（收），未向原农民集体支付征地补偿安置费用，但是这部分土地与其他城市土地一样，经国家进行城市基础设施和公用设施建设，其投资数量一般远远超过征地费用，可以看做为征用（收）土地的一种形式，农民集体地使用中已经享受到了巨大的效益，得到了失去土地所有权的补偿。第二种观点认为，这部分由原农民继续使用的土地，不管是建设用地还是农业用地，其集体所有的性质并没有通过法律事实来改变，因此应当仍然属于集体所有。

2. 国有土地所有权性质不可变更原则

国有土地可以由农民集体长期使用，但不能因此而改变土地所有权的性质。1957 年，《中华人民共和国水土保持暂行纲要》第十四条规定：“农业生产合作社如果愿意在国有荒山荒地，采用水土保持措施以发展农、林、牧业生产，可以提出使用土地的面积、界址和经营方案，经县人民委员会批准后长期使用。”《土地管理法》第四十条规定：“开发未确定使用权的国有荒山、荒地、荒滩从事种植业、林业、畜牧业、渔业生产的，经县级以上人民政府依法批准，可以确定给开发单位或者个人长期使用。”

对于国家建设征用（收）集体土地后，由于各种原因又退还给集体使用的土地，原国家计委、国家建委 1973 年 6 月在《关于贯彻执行国务院有关在基本建设中节约用地的指示的通知》中指出：“对于征而不用、多征少用、早征迟用的土地，都要退还当地人民公社和生产队耕种。退还时不收回土地补偿费，但土地所有权仍属于国家。也就是说，已经征用（收）过的土地，无论退还给原集体或拨给其他农民集体使用，其国有土地的性质不得改变。

（二）农村土地中，国有土地与集体所有土地的划分原则

我国《宪法》规定，“农村和城市郊区的土地，除有法律规定属于国家所有的以外，属于集体所有”，“宅基地和自留地、自留山，也属于集体所有”。法律规定属于国家所有的农村土地，主要包括国家征用（收）的土地，《土地改革法》和《城市郊区改革条例》规定没收、征收、征购为国有的土地。

关于农村中国家和集体土地所有权的划分问题，《宪法》第九条第一款规定：“矿藏、水流、森林、山岭、草原、荒地、滩涂等自然资源，都属于国家所有，即全民所有；由法律规定属于集体所有的森林和山岭、草原、荒地、滩涂除外。”《民法通则》第七十四条第二款规定，集体所有的财产包括法律规定属于集体所有的土地和森林、山岭、草原、荒地和滩涂。而所谓法律规定属于集体所有的土地，是按照《土地改革法》分配给农民个人所有的土地通过集体化和公有制产生的。1956 年，《高级农业生产社示范章程》第二条规定，“农业生产合作社按照社会主义的原则，把社员私有的土地和耕畜、大型农具等主要生产资料转为合作社集体所有”，是集体土地产生的法律依据，也是集体土地所有权的起源。农民个人私有的土地是集体所有土地的来源。由于私有土地转为集体土地一般无案可查，可以通过确定入社前是否属于私有土地来决定是否属于集体土地。

入社农民的私有土地，是土地改革后取得的，根据《土地改革法》第三十条和内务部 1950 年《关于填发土地房产所有证的指示》，都颁发了土地所有证。土地改革时颁发的土地所有证，是入社前的私有土地的证明和可以入社成为集体土地的法律依据。土地改革完成后没有颁发土地所有证，没有分配给农民私有的土地，应当确定为国有土地。

关于 20 世纪 50 年代存在的既未加分配，也未收归国有的公有、公用土地，一般认为，如果土地改革时期明确把某一范围的土地确认给某一村或乡公有，有据可查的，可以认为属于该村或乡农民集体所有，否则应视作国有土地。

在划分农村国有土地和集体土地的界限时，1962 年《农村人民公社工作条例修正草案》（简称《六十条》）也是一个重要依据，规定：“生产队范围内的土地，都归生产队所有。”根据该规定，凡 1962 年时位于生产队范围内的土地都应属于集体所有，农村和城市郊区中除已经征用（收）的土地外，一律为集体所有。但土地改革时划定的国有土地属于国家财产，没有证明已经确定给农民集体的，仍应属于国家所有。

（三）国家建设征用（收）集体土地、集体之间使用土地的权属确认原则

贯彻《六十条》以前，1958 年修改颁布了《国家建设征用（收）土地办法》，但从当时的历史情况看，这个办法没有得到认真执行。在此期间，国家建设征用（收）集体土地，大量是无偿的或基本无偿的，手续也极不完善。集体之间占用土地特别是公社占用大队的土地，公社、大队占用生产队的土地，更是无偿调拨。针对这种现象，1960 年 11 月中共中央发出了《关于农村人民公社当前政策问题的紧急指示信》，要求“坚决反对和彻底纠正一平二调的错误”，公社、县及县以上机关和企业、事业单位平调生产队的土地及其他财产，都必须认真清理，坚决退还。1962 年 9 月，《六十条》规定：“生产队范围内的土地，都归生产队所有。”这样，以生产队为基本单位的农村集体土地的范围基本确定下来。此前国家建设征用（收）的集体土地和集体之间使用的土地，使用到现在、已不在生产队范围的，应按现在的使用情况确定权属。

（四）集体所有土地之间的划分原则

集体所有的土地最初是本集体的农民入社带来的土地，但 20 世纪 50 年代末 60 年代初，由于农村集体土地所有制的频繁变动，私有土地入社时的农业生产合作社的界线已不能反映现实集体的权属范围。1962 年的《六十条》确定的集体土地范围，也因集体土地的界线和集体土地所有制本身的改变而发生了变化。引起土地权属变化的主要因素有以下几个方面：

（1）村、队、社、场合并和分割等管理体制的变化；

（2）由于土地开发、国家征用（收）土地、集体兴办企业或者自然灾害等原因进行过土地调整；

（3）由于行政区域变动和农田基本建设等原因重新划定土地所有权界线。

集体土地所有权的变化往往与国家政策有关，应充分考虑到引起集体土地所有权变化的历史背景，尽量维护现有的土地权属状况。一般应按目前集体实际占有的土地的界线确定不同集体之间的土地权属。

（五）重复征用（收）和划拨土地使用权的确认原则

一定范围内的土地被几个单位重复征用（收）或先后划拨给几个单位使用的情况是引起土地争议的重要原因。一般情况下，土地使用者正常使用的土地不可能划给其他单位使用，这种争议主要是由先前的使用者征而未用、征多用少，或拨而未用、拨多用少，土地闲置导致的。这种情况下的土地按实际情况确定给后来的单位使用是合理的。如果先前土地使用者是被撤销或迁移，后又恢复或迁回，原土地已被划给其他单位使用的，则应按政策要求和土地利用现状确定是否返还土地使用权。

（六）界线与面积不吻合时的确权原则

一宗地的权属界线清楚、合法，实际用地面积与批准用地的面积不符的，一般情况下，应按界线确定的土地权属面积确认土地权属。这是由于面积的准确性主要取决于测量方法、精度要求以及测绘人员的素质等因素，但是权属界线相比之下较为稳定和客观。

三、土地权属调查

（一）土地权属调查的任务

土地权属调查的任务是查清每一宗土地的权属、界址、数量、用途、等级、价格等内容，为土地登记、土地统计和利用管理提供原始资料。

（二）土地权属调查的程序

1. 准备工作

准备工作包括组织准备、资料准备、物质准备和人员培训等。

（1）准备调查用图。包括大比例尺地形图、大比例尺正射影像图、放大的航片、旧地籍图等。

（2）预编宗地号。根据调查区域的具体情况，划分街道及街坊，结合申请书及权源材料，逐宗勾绘到工作用图上。一个街道或街坊全部勾绘结束后，对街道或街坊从左至右、从上至下统一预编宗地号。

（3）发放调查通知。为了保证土地使用者在调查时能按时到现场指界，在调查人员进入实地调查前，必须按照调查计划、工作进度、确定实地调查时间，通知土地使用者按时到现场指界。

2. 权属调查

对宗地位置、界址、数量、用途、等级、价格等进行实地核定、调查、记录，为地籍测量和权属审核发证提供法律依据。权属调查必须有本宗地和邻宗地的土地使用者或所有者亲自到场共同指界。对无争议的界址线，指界人在地籍调查表上签字盖章。经双方定界后无任何争议的，在界址线上做标志或埋设标桩。权属调查应将调查成果现场填于地籍调查表中，同时绘制宗地草图。

（1）指界。界址的认定必须由本宗地及相邻宗地指界人亲自到现场共同指界。单位使用的土地，须由单位法人代表出席指界。土地使用者或法人代表不能亲自出席指界的，应由委托的代理人指界，并出具委托书与身份证明。几个土地使用者共同使用的宗地，应共同委托代表指界，并出具委托书及身份证明。

相邻双方代表同指一界，为无争议界线；如双方所指界线不同，则两界之间的土地为争议土地。在规定指界时间内，如一方缺席，其宗地界线根据另一方所指界线确定，并将结果以书面形式送达缺席者。如有异议，必须在 15 日内提出重新划界申请，并负责重新划界的全部费用。逾期不申请，则认为确界生效。

（2）设置界址点标志。在无争议的界址点设置界址点标志。界址点标志根据实地情况，可分别选用混凝土界址标桩、带铝帽的钢钉界址标桩、带塑料套的钢棍界址标桩或喷漆界址标桩等。

（3）填写地籍调查表。权属调查结果应在现场记录于地籍调查表上。

（4）绘制宗地草图。

3. 地籍测量

将权属调查确定的土地权属界线、界址点、地类界线及其他地籍要素测绘成图，并准确确定其位置和面积。地籍测量的内容包括平面控制测量、地籍碎部测量、面积计算、地籍图的绘制和成果检查验收。

（三）土地权属调查的成果

土地权属调查的主要成果有：

（1）地籍原图及分幅接合表；

（2）分幅地籍图；

(3)宗地图;

(4)宗地面积和地类面积统计表;

(5)地籍控制测量成果表;

(6)界址点坐标表;

(7)地籍调查表等。

四、土地权属争议的调处

(一)土地权属争议的概念

土地权属争议是指两个或两个以上的单位或者个人对未经确权的同一块土地各据理由,主张权属,根据各方理由难以解决的土地权属矛盾。土地权属争议发生在个人之间、个人与单位之间、单位与单位之间。发生争议的土地权利涉及土地所有权、使用权以及土地他项权利。

(二)土地权属争议的管辖

管辖是指各级人民政府土地行政主管部门承办土地权属争议的权限和范围。

土地权属争议案件的管辖采取属地管辖原则。各级人民政府土地行政主管部门的管辖权根据以下原则规定:第一,有利于公正处理,保护当事人的合法权益;第二,便于土地管理部门调查协调,依法处理;第三,便于当事人行使申诉的权利;第四;尽量把土地权属争议解决在基层;第五,有利于减少上报下传的层次,提高办事效率。

土地权属争议由当事人协商解决;协商不成的,由有管辖权的人民政府处理。

(1)乡(镇)人民政府管辖的权属争议案件。包括个人之间的权属争议案件、个人与单位之间的权属争议案件。这两类案件也可由县级以上人民政府受理。

(2)县级人民政府土地管理部门管辖的权属争议案件。包括个人之间、个人与单位之间、单位与单位之间的土地权属争议案件,跨乡(镇)行政区域的土地权属争议案件,同级人民政府和上级人民政府土地管理部门交办的土地权属争议案件等。

(3)自治州、设区的市人民政府土地管理部门管辖的权属争议案件。包括跨县级行政区域的土地权属争议案件,同级人民政府和上级人民政府土地行政主管部门交办的土地权属争议案件。

(4)省、自治区、直辖市人民政府土地行政主管部门管辖的土地权属争议案件。包括跨自治州、设区的市行政区域的土地权属争议案件,本行政区域内有较大影响的土地权属争议案件,同级人民政府和国务院土地行政主管部门交办的土地权属争议案件。

(5)国务院土地行政主管部门管辖的土地权属争议案件。包括全国有重大影响的土地权属争议案件及国务院交办的土地权属争议案件等。

有管辖权的土地管理部门因特殊原因不能行使土地权属争议管辖权的,可以由上级人民政府土地行政主管部门指定管辖。

土地管理部门发现受理的土地权属争议案件不属于自己管辖的,应当告知申请人到有管辖权的土地管理部门提出处理申请,或者直接移送有管辖权的土地管理部门。

上级人民政府土地管理部门可以办理下级人民政府土地管理部门管辖的土地权属争议案件,也可以将自己管辖的土地权属争议案件交下级人民政府土地管理部门办理。下级人民政府土地管理部门对其管辖的土地权属争议案件,认为需要由上级人民政府土地管理部门办理的，可以报请上级人民政府土地管理部门决定。

（三）人民政府处理土地权属争议的程序

土地权属争议在当事人协商不成的情况下，由人民政府处理。在土地权属争议解决之前，任何一方不得改变土地利用现状，不得破坏土地上的附着物，不得影响生产和在有争议的土地上兴建建筑物和其他附着物。擅自在有争议的土地上兴建建筑物和其他附着物的，土地管理部门有权责令停止施工。

1. 土地权属争议的申请

土地权属争议的申请是指土地权属争议申请人要求土地管理部门接受处理土地权属争议的行为。申请人主张土地权属，要求行政机关处理土地权属争议，首先要自己提出申请；不提出申请，土地管理部门一般不主动处理。特殊情况下，如人民政府交办的土地权属争议案件，土地管理部门应当直接承办，可不需当事人申请。

申请人申请人民政府处理土地权属争议，应当提交书面申请书。申请书应当载明下列事项：一是申请人和对方当事人的姓名或名称、地址、邮政编码、法定代表人姓名、职务；二是请求的事项、事实和理由；三是有关证据；四是证人的姓名、工作单位或者住址、邮政编码。委托代理人申请的，应当提交授权委托书，授权委托书必须写明委托事项和权限。

2. 土地权属争议的受理

土地权属争议的受理是指县级以上土地行政主管部门或乡（镇）人民政府依据争议管辖的规定对申请人的申请决定受案审理的行为。

土地管理部门接到当事人的处理申请后，应当予以必要的审核，对符合规定条件的案件，应当予以受理，在决定受理之日起10日内将申请书副本发送至对方当事人。对方当事人应当在接到申请书副本之日起30日内提交答辩书和有关证据；逾期不提交答辩书的，不影响案件的受理。土地管理部门决定受理后，应当及时指定承办人员。承办人员应当通晓业务，具有一定的法律政策水平及办案能力。承办人员与案件处理有利害关系的，应当申请回避；当事人认为承办人员与案件处理有利害关系的，有权请求该承办人员回避。承办人员是否回避，由受理案件的土地管理部门决定。

土地管理部门决定不受理的，应当在决定不受理之日起10日内书面通知申请人，并说明理由。

3. 土地权属争议的调查

土地权属争议调查是指承办人员对争议事实进行查证的行为，调查的目的在于弄清案件事实。证据通常有以下几种：一是人民政府颁发的土地权属证书；二是人民政府或者主管部门批准征用（收）、划拨、出让、租赁、作价出资（入股）土地的文件；三是争议双方当事人依法达成的书面协议；四是人民政府或司法机关处理争议的文件或附图；五是证人证言等。

处理土地权属争议必须以事实为依据，以法律为准绳。在调查期间，土地权属争议双方当事人对各自提出的事实和理由负有举证责任。当事人应当及时向土地管理部门提供有关证据。承办人员在办案过程中，为了查清案件事实，可以向有关单位和个人调查取证；被调查的单位和个人有义务协助进行调查取证，并如实提供有关证明或者材料。在办案过程中，土地管理部门认为有必要对有争议的土地进行实地调查的，在实地调查前，应当通知当事人及有关人员到现场。必要时，可以邀请有关部门派人协助调查。

土地管理部门对调查所得证据应当予以核实，对当事人提供的证据必须经过查证，查证属实的证据方可作为认定事实的依据。

4. 土地权属争议的调解

土地权属争议的调解是指在查明事实、分清是非和双方自愿的基础上,通过说服教育和劝导当事人,达成解决纠纷的协议的行为。用调解的方法解决纠纷,是处理涉及民事权益纠纷的行之有效的办法之一,也是处理土地权属争议案件的一贯做法。调解对于解决纠纷,减少行政诉讼,防止人民内部矛盾的激化发挥了重要作用。调解应当符合自愿、合法的原则,不得强迫。土地管理部门对受理的土地权属争议案件,应当在查清事实、分清责任的基础上进行调解。

对经过调解达成协议的,应当制作调解书。调解书应当包括以下内容:一是当事人的姓名或者名称,法定代表人的姓名、职务;二是争议的主要事项;三是协议内容。调解书经双方当事人签名或者盖章,调处人署名并加盖土地管理部门的印章后生效,具有法律效力,可以作为土地登记的依据。

调解未达成协议,或者调解书送达之前一方或者双方反悔的,土地管理部门应当及时提出处理意见,报人民政府作出处理决定。

5. 土地权属争议的处理

土地权属争议的处理是指土地管理部门对受理的土地权属争议,在查清事实的基础上,提出自己的处理意见,并报人民政府做出处理决定。

处理土地权属争议时,要严格依照法律规定,正确适用法律,以法律和行政法规为依据。处理土地权属争议应当下达处理决定,处理决定应当包括以下内容:一是当事人的姓名或者名称,法定代表人的姓名、职务、地址;二是争议的事实、理由和要求;三是处理决定的事实和适用的法律、法规等依据;四是处理结果;五是不服决定时申请行政复议和向人民法院起诉的期限等。

6. 当事人不服土地权属争议处理决定的补救

当事人对有关人民政府下达的处理决定不服的,根据《行政复议条例》和《行政诉讼法》的有关规定,可以在接到处理决定书之日起 15 日内向做出处理决定的上级人民政府土地行政主管部门申请行政复议,也可在接到处理决定书之日起 30 日内向人民法院起诉。上一级土地管理部门应当在收到复议申请书之日起 2 个月内提出复议意见报人民政府做出复议决定。申请人不服行政复议决定的,可以在收到复议决定书之日起 15 日内到人民法院起诉。期满未申请复议也未起诉的,处理决定书即发生法律效力,并作为土地登记的依据。

当事人拒不履行发生法律效力的处理决定的,按照《行政诉讼法》的有关规定,由受理案件的人民政府土地行政主管部门报请做出处理决定的人民政府提出《强制执行申请书》,送交有管辖权的人民法院,申请人民法院强制执行。

任务二 土地权属的流转

【任务目标】

1. 掌握土地征收的条件、程序、审批;
2. 掌握土地出让、转让的条件、程序;
3. 掌握集体土地流转的方式、措施。

【学习过程】

案例讨论。

活动一 土地征收

【案例导入】

原告:瞿某等 10 人

被告:某县人民政府

2003 年 12 月 22 日,省国土资源厅下达《关于批准某县 2003 年度第 16 批次村镇建设用地的通知》,通知某市人民政府,×第呈字〔2003〕第 16 号《建设用地项目呈报说明书》、农用地转用方案、补充耕地方案及征用土地方案等已经省人民政府批准,某县 50.237 4 hm^2 农民集体所有的土地被征用为国有建设用地。其中包含原告等户所在的余荡村十八组 2.280 1 hm^2 集体土地。2003 年 12 月 25 日,市国土资源局下达《关于转发建设用地批准文件的通知》,将省国土资源厅的上述批准通知转发给被告,并要求依法抓好各项方案的落实工作。

2004 年 1 月 5 日,县国土资源局作出〔2003〕第 16－3 号《建设征用土地补偿安置方案的公告》,该征地补偿、安置方案的主要内容为:征用余荡村十八组农民集体所有土地 2.280 1 hm^2,对被征用土地所涉及的农业人口实施货币补偿、安置费用共 68.472 5 万元。该方案同时规定,被征用土地范围内的土地所有权人、使用权人对该征地补偿安置方案如有不同意见,应在 2004 年 1 月 20 日前以书面形式向县国土资源局提出,还规定该方案在征求意见后,报经被告批准后组织实施。该方案作出后,无证据证明在原告所在村、组内以书面形式予以公告。2004 年 7 月 24 日,余荡村村民委员会将征地补偿、安置费用的部分按比例分配到户,原告等 9 户未予领取。2004 年 8 月 13 日,县国土资源局将余荡村十八组的部分被征用土地划交给某建材厂使用。

原告瞿某等 10 人不服县人民政府征地行为,于 2005 年 6 月 10 日向市中级人民法院提起诉讼。原告诉称,他们于 2005 年 5 月 16 日获悉省国土资源厅下达的《关于批准某县 2003 年度第 16 批次村镇建设用地的通知》的内容,得知所承包的土地已被征用为国有建设用地。被告未依照法律规定告知原告所承包土地已被征用,且未对征地的相关补偿作出公告,请求法院判决被告征地的组织实施行为违法。

本案的争议焦点是被告对征地的组织实施行为程序是否合法。经过审理,法院认为:首先,征用土地公告和征地补偿、安置方案公告应是征地的组织实施程序中不可缺少的两次相互独立、前后有序的公告。现被告只能证明其作出过征地补偿、安置方案,但不能提供证据证明其作出过征用土地方案,并将该方案和征地补偿、安置方案在被征土地所在地的村、组内以书面形式予以公告,故应视被告未作出征用土地公告和征地补偿、安置方案公告。被告未按法定的程序作出具体行政行为,违反了《中华人民共和国土地管理法》第四十六条、第四十八条和《中华人民共和国土地管理法实施条例》第二十五条第二款、第三款的规定。其次,有关市、县人民政府土地行政主管部门将征地补偿、安置费用拨付给被征地农村集体经济组织之前,征地补偿、安置方案应先经过批准。本案中征地补偿、安置费用已拨付到余荡村村民委员会,且已被分配到户,但被告未能提供征地补偿、安置方案已获批准的证据,故被告又违反了《中华人民共和国土地管理法实施条例》第二十五条第三款的规定。

据此,法院认定被告在组织实施征地中违反了法定程序,依照《中华人民共和国行政诉法》第五十二条第一款、第五十三条第一款及最高人民法院《关于执行〈中华人民共和国行政诉讼法〉若干问题的解释》第五十七条第二款第(二)项之规定,作出如下判决:确认被告对余荡村十八组农村集体所有的土地征用未依法进行公告、未依法审批征地补偿安置方案行为违法。

【知识导航】

一、土地征收、征用

(一)土地征收、征用的概念

我国《宪法》第十条规定:"国家为了公共利益的需要,可以依据法律规定对土地实行征收或者征用并给予补偿。"《土地管理法》据此也作了类似规定。

土地征收是指国家为了社会公共利益的需要,依据法律规定的程序和批准权限批准,并依法给予农村集体经济组织和农民补偿后,将集体土地变为国有土地的行为。土地征收是保证各项公共设施和公益事业建设用地的重要措施。现代各国的法律都承认国家为了公共建设需要征收财产的做法。这种做法,在法理上被称作"最高统治权的行使",最高统治者有权不经所有者的同意而将其财产收归国有,拟用于公共的目的。

土地征用是指国家为了公共利益的需要,依据法律规定的程序和批准权限批准,并给予农村集体经济组织和农民补偿后,将集体土地使用权收归国有的行为。土地征收和土地征用均具有强制性,但土地征收主要指土地所有权的改变,土地征用则指"征来使用",主要指土地使用权的改变。

(二)征收土地的前提

土地征收的前提是"为了社会公共利益的需要",只有在为了社会公共利益需要使用集体土地的情况下,才能对集体所有的土地实行征收。

一般情况下,以下用地可以视为"为了公共利益的需要"使用土地:一是国家机关用地和军事用地;二是城市基础设施用地和公益事业用地;三是国家重点扶持的能源、交通、水利等基础设施用地。

(三)征收土地的程序

征收土地的基本程序如下:

(1)由市、县人民政府拟订土地征收方案,经市、县人民政府审核后,逐级上报有批准权限的人民政府批准。

(2)有批准权限的人民政府审核征地方案,对符合条件的方案予以批准。

(3)经批准的征地方案由市、县人民政府在被征地所在乡(镇)、村范围内予以公告。

(4)市、县人民政府拟订征用(收)土地补偿安置方案,并予以公告,听取被征地农村集体经济组织和农民的意见。

(5)办理征收土地补偿登记。

(6)向被征收土地的农村集体和农民支付土地补偿费和安置补助费。

(7)被征地的农村集体经济组织将征用(收)土地的补偿费用的收支情况向本集体经济组织的成员公布,并接受监督。

(四)征收土地的审批权限

1. 国务院的批准权限

征收下列土地的,由国务院批准:

(1)基本农田。

(2)基本农田以外的耕地超过 35 hm^2 的。

(3)其他土地超过 70 hm^2 的。

(4)征收农用地的,应当依法先行办理农用地转用审批。其中,由国务院批准农用地转用的,同时办理土地征收审批手续,不再另行办理征地审批。

2. 省(自治区、直辖市)的批准权限

征收上述规定以外的土地的,由省、自治区、直辖市人民政府批准,并报国务院备案。经省、自治区、直辖市人民政府在征地审批权限内批准农用地转用的,同时办理征地审批手续,不再另行办理征地审批。超过征地批准权限的,应当按照上述批准权限另行办理征地审批。

(五)征收土地的补偿安置

征收土地的,按照被征收土地的原用途给予补偿,以保持被征地农民的生活水平不降低为原则。

征收耕地的补偿费用包括土地补偿费、安置补助费以及地上附着物和青苗的补偿费。征收耕地的土地补偿费,为该耕地被征收前 3 年平均年产值的 6 ~ 10 倍。征收耕地的安置补助费,按照需要安置的农业人口数计算。需要安置的农业人口数,按照被征收的耕地数量除以征地前被征地单位平均每人占有耕地的数量计算。每一个需要安置的农业人口的安置补助标准,为该耕地被征收前 3 年平均年产值的 4 ~ 6 倍。但是,每公顷被征收耕地的安置补助费,最高不得超过被征收前 3 年平均年产值的 15 倍。

征收其他土地的土地补偿费和安置补助费标准,由省、自治区、直辖市人民政府规定。

征收城市郊区的菜地,用地单位应当按照国家有关规定缴纳新菜地开发建设基金。

依照上述规定支付土地补偿费和安置补助费,尚不能使需要安置的农民保持原有的生活水平的,经省、自治区、直辖市人民政府批准,可以增加安置补助费。但是,土地补偿费和安置补助费的总和不得超过土地被征收前 3 年平均年产值的 30 倍。

国务院根据社会、经济发展水平,在特殊情况下,可以提高征收耕地的土地补偿费和安置补助费的标准。

活动二 国有土地使用权流转

【案例导入】

1999 年 4 月 16 日,红窑乡红窑村徐某等 6 户以徐某为代表与中国农业银行涟水县支行签订《房地产转让协议书》,中国农业银行涟水县支行以 10.6 万元将原红窑乡分理处占地面积 5.4 亩的划拨国有土地,连同地上房屋 22 间一并转让给徐某为代表的 6 户。随后,徐某等 6 户搬进原红窑乡分理处居住,并拆除原门面房准备重新扩建。接群众举报后,涟水县国土资源局于 4 月 26 日予以立案查处。立案后,县国土资源局立即向转让双方当事人下达了《责令停止土地违法行为通知书》,并作出《关于对农业银行涟水县支行非法转让原红窑分理处土地使用权的处理意见》。但上述 6 户置县国土资源局的制止和土地法规于不顾,强拆强建,于 6 月底,在临街面新建起 2 层楼房 18 间,占地 406.33 m^2,新建居住房 2 间,占地45 m^2。县国土资源局认为,中国农业银行涟水县支行与徐锦超等6户的房地产转让行为,违反了《中华人民共和国土地管理法》第二条、《中华人民共和国城市房地产管理法》第三十九条和《中华人民共和国城镇国有土地使用权出让和转让暂行条例》第四十四条的规定,属非法转让土地行为。依据《中华人民共和国土地管理法》第七十三条、《中华人民共和国土地管理法实施条例》第三十八条和《中华人民共和国城镇国有土地使用权出让和转让暂行条例》第四十六条的规定,于1999年12月30日对双方作出涟国土监字〔1999〕05号《处罚决定书》,处罚没收徐某等6人在非法转让土地上新建的房屋计20间,没收中国农业银行涟水县支行非法所得3 621.69元,并处罚款900元。

县国土资源局首先向双方当事人下发了《听证告知书》,在3日内双方未提出申请听证的情况下,下发了《处罚决定书》。在法定期限内,双方当事人未自觉履行,也未向人民法院申请诉讼和提起行政复议。该案经人民法院强制执行完毕,在当地产生很大影响。

【知识导航】

一、国有建设用地使用权的流转

(一)国有建设用地使用权的一级流转

国有建设用地使用权的一级流转是指土地使用者从国家手中取得土地使用权(原始取得)。根据我国《土地管理法》和《土地管理法实施条例》的有关规定,我国国有建设用地使用权的原始取得方式主要有以下几种。

1. 国有土地使用权出让

国有土地使用权出让是指国家作为土地所有者,将土地使用权在一定年限内让与土地使用者,由土地使用者向国家支付土地使用权出让金的行为。土地使用权出让是有偿取得国有土地使用权的一种方式。

1)国有土地使用权出让的特征

国有土地使用权出让具有以下特征:一是出让主体具有特定性。国有土地使用权的出让主体是国家,由国务院代表国家行使处分权。根据《城镇国有土地使用权出让和转让暂行条例》的有关规定,由市、县人民政府土地行政主管部门有计划、有步骤地组织国有土地使用权出让。二是受让主体具有广泛性。中华人民共和国境内外的公司、企业、其他组织和个人,除法律另有规定外,均可依法取得国有土地使用权,进行土地开发、利用、经营。三是计划性。土地使用权的出让,由市、县人民政府负责,有计划、有步骤地进行。土地使用权出让的地块、用途年限和其他条件,由市、县人民政府土地管理部门会同城市规划和建设管理部门、房产管理部门共同拟订方案,按照国务院规定的批准权限报经批准后,由土地管理部门实施。四是期限性。国有土地使用权出让给土地使用者,都有一定的年限。国家规定土地使用权出让的最高期限,在最高期限内,具体的出让年限由国有土地使用权出让合同约定。五是可转让性。依法通过出让方式取得国有土地使用权的土地使用者,其使用权在使用年限内可以转让、出租、抵押或者用于其他经济活动,其合法权益受国家法律保护。

2)国有土地使用权出让的最高年限

土地使用权出让最高年限按下列用途确定:居住用地70年;工业用地50年;教育、科技、文化、卫生、体育用地50年;商业、旅游、娱乐用地40年;综合或者其他用地50年。土地使用权的最高出让年限并不等于土地使用者取得的使用年限。土地使用者取得的使用年限不得超过上述规定年限,但可以低于上述规定年限。

3)国有土地使用权出让方式

国有土地使用权出让方式主要有以下几种:协议、招标、拍卖、挂牌。

招标是指在指定的期限内,由符合指定条件的单位或者个人,以书面投标形式竞投某宗土地的使用权,最后由土地行政主管部门组成土地招标委员会进行评标,择其优者而取之。其基本程序如下:首先由土地行政主管部门根据出让土地的具体要求,发出招标通告或通知;然后由有投标意向的投标者在规定的时间到规定地点向规定单位提交保证金,投放标书。土地管理部门会同有关部门聘请专家组成评标委员会,主持开标、评标和决标工作。不具备投标者资格的标书、不符合招标文件规定的标书,以及超过截止日期送达的标书,评标委员会有权决定其无效。评标委员会对有效的标书进行评审,决定中标者,签发决定书,最后由土地管理部门按照标书标明的地址对中标者发出中标通知书。

拍卖是指在指定时间、地点、公开场合,在土地管理部门土地使用权拍卖主持人的主持下,竞投者手举统一编号的牌子应价,竞投一定年限的土地使用权,价高者得。其基本程序如下:首先,由土地管理部门以公告的形式或其他方式发布拍卖公告,具有竞价资格的单位或者个人到土地管理部门领取编码牌及其他有关资料。然后,土地管理部门按照规定时间在规定地点进行拍卖。在拍卖底价的基础上,竞价者举牌示意出价,价高者得。得主与市、县人民政府土地行政主管部门签订国有土地使用权出让合同,双方按合同规定履行各自的义务,享受各自的权利。

挂牌是指出让人发布挂牌公告,按公告规定的期限将拟出让宗地的交易条件在指定的土地交易场所挂牌公布,接受竞买人的报价申请并更新挂牌价格,根据挂牌期限截止时的出价结果确定土地使用者的行为。在挂牌公告规定的挂牌起始日,出让人将挂牌宗地的位置、面积、用途、使用年限、规划要求、起始价、增价规则及增价幅度等在挂牌公告规定的土地交易场所挂牌公布;符合条件的竞买人填写报价单报价;出让人确认该报价后,更新显示挂牌价格;出让人继续接受新的报价;出让人在挂牌公告规定的挂牌截止时间确定竞得人。

4)国有土地使用权出让的条件

国有土地使用权出让必须符合以下条件:第一,必须签订国有土地使用权出让合同。土地使用权出让合同应当遵循平等、自愿、有偿的原则,由市、县人民政府土地管理部门(出让方)与土地使用者签订。第二,土地使用者必须按期支付出让金。土地使用者应当在签订土地使用权出让合同后60日内,支付全部土地使用权出让金。逾期未全部支付的,出让方有权解除合同,并可请求违约赔偿。对新增建设用地的土地使用权出让金,30%上缴中央财政,70%留给有关地方人民政府,都专项用于耕地开发。第三,出让方必须按期提供土地使用权。出让方应当按照合同的规定,提供出让的土地使用权。未按合同规定提供土地使用权的,土地使用者有权解除合同,并可请求违约赔偿。第四,必须办理土地登记。土地使用者支付全部土地使用权出让金后,应当依照规定办理土地登记,领取国有土地使用证,取得国有土地使用权。第五,土地使用者应当按照土地使用权出让合同的规定和城市规划的要求,开发、利用、经营土地。未按合同规定的期限和条件开发、利用土地的,市、县人民政府土地管理部门应当予以纠正,并根据情节可以给予警告、罚款直至收回土地使用权的处罚。第六,土地使用者需要改变土地使用权出让合同规定的土地用途的,应当征得出让方同意并经土地管理部门和城市规划部门批准,重新签订土地使用权出让合同,调整土地使用权出让金,并办理登记。

2. 国有土地使用权租赁

国有土地使用权租赁是指国家作为国有土地的出租人,将土地使用权在一定年限内出租给承租人使用,并由承租人向国家支付租金的行为。国有土地使用权租赁也是土地有偿使用的一种方式。企业以租赁方式取得土地使用权,必须与国家签订租赁合同,并按合同的约定定期向国家支付一定数额的租金。其租金标准要以评估的土地资产价格为标准,按市场现状和价格变动因素,兼顾物价上涨因素予以确定。

3. 国有土地使用权作价出资(入股)

国家以土地使用权作价出资或入股是指国家以一定年期的国有土地使用权作价,作为出资投入需要使用该宗地的企业,该土地使用权由使用该宗地的企业持有,可以依照土地管理法律、法规关于出让土地使用权的规定转让、出租、抵押。土地使用权作价出资或入股形成的国家股权,按照国有资产投资主体由有批准权的人民政府土地行政主管部门委托有资格的国有股持股单位统一持有。土地管理部门应与国有股持股单位签订委托持股合同。国家根据需要,可以一定年期的国有土地使用权作价后,授权给经国务院批准设立的国家控股公司、作为国家授权授资机构的国有独资公司和集团公司经营管理。国有土地使用权授权经营,应由国务院土地行政主管部门审批,并发给国有土地使用权经营管理授权书。被授权的国家控股公司、作为国家授权投资机构的国有独资公司和集团公司凭授权书,可以向其直属企业、控股企业、参股企业以作价出资(入股)方式配置土地,企业应持土地使用权经营管理授权书和有关文件,按照规定办理土地变更登记手续。

被授权经营土地使用权的国家控股公司、国有独资公司、集团公司必须接受授权部门的监督管理。被授权的企业必须对土地资产保值、增值情况提供年度报告;对企业土地股权的年度变化情况以及对土地资产处置的文件及时报授权部门备案。授权部门每年要对企业经营土地资产的情况和执行土地管理法律、法规的规定进行监督检查。企业违反土地管理法律、法规的规定以及超越授权经营的权限和范围使用土地或处置土地资产的,授权部门有权依法予以查处,并追究当事人的法律责任。

国有土地使用权也可经国务院土地行政主管部门批准后,由省级人民政府土地行政主管部门作价授权给省属企业经营。

根据国家产业政策,须由国家控股的关系国计民生、国民经济命脉的关键领域和基础设施性行业企业或大型骨干企业,改造或改组为有限责任公司、股份有限公司以及组建企业集团的,可以采取国家以土地使用权作价出资或入股的方式提供国有建设用地使用权。

4. 国有土地使用权划拨

国有土地使用权划拨是指国家以无偿的方式将土地使用权提供给土地使用者。划拨区别于上述三种方式的根本之处在于土地使用者不需向国家支付土地使用权有偿使用费。

对国有土地使用权划拨,我国法律法规严格规定了划拨国有土地使用权的划拨对象,同时对划拨土地使用权的处置也作了较为严格的限制。

1)国有土地使用权的划拨对象

根据我国《土地管理法》、《城市房地产管理法》的有关规定,建设单位使用国有土地,应当以出让等有偿使用方式取得;但是下列建设用地,经县级以上人民政府依法批准,可以以划拨方式取得:国家机关用地和军事用地,城市基础设施用地和公益事业用地,国家重点扶持的能源、交通、水利等基础设施用地,法律、行政法规规定的其他用地。

2)划拨土地使用权的处置

根据有关法律法规,通过划拨方式取得的土地使用权不得转让、出租和抵押。特殊情况下,划拨土地使用权需要转让、出租、抵押的,经市、县人民政府土地管理部门和房产管理部门批准,并符合以下条件时,划拨土地使用权及其地上建筑物、其他附着物所有权可以转让、出租和抵押。

(1)土地使用者为公司、企业、其他经济组织和个人;

(2)领有国有土地使用证;

(3)具有地上建筑物、其他附着物的合法的产权证明;

(4)依法签订土地使用权出让合同,向当地市、县人民政府补交土地使用权出让金或者以转让、出租、抵押所获收益抵交土地使用权出让金。

对未经批准擅自转让、出租、抵押划拨土地使用权的单位和个人,市、县人民政府土地管理部门应当没收其非法收入,并根据情节处以罚款。

无偿取得划拨土地使用权的土地使用者,因迁移、解散、撤销、破产或者其他原因停止使用土地的,市、县人民政府应当无偿收回其划拨土地使用权,并依照本条例的规定予以出让。

对划拨土地使用权,市、县人民政府根据城市建设发展的需要和城市规划的要求,可以无偿收回,并可依法出让。无偿收回划拨土地使用权时,对其地上建筑物、其他附着物,市、县人民政府应当根据实际情况给予适当补偿。

二、国有建设用地使用权的二级流转

国有建设用地使用权的二级流转是指国有建设用地使用者从其他国有建设用地使用者手中取得国有建设用地使用权。国有建设用地使用权的二级流转方式主要有转让、出租、抵押等。

(一)国有建设用地使用权的转让

国有土地使用权转让是指国有土地使用者将土地使用权再转移的行为。

1.国有土地使用权转让的方式

国有土地使用权转让的方式主要有出售、交换、赠与、继承等。

国有土地使用权出售是指国有土地使用者把符合国家法律规定的国有土地使用权与地上建筑物、其他附着物的所有权转移给他人,并由他人支付相应的价款的行为。国有土地使用权出售中,买卖双方是平等的民事主体,双方按照平等、自愿、有偿的原则达成买卖协议,通过签订土地使用权转让合同明确双方的权利和义务。

国有土地使用权交换是指国有土地使用权人将其直接支配的国有土地使用权换取另一方当事人所有的物或土地使用权的行为。交换的基本特征是以物易物。双方当事人通过签订国有土地使用权转让合同,明确双方在国有土地使用权交换中的权利和义务。

国有土地使用权赠与是指国有土地使用者自愿以无偿方式转移其拥有的合法国有土地使用权的行为。国有土地使用权赠与时,双方当事人应当签订国有土地使用权转让合同,明确双方的权利和义务。赠与必须符合国家有关法律法规的规定。

国有土地使用权继承是指国有土地使用者死亡后,由其合法继承人继承其国有土地使用权的行为。国有土地使用权继承以原国有土地使用者的死亡为前提,不受出让合同规定的开发程度和条件以及投资额等方面的限制。继承者的法律地位由国家有关法律确定,其他单位和个人不得继承。

2.国有土地使用权转让的条件

国有土地使用权转让时必须符合以下条件:

(1)未按土地使用权出让合同规定的期限和条件投资开发、利用土地的,土地使用权不得转让。

(2)土地使用权转让应当签订转让合同。

(3)土地使用权转让时,土地使用权出让合同和登记文件中载明的权利、义务随之转移。

(4)土地使用者通过转让方式取得的土地使用权,其使用年限为土地使用权出让合同规定的使用年限减去原土地使用者已使用年限后的剩余年限。

(5)土地使用权转让时,其地上建筑物、其他附着物所有权随之转让。

(6)地上建筑物、其他附着物的所有人或者共有人,享有该建筑物、附着物使用范围内的土地使用权。土地使用者转让地上建筑物、其他附着物所有权时,其使用范围内的土地使用权随之转让,但地上建筑物、其他附着物作为动产转让的除外。

(7)土地使用权和地上建筑物、其他附着物所有权转让,应当依照规定办理过户登记。土地使用权和地上建筑物、其他附着物所有权分割转让的,应当经市、县人民政府土地管理部门和房产管理部门批准,并依照规定办理过户登记。

(8)土地使用权转让价格明显低于市场价格的,市、县人民政府有优先购买权。土地使用权转让的市场价格不合理上涨时,市、县人民政府可以采取必要的措施。

(9)土地使用权转让后,需要改变土地使用权出让合同规定的土地用途的,应当征得出让方同意并经土地管理部门和城市规划部门批准,重新签订土地使用权出让合同,调整土地使用权出让金,并办理登记。

(二)国有建设用地使用权的出租

国有土地使用权的出租是指国有土地使用者作为出租人,将土地使用权随同地上建筑物、其他附着物租赁给承租人使用,由承租人向出租人支付租金的行为。国有土地使用权出租应当符合以下条件:

(1)未按土地使用权出让合同规定的期限和条件投资开发、利用土地的,土地使用权不得出租。

(2)土地使用权出租,出租人与承租人应当签订租赁合同。租赁合同不得违背国家法律、法规和土地使用权出让合同的规定。

(3)土地使用权出租后,出租人必须继续履行土地使用权出让合同。

(4)土地使用权和地上建筑物、其他附着物出租,出租人应当依照规定办理登记。

(三)国有建设用地使用权的抵押

国有土地使用权抵押是指国有土地使用者在法律许可下以不转移占有的方式将土地使用权作为债务履行担保而抵押给贷款人的行为。

国有土地使用权抵押应当符合以下条件:

(1)土地使用权抵押时,其地上建筑物、其他附着物随之抵押。地上建筑物、其他附着物抵押时,其使用范围内的土地使用权随之抵押。

(2)土地使用权抵押时,抵押人与抵押权人应当签订抵押合同。抵押合同不得违背国家法律、法规和土地使用权出让合同的规定。

(3)土地使用权和地上建筑物、其他附着物抵押,应当依照规定办理抵押登记。

(4)抵押人到期未能履行债务或者在抵押合同期间宣告解散、破产的,抵押权人有权依照国家法律、法规和抵押合同的规定处分抵押财产。因处分抵押财产而取得土地使用权和地上建筑物、其他附着物所有权的,应当依照规定办理过户登记。

(5)处分抵押财产所得,抵押权人有优先受偿权。

(6)抵押权因债务清偿或者其他原因而消灭的,应当依照规定办理注销抵押登记。

二、国有农用地使用权的流转

(一)国有农用地的一级流转

国有农用地的一级流转是指国有农用地使用者从国家手中取得土地使用权。国有农用地一级流转的方式目前主要采用发包方式让渡与土地使用者。国有农用地由土地使用者承包后,只能从事种植业、林业、畜牧业、渔业生产。土地发包方与承包方应当签订合同,约定双方的权利和义务。土地承包经营的期限由承包合同约定。承包经营土地的单位和个人,有保护和按照承包合同约定的用途合理利用土地的义务。

(二)国有农用地的二级流转

国有农用地的二级流转是指国有农用地的承包经营者将土地承包经营权再转移的行为。国有农用地的承包经营权可以转让、出租和抵押。国有农用地转让、出租、抵押时双方应当订立合同,规定双方的权利和义务。转让、出租、抵押合同不得与发包合同相冲突。

三、国有未利用地使用权的流转

(一)国有未利用地使用权的一级流转

1.国有未利用地使用权一级流转的方式

国有未利用地使用权一级流转的方式有以下两种:

其一,谁开发,谁使用。国有未利用地的原始取得,一般采取“谁开发,谁使用”的原则。我国《土地管理法》规定:“开发未确定使用权的国有荒山、荒地、荒滩从事种植业、林业、畜牧业、渔业生产的,经县级以上地方人民政府依法批准,可以确定给开发单位或者个人长期使用。”

其二,承包。我国《土地管理法》规定:“国有土地可以由单位或者个人承包经营,从事种植业、林业、畜牧业、渔业生产。”国有未利用地也不例外。

2.开发国有未利用地的审批权限

在土地利用总体规划确定的土地开垦区内,开发未确定土地使用权的国有荒山、荒地、荒滩从事种植业、林业、畜牧业、渔业生产的,应当向土地所在地的县级以上人民政府土地行政主管部门提出申请,报有批准权的人民政府批准。

根据我国《土地管理法实施条例》的规定,一次性开发未确定土地使用权的国有荒山、荒地、荒滩600 hm^2 以下的,按照省、自治区、直辖市规定的权限,由县级以上地方人民政府批准;开发600 hm^2 以上的,报国务院批准。

3. 开发国有未利用地的条件

开发国有未利用地应当符合以下条件:第一,必须经过科学论证和评估。开垦未利用的土地,必须经过科学论证和评估,在土地利用总体规划划定的可开垦区域内,经依法批准后进行。第二,必须符合土地利用总体规划。禁止毁坏森林、草原开垦耕地,禁止围湖造田和侵占江河滩地。根据土地利用总体规划,对破坏生态环境开垦、围垦的土地,要有计划、有步骤地退耕还林、还牧、还湖。禁止单位和个人在土地利用总体规划确定的禁止开垦区内从事土地开发活动。第三,必须注重生态环境保护和改善。国家鼓励单位和个人按照土地利用总体规划,在保护和改善生态环境、防止水土流失和土地荒漠化的前提下,开发未利用的土地。第四,适宜开发为农用地的,开发单位或者个人应当优先开发为农用地。第五,开发单位或者个人的使用期限最长为50年。

(二)国有未利用地使用权的二级流转

国有未利用地使用权的二级流转是指开发未确定土地使用权的国有荒山、荒地、荒滩的单位和个人,将其土地使用权再转移。转移的方式主要有转让、出租、抵押等。这与国有建设用地使用权的转让、出租和抵押相似。

活动三　集体土地使用权的流转

【案例导入】

1999年4月,淮阴区三树乡政府与该区王营镇陈某签订“开发废堆建厂协议书”,双方约定,三树乡政府将树北村唐、王、陈三组境内的隋炀堆给陈某开发建窑,并协助陈某办理建厂手续;窑厂属陈某私营企业,实行独立核算、自负盈亏。

1999年5月18日,三树乡政府向淮阴区人民政府及淮阴区国土管理局提出占地建窑厂的报告。1999年6月7日,淮阴区人民政府批准三树乡政府临时使用三树乡树北村王组未利用地6亩,用于窑基建设,使用期限2年。1999年9月,陈某在上述土地上动工建窑,12月底建成永久性建筑16门轮窑一座。

1999年9月陈某与树北村王组部分村民签订“协议书”,租用了王组9 553.5 m^2的耕地。随后,陈某在未办理合法用地手续的情况下,占用了该地作为坯场,用于堆放砖坯。

2001年10月24日,陈某领取了由淮安工商行政管理局淮阴分局颁发的个人独资企业营业执照。企业名称为淮阴区三树乡树北砖瓦厂。

淮安市国土资源局立案调查后认为,树北砖瓦厂的行为违反了《中华人民共和国土地管理法》第四十三条、第五十七条、第五十九条的规定,2002年10月15日,淮安市国土资源局在履行了有关法定程序后,依据《中华人民共和国土地管理法》第七十六条和《中华人民共和国土地管理法实施条例》第三十五条、第四十二条的规定,对树北砖瓦厂的行为作出行政处罚决定:①限期拆除砖窑;②责令退还非法占有砖坯场的9 553.5 m^2土地;③并处罚款10元/m^2,计95 535元。

树北砖瓦厂对淮安市国土资源局的行政处罚不服,于2002年12月向市政府申请行政复议。2003年1月,淮安市政府作出行政复议决定书,决定维持淮安市国土资源局作出的行政处罚决定。2003年2月,树北砖瓦厂又提起行政诉讼,此后,经淮阴区人民法院、淮安市中级人民法院前后四次审理,淮安市中级人民法院于2004年6月作出终审判决,判决维持淮安市国土资源局作出的行政处罚决定。

【知识导航】

一、集体建设用地使用权的流转

集体建设用地使用权的一级流转是指集体建设用地使用者从集体手中取得土地使用权。集体让渡建设用地使用权的方式主要有配拨、联营、入股等。

(一)集体建设用地使用权的一级流转

1.集体建设用地使用权一级流转的方式

(1)集体建设用地的配拨。集体建设用地的配拨是根据国家法律法规的规定,由集体将其建设用地使用权无偿让渡,用于乡镇企业建设、农民建住宅或者乡(镇)村公共设施和公益事业建设。集体建设用地的配拨基本上是无偿的。

(2)集体以建设用地作为条件与他人联营。集体以建设用地使用权作为联营条件,与他人共同兴办企业。集体与企业单位应当订立联营合同,规定双方的权利、联营的各项条件以及集体与企业单位的分红比例等。这是集体有偿提供土地使用权的一种方式。

(3)集体以建设用地作价入股。集体将建设用地使用权作价,作为股份制企业的一定股份,并按土地使用权股份占企业总股份的比例参与企业分红。集体与股份制企业应当订立合同,规定双方的权利和义务,并明确股本和股息的分配、支付方式等。这也是集体有偿提供建设用地使用权的一种方式。

2. 集体建设用地使用权一级流转的条件

根据我国法律、法规的有关规定,集体建设用地使用权的一级流转必须符合以下条件:

(1)集体建设用地只能用于兴办乡镇企业、村民建住宅以及乡(镇)村公共设施和公益事业建设。其中,兴办乡镇企业和村民建住宅经依法批准,可以使用本集体经济组织农民集体所有的土地;乡(镇)村公共设施和公益事业建设经依法批准,可以使用农民集体所有的土地。

(2)乡镇企业、乡(镇)村公共设施、公益事业、农村村民住宅等乡(镇)村建设,应当按照村庄和集镇规划,合理布局,综合开发,配套建设;建设用地应当符合乡(镇)土地利用总体规划和土地利用年度计划,并依法办理审批手续。

(3)兴办乡镇企业的建设用地,必须贯彻节约用地的原则,对其用地面积要严格控制。省、自治区、直辖市可以按照乡镇企业的不同行业和经营规模,分别规定用地标准。

(4)农村村民一户只能拥有一处宅基地,其宅基地的面积不得超过省、自治区、直辖市规定的标准。农村村民建住宅,应当符合乡(镇)土地利用总体规划,并尽量使用原有的宅基地和村内空闲地。农村村民出卖、出租住房后,再申请宅基地的,不予批准。

(5)农民集体所有土地的使用权不得出让、转让或者出租用于非农业建设;但是,符合土地利用总体规划并依法取得建设用地的企业,因破产、兼并等情形致使土地使用权依法发生转移的除外。

(6)在土地利用总体规划制定前已建的不符合土地利用总体规划确定用途的建筑物、构筑物,不得重建、扩建。

3. 集体建设用地使用权一级流转的审批

集体建设用地使用权的一级流转,不论采用何种方式,不论是否有偿,都应按照国家法律法规规定的程序和权限,报有批准权的人民政府审批。集体作为土地所有者,可以让渡其土地使用权,但必须置于国家监督和管理之下。

(1)兴办乡镇企业用地的审批。农村集体经济组织使用乡(镇)土地利用总体规划确定的建设用地兴办企业或者与其他单位、个人以土地使用权入股、联营等形式共同兴办企业的,应当持有关批准文件,向县级以上地方人民政府土地行政主管部门提出申请,按照省、自治区、直辖市规定的批准权限,由县级以上地方人民政府批准;其中,涉及占用农用地的,依法办理农用地转用审批手续。

(2)乡(镇)村公共设施、公益事业建设用地的审批。乡(镇)村公共设施、公益事业建设需要使用土地的,经乡(镇)人民政府审核,向县级以上地方人民政府土地行政主管部门提出申请,按照省、自治区、直辖市规定的批准权限,由县级以上地方人民政府批准;其中,涉及占用农用地的,依法办理农用地转用审批手续。

(3)农村村民建住宅用地的审批。农村村民住宅用地经乡(镇)人民政府审核,由县级人民政府批准;其中,涉及占用农用地的,依法办理农用地转用审批手续。

(4)农用地转用审批。关于农用地转用的批准,《土地管理法》有明确规定:省、自治区、直辖市人民政府批准的道路、管线工程和大型基础设施建设项目,国务院批准的建设项目占用土地,涉及农用地转为建设用地的,由国务院批准。

在土地利用总体规划确定的城市和村庄、集镇建设用地规模范围内,为实施该规划而将农用地转为建设用地的,按土地利用年度计划分批次由原批准土地利用总体规划的机关批准。在已批准的农用地转用范围内,具体建设项目用地可以由市、县人民政府批准。

上述规定以外的建设项目占用土地,涉及农用地转为建设用地的,由省、自治区、直辖市人民政府批准。

(二)集体建设用地使用权的二级流转

集体建设用地的二级流转是指集体建设用地使用者将集体建设用地使用权再转移的行为。

1. 集体建设用地二级流转的方式

根据我国法律法规的有关规定,目前集体建设用地使用权一般情况下不允许以转让、出租、抵押等形式流转。只有一种情况允许流转,那就是在符合土地利用总体规划并依法取得建设用地的企业,因破产、兼并等情形致使土地使用权依法发生转移。这存在以下两种不同的情况:

(1)集体经济组织使用乡(镇)土地利用总体规划确定的建设用地自行兴办的企业,其依法取得的建设用地使用权,可以因企业的破产、兼并等发生转移。

(2)集体经济组织与其他单位或者个人以土地使用权入股、联营等形式共同兴办的企业,其依法取得的建设用地使用权,可以因破产、兼并等发生转移。企业是独立的法人,有权依法处分其财产,但使用集体建设用地的企业不得像使用国有建设用地的企业那样依法转让、出租其土地使用权。集体建设用地使用权不允许随意转让、出租。只有发生破产、兼并等情形,致使土地使用权被抵债,或被兼并后的单位继续使用时,集体建设用地才能依法转移。

2. 集体建设用地二级流转的限制

对集体建设用地使用权,我国总的方针是配拨使用,不许流转。乡镇企业因破产、停止生产等原因,不再使用原集体建设用地的,其土地使用权不得转让、出租给其他单位用于非农业建设,而是由集体收回土地使用权;乡(镇)村公共设施和公益设施不再使用的,其土地使用权由集体收回，不得转让、出租给其他单位或者个人进行非农业建设。

农村村民因农转非、迁移或其他原因不再使用其宅基地的，其土地使用权可以由集体收回，不得转让、出租给他人居住或用于其他非农业建设。农村村民一户只能拥有一处宅基地，且其宅基地面积不得超过规定标准。特殊情况下，农村村民可以转让、出租其住宅，如农村居民到城镇购买商品房后，将其原居住的农村房屋出卖、出租。但是，这种情况下，该农民再在该集体内申请新宅基地的，不予批准。

二、集体农用地使用权的流转

(一)集体农用地的一级流转

集体农用地的一级流转是指集体农用地使用者从集体手中取得农用地使用权。

1. 集体农用地一级流转的方式

集体农用地一级流转的方式主要有承包经营、农用地使用权入股等方式。

1)承包经营

集体农用地承包经营是指集体将农用地使用权承包给本集体经济组织内部的成员经营，或按法定程序报批后，将农用地使用权承包给本集体经济组织以外的单位或者个人经营。

(1)由本集体经济组织内部的成员承包经营。根据我国《土地管理法》和《农村土地承包法》等的规定，国家实行农村土地承包制度，农村土地承包采取农村集体经济组织内部的家庭承包方式；不宜采取家庭承包方式的荒山、荒沟、荒丘、荒滩等农村土地，可以采取招标、拍卖、公开协商等方式承包。农村集体经济组织成员有权依法承包由本集体经济组织发包的农村土地。任何组织和个人不得剥夺和非法限制农村集体经济组织成员承包土地的权利。国家依法保护农村土地承包方式的长期稳定，保护承包方的土地承包经营权，任何组织和个人不得侵犯。

(2)由本集体经济组织以外的单位或者个人承包经营。我国《土地管理法》规定，农民集体所有的土地，可以由本集体经济组织以外的单位或者个人承包经营，从事种植业、林业、畜牧业、渔业生产。

2)农用地使用权入股

农用地使用权入股是指农民集体经济组织将其农用地使用权作价，作为农业企业的资源股，并依法律和合同的规定按比例从农业企业盈利中分取红利。这是一种较新型的集体农用地一级流转方式。

随着经济发展的不断全球化，加入世界贸易组织后，国内农业日渐延伸为国际农业，农产品参与国际农产品市场竞争，我国传统的以户为单位的承包经营方式日渐暴露其粗放、低效等缺点，新的农用地经营方式应运而生。农业企业、农业生产集团通过与集体经济组织协商，把农民集体的农用地，企业的资金、生产工艺和管理优势等结合起来，发展优质、高效农业，农民集体和农业企业都可从中获益。

2. 集体农用地一级流转的要求

根据有关法律法规的规定，集体农用地的一级流转有如下要求：

(1)必须订立合同。土地承包经营时，发包方和承包方应当订立合同。农民集体以农用地使用权入股时，集体经济组织与农业企业应当订立合同，规定双方的权利和义务。承包合同一般包括以下条款：发包方、承包方的名称及发包方负责人和承包方代表的姓名、住所，承包土地的名称、坐落、面积、质量等级，承包期限和起止日期，承包土地的用途，发包方和承包方的权利和义务，违约责任等。

（2）必须符合法定程序。在土地承包经营期限内，对个别承包经营者之间承包的土地进行适当调整的，必须经村民会议三分之二以上成员或者三分之二以上村民代表同意，并报乡（镇）人民政府和县级人民政府农业行政主管部门批准。农民集体所有的土地由本集体经济组织以外的单位或个人承包经营的，必须经村民会议三分之二以上成员或者三分之二以上村民代表的同意，并报乡（镇）人民政府批准。

（3）必须符合法定年限。耕地的承包期为30年；草地的承包期为30～50年；林地的承包期为30～70年，特殊林木的林地承包期，经国务院林业行政主管部门批准可以延长。农用地的具体承包经营期限，在上述规定期限内由承包合同约定。

（4）土地承包经营权可以流转。集体农用地的承包经营权可以依法、自愿、有偿地进行流转。

3. 集体农用地使用权一级流转的程序

（1）集体农用地使用权承包经营的程序如下：

①本集体经济组织成员的村民会议选举产生承包工作小组；

②承包工作小组依照法律、法规的规定拟订并公布承包方案；

③依法召开本集体经济组织成员的村民会议，讨论通过承包方案；

④公开组织实施承包方案；

⑤签订承包合同。

（2）集体农用地股份合营的程序如下：

①股份制农业企业向集体经济组织发出合营意向书；

②农村集体经济组织召开村民会议或者村民代表大会，决定是否与之合营，决定合营的，确定合营条件；

③农业企业与村民代表协商合营有关事项；

④协商达成协议的，签订合营合同。

（二）集体农用地的二级流转

集体农用地的二级流转是指集体农用地承包经营者或合营企业将农用地使用权再转移的行为。

1. 集体农用地二级流转的主要方式

（1）转包。转包是指集体农用地的承包者将其土地承包经营权部分或全部发包给他人的行为。双方应当签订合同，并报原发包方备案。转包时的转包费、租金、转让费等，应当由当事人双方协商确定。流转的收益归承包方所有。

（2）出租。出租是指集体农用地的承包经营者作为出租人，将其土地承包经营权部分或全部租赁给他人，并由他人支付租金的行为。出租人和承租人应当订立合同，约定双方的权利和义务，并报原发包方备案。

（3）互换。互换是指集体农用地承包者之间根据需要将其承包经营的特定土地的相互交换。互换承包经营的土地时，双方应当签订合同，并报原发包方备案。

（4）转让。转让是指集体农用地的承包经营者将其土地承包经营权再转移的行为。转让与转包不同。转包是指土地承包者作为发包人将土地承包经营权让渡给他人,承包期满后,将之收回。转让是指土地承包者将承包经营权完全让渡与他人,自己与原发包方在该土地上的承包关系终止。双方订立转让合同,转让合同中约定的转让年限为该承包地一级流转合同规定的年限扣减已使用年限后的剩余年限。采取转让方式流转的,应当报原发包方同意。

(5)入股。入股是指承包方之间为发展农业经济,自愿联合将土地承包经营权入股,从事农业合作生产。

2. 集体农用地二级流转的原则

集体农用地二级流转应当遵循以下原则:

(1)平等协商、自愿、有偿,任何组织和个人不得强迫或者阻碍承包方进行土地承包经营权流转;

(2)不得改变土地所有权的性质和土地的农业用途;

(3)流转的期限不得超过承包期的剩余期限;

(4)受让方必须有农业经营能力;

(5)在同等条件下,本集体经济组织成员享有优先权。

三、集体未利用地使用权的流转

(一)集体未利用地的一级流转

集体未利用地的一级流转是指集体未利用地开发者从集体手中取得使用权。

1. 集体未利用地一级流转的方式

集体未利用地一级流转的主要方式为承包经营。我国《土地管理法》规定:"农民集体所有的土地由本集体经济组织的成员承包经营,从事种植业、林业、畜牧业、渔业生产。"我国《农村土地承包法》规定:不宜采取家庭承包方式的荒山、荒沟、荒丘、荒滩等农村土地,可以通过招标、拍卖、公开协商等方式承包;也可以将土地承包经营权折股分给本集体经济组织的成员,再实行承包经营或者股份合作经营。

2. 集体未利用地开发的原则

(1)必须符合土地利用总体规划,在土地利用总体规划规定的可开垦区域内开发。禁止在土地利用总体规划确定的禁止开垦区内从事土地开发活动。

(2)必须按照法律法规的规定,保护和改善生态环境,防止水土流失和土地荒漠化。

(3)适宜开发为农用地的,应当优先开发为农用地。

(4)在同等条件下,本集体经济组织成员有优先承包权。

(二)集体未利用地的二级流转

集体未利用地的二级流转是指集体未利用地开发者将其使用权再转移的行为。通过承包方式取得的集体未利用地使用权,经依法登记取得土地承包经营权证或者林权证等证书的,其土地承包经营权可以依法采取转让、出租、入股、抵押或者其他方式流转。通过招标、拍卖、公开协商等方式取得的未利用地承包经营权,该承包人死亡后,其应得的承包收益依照继承法的规定由继承人继承;在承包期内,其继承人可以继续承包。

任务三　土地权属的终止

【任务目标】

掌握土地权属终止的条件。

【学习过程】

案例讨论。

【案例导入】

1994 年 10 月,美国加州实业公司在某环保科技工业园成立了外商独资企业环球公司。1994 年 12 月该环球公司以建造年产 2 000 t 轻钢建材项目申请用地并和原市土地管理局签订了《国有土地使用权出让合同》,出让总面积 26 733.47 m^2,地价为每平方米 105 元,出让年限为 50 年。合同的组成部分——《土地使用条件》的建设要求中规定:受让方必须在 1996 年 12 月 30 日前竣工,延期竣工的应至离建筑期限届满之日前 3 个月向出让方提出具有充分理由的申请,且延期不得超过 1 年;自 1995 年 12 月 30 日起,到规定的建筑工程量完成之日止,超出 2 年的,由出让方无偿收回该地的土地使用权及地块上全部建筑物和其他附着物。1995 年 1 月,该环球公司进行土地登记,在退让公路红线控制区后,原市土地管理局对 26 733.47 m^2 中的 20 021.96 m^2 予以登记发证。取得土地使用权后环球公司进行了一期工程建设,实际使用土地面积 10 535.8 m^2,其后环球公司未再进行开发建设。2001 年 2 月 28 日原市土地管理局向环球公司发送了《限期开发通知书》,通知环球公司在 2001 年 4 月 30 日前按原出让合同约定的内容开发建设,逾期不开发建设,将依法无偿收回该闲置土地的土地使用权。接到通知后在 2001 年 4 月 30 日前,环球公司仍未能进行开发建设。2001 年 12 月 17 日,市国土资源局作出《收回国有土地使用权决定书》:①收回环球公司国有土地使用权 9 486.16 m^2;②注销《国有土地使用证》,对实际使用部分重新发证。环球公司不服,在 2002 年 4 月 19 日向市人民法院提起行政诉讼。2002 年 8 月 7 日法院判决维持市国土资源局行政处罚决定。环球公司提出上诉,2002 年 11 月 12 日中级人民法院作出终审判决,驳回上诉,维持原判。

【知识导航】

土地权属的终止包括土地所有权的终止、土地使用权的终止、土地他项权利的终止。在我国,土地所有权的终止仅指集体土地所有权因国家征收而终止;土地使用权的终止包括国有土地使用权的终止和集体土地使用权的终止;土地他项权利的终止包括土地租赁权的终止和土地抵押权的终止等。

一、土地所有权的终止

在我国,土地所有权的终止仅指集体土地所有权因国家征收而终止。我国《宪法》和《土地管理法》都规定,国家为了社会公共利益的需要,可以对集体所有的土地实行征收。我国《土地管理法实施条例》明确规定,国家依法征收的土地属于国有。

二、土地使用权的终止

土地使用权的终止包括国有土地使用权的终止和集体土地使用权的终止。

(一)国有土地使用权的终止

国有土地使用权的终止是指国家依法收回国有建设用地、国有农用地使用权,以及未利用地开发单位的土地使用权的行为。

根据我国《土地管理法》的有关规定,有下列情形之一的,由有关人民政府土地行政主管部门报经原批准用地的人民政府或者有批准权的人民政府批准,可以收回国有土地使用权:

(1)为公共利益需要使用土地的;

(2)为实施城市规划,进行旧城区改建,需要调整使用土地的;

(3)土地出让等有偿使用合同约定的使用期限届满,土地使用者未申请续期或者申请续期未获批准的;

(4)因单位撤销、迁移等原因,停止使用原划拨的国有土地的;

(5)公路、铁路、机场、矿场等经核准报废的。

对因公共利益需要使用土地、为实施城市规划进行旧城区改建需要调整使用土地及需要收回国有土地使用权的,对土地使用权人应当给予适当补偿。

此外,国有土地使用权还可因土地灭失而终止,如土地使用权因地震、塌陷、河流改道、山体崩塌、洪水淹没等终止。

(二)集体土地使用权的终止

集体土地使用权的终止是指集体经济组织为了公共利益的需要或者按照合同的约定,将其让渡的土地使用权收回的行为。有下列情形之一的,农村集体经济组织报经原批准用地的人民政府批准,可以收回土地使用权:

(1)为乡(镇)村公共设施和公益事业建设,需要使用土地的。这种情况下,应当给原土地使用者一定的补偿。

(2)不按照批准的用途使用土地的。

(3)因撤销、迁移等原因停止使用土地的。

三、土地他项权利的终止

土地他项权利包括土地租赁权、土地抵押权等。

(一)土地租赁权的终止

土地租赁权一般因租赁到期而终止。

(二)土地抵押权的终止

土地抵押权是一种从权,一般从属于债权。当债务得到清偿时,土地抵押权随之消失。

任务四　土地产权违法行为的查处

【任务目标】

掌握土地违法行为的处罚措施。

【学习过程】

案例讨论。

【案例导入】

2004 年 5 月 18 日，A 县国土资源局发出第 27 期国有土地使用权挂牌出让公告，对位于开发区长江路面积为 9 850.9 m^2 的国有土地进行挂牌出让，并颁布了相关的公告、须知、挂牌规定等。在规定报名期内，泰华置业发展有限公司（简称泰华公司）、华纳（香港）国际集团有限公司（简称华纳公司）和润洋置业有限公司（简称润洋公司）三家单位报名。

正通保健品有限公司董事长何贤友，长兴房地产开发有限公司董事长刘长明，润洋公司董事长徐善和、经理谢国余，世纪饲料有限公司董事长谢寿青，五星电器有限公司董事长肖正谦等 6 人一起商定个人参股，以润洋公司的名义参加竞买，并订立合伙协议。在报名结束后，何贤友又与泰华公司总经理蔡进取得联系，后上述 6 人又转与蔡进及泰华公司董事长朱万平协商合作参加竞买，并订立合伙协议。8 人商定竞价时由泰华公司出价，润洋公司参与但不出价，竞得后合作开发，并明确约定合伙人共同委托朱万平一人负责报价，其他人不得持异议。6 月 18 日，8 合伙人均到第 27 期国有土地使用权竞拍现场，朱万平挂牌进行竞价，徐善和等人均未出价，后朱万平以人民币 1 240 万元价格竞得该国有土地使用权。6 月 21 日，A 县国土资源局向泰华公司发出《挂牌出让成交确认书》。7 月 1 日，8 合伙人签订长江路 1 号项目合作开发协议。8 月 6 日，县国土资源局与泰华公司签订了《国有土地使用权出让合同》。11 月 14 日，8 合伙人通过内部竞标将该项目承包给朱万平，并签订了长江路 1 号项目承包方案和中标确认书。10 月 13 日，经群众举报，由 A 县纪律检查委员会与 A 县工商行政管理局联合调查此事。2005 年 2 月 21 日，县纪律检查委员将调查情况向县人民政府报告。3 月 8 日，县纪律检查委员将相关情况函告县国土资源局：“泰华公司在 A 县国土资源局第 27 期国有土地使用权挂牌出让竞买过程中，采取与润洋公司恶意串通的手段竞得该宗土地”。6 月 9 日，县国土资源局作出《土地行政决定书》，决定挂牌出让竞得结果无效。泰华公司对决定不服，向 B 市国土资源局申请行政复议，B 市国土资源局经依法审理后，维持了 A 县国土资源局作出的决定。

【知识导航】

一、土地产权违法行为的类型

（一）侵权行为

侵权行为是指对他人依法享有的土地所有权、土地使用权等财产权利构成侵害的行为。

侵权行为是土地产权违法中数量众多的一种违法行为。侵权行为包括侵犯土地所有权行为、侵犯土地使用权行为、侵犯土地租赁权行为、侵犯土地抵押权行为等。

（二）非法出让土地

非法出让土地是指土地所有者不按法律的规定将土地使用权让渡给土地使用者的行为。

非法出让土地包括非法出让国有土地和非法出让集体土地两种。非法出让国有土地是指不按照出让计划、出让要求、出让方式、出让程序等方面的规定，将国有土地出让给土地使用者使用的行为；非法出让集体土地是指擅自将农民集体所有的土地使用权出让用于非农业生产。

非法出让土地主要包括非法低价出让国有土地，非法划拨国有土地，非法招标、拍卖、挂牌出让国有土地,擅自将集体土地使用权出让用于非农业生产等。

(三)非法竞买土地

非法竞买土地是指单位或者个人不依公平、公正、诚实信用原则,采用不正当手段参与土地使用权的招标、拍卖、挂牌的行为。如国有土地使用权招标出让中的恶意串标、压低地价、排斥竞争行为等。

(四)非法转让土地

非法转让土地是指土地使用者不按法定要求将土地使用权再转移的行为。包括土地使用者擅自倒卖土地,土地使用者擅自转让划拨土地等。

(五)不依法办理土地登记

我国《土地管理法》、《城市房地产管理法》、《城镇国有土地使用权出让和转让暂行条例》等规定:土地使用权出让、土地使用权转让、土地使用权出租、土地使用权抵押、土地使用权终止均须依法办理土地登记。不依法办理土地登记,其相应的土地权利就得不到法律保护。

(六)不依法交回土地

不依法交回土地是指国家、集体依法收回土地使用权时,土地使用者拒绝交回土地的行为。包括依法收回国有土地使用权时当事人拒不交出土地,临时使用土地期满拒不归还土地,不按照批准用途使用土地而被依法收回时拒不交出土地,闲置土地超过两年而被依法收回时拒不交出土地等行为。

二、土地产权违法行为的查处

(一)侵权行为的查处

我国《民法通则》对侵权行为的查处作了明确规定,"侵占国家的、集体的财产或者他人财产的,应当返还财产,不能返还财产的,应当折价赔偿","损坏国家的、集体的财产或者他人财产的,应当恢复原状或者折价赔偿","受害者因此遭受其他重大损失的,侵害人并应当赔偿损失"。

(二)非法出让土地

我国《土地管理法》和《城市房地产管理法》对非法出让国有土地未作明确的规定,但《刑法》第四百一十条规定:"国家机关工作人员徇私舞弊,违反土地管理法规,滥用职权,非法批准征用、占用土地,或者非法低价出让国有土地使用权,情节严重的,处三年以下有期徒刑或者拘役;致使国家或者集体利益遭受特别重大损失的,处三年以上七年以下有期徒刑。"《最高人民法院关于审理破坏土地资源刑事案件具体应用法律若干问题的解释》第六条规定:"国家机关工作人员徇私舞弊,违反土地管理法规,非法低价出让国有土地使用权,具有下列情形之一的,属于'情节严重',依照《刑法》第四百一十条的规定,以非法低价出让国有土地使用权定罪处罚:(一)出让国有土地使用权面积在三十亩以上,并且出让价额低于国家规定的最低价额标准的百分之六十的;(二)造成国有土地资产流失价额在三十万元以上的。"《最高人民法院关于审理破坏土地资源刑事案件具体应用法律若干问题的解释》第七条规定:"具有下列情形之一的,属于非法低价出让国有土地使用权,'致使国家和集体利益遭受特别重大损失':(一)非法低价出让国有土地使用权面积在六十亩以上,并且出让价额低于国家规定最低价额标准的百分之四十的;(二)造成国有土地资产流失在五十万元以上的。"

我国《土地管理法》第八十一条对非法出让集体土地使用权作了明确规定:"擅自将农民集体所有的土地使用权出让、转让或者出租用于非农业建设的,由县级以上人民政府土地行政主管部门责令限期改正,没收违法所得,并处罚款。"

《招标拍卖挂牌出让国有土地使用权规定》(国土资源部令第 11 号)规定,"应当以招标、拍卖、挂牌方式出让国有土地使用权而擅自采用协议方式出让的,对直接负责的主管人员和其他直接责任人员依法给予行政处分","土地行政主管部门工作人员在招标拍卖挂牌出让活动中玩忽职守、滥用职权、徇私舞弊的,依法给予行政处分;构成犯罪的,依法追究刑事责任"。

(三)非法竞买土地

《招标拍卖挂牌出让国有土地使用权规定》(国土资源部令第 11 号)规定,"中标人、竞得人有下列行为之一的,中标、竞得结果无效;造成损失的,中标人、竞得人应当依法承担赔偿责任:(一)投标人、竞买人提供虚假文件隐瞒事实的;(二)中标人、竞得人采取行贿、恶意串通等非法手段中标或者竞得的。"

(四)非法转让土地

我国《土地管理法》规定:"买卖或者以其他形式非法转让土地的,由县级以上人民政府土地行政主管部门没收违法所得;对违反土地利用总体规划擅自将农用地改为建设用地的,限期拆除在非法转让的土地上新建的建筑物和其他设施,恢复土地原状,对符合土地利用总体规划的,没收在非法转让的土地上新建的建筑物和其他设施,可以并处罚款;对直接负责的主管人员和其他直接责任人员,依法给予行政处分;构成犯罪的,依法追究刑事责任。"

我国《刑法》第二百二十八条规定:"以牟利为目的,违反土地管理法规,非法转让、倒卖土地使用权,情节严重的,处三年以下有期徒刑或者拘役,并处或者单处非法转让、倒卖土地使用权价额百分之五以上百分之二十以下罚金;情节特别严重的,处三年以上七年以下有期徒刑,并处非法转让、倒卖土地使用权价额百分之五以上百分之二十以下罚金。"

《最高人民法院关于审理破坏土地资源刑事案件具体应用法律若干问题的解释》第一条规定:"以牟利为目的,违反土地管理法规,非法转让、倒卖土地使用权,具有下列情形之一的,属于非法转让、倒卖土地使用权'情节严重',依照《刑法》第二百二十八条的规定,以非法转让、倒卖土地使用权定罪处罚:(一)非法转让、倒卖基本农田五亩以上的;(二)非法转让、倒卖基本农田以外的耕地十亩以上的;(三)非法转让、倒卖其他土地二十亩以上的;(四)非法获利五十万元以上的;(五)非法转让、倒卖土地接近上述数量标准并具有其他恶劣情节的,如曾因非法转让、倒卖土地使用权受过行政处罚或者造成严重后果的。"

《最高人民法院关于审理破坏土地资源刑事案件具体应用法律若干问题的解释》第二条规定:"实施第一条规定的行为,具有下列情形之一的,属于非法转让、倒卖土地使用权'情节特别严重':(一)非法转让、倒卖基本农田十亩以上的;(二)非法转让、倒卖基本农田以外的耕地二十亩以上的;(三)非法转让、倒卖其他土地四十亩以上的;(四)非法获利一百万元以上的;(五)非法转让、倒卖土地接近上述数量标准并具有其他恶劣情节的,如造成严重后果等。"

(五)不依法办理土地登记

我国《土地管理法》第八十二条对不依法办理土地登记作了规定:"不依照本法规定办理土地变更登记的,由县级以上人民政府土地行政主管部门责令限期办理。"

(六)不依法交回土地

我国《土地管理法》规定:“依法收回国有土地使用权当事人拒不交出土地的,临时使用土地期满拒不归还的,或者不按照批准的用途使用国有土地的,由县级以上人民政府土地行政主管部门责令交还土地,处以罚款。”

思考题

1. 什么是土地产权?
2. 土地他项权利包括哪些?
3. 简述土地权属管理内容。
4. 简述土地征收的条件、程序、审批。
5. 简述土地出让、转让的条件、程序。
6. 简述集体土地流转的方式、措施。
7. 简述国有土地使用权收回的条件。
8. 简述国有土地使用权流转的方式。

项目四　土地利用管理

【学习目标】

1. 能够明确认识土地利用与土地利用管理的重要性；
2. 熟悉我国土地利用管理的主要内容和土地利用管理的主要手段。

【知识目标】

1. 掌握土地利用和土地利用管理的概念、土地利用管理的目标和内容；
2. 掌握农用地保护的重点，建设用地有序扩展的含义及如何引导建设用地有序扩展，保护、协调生态环境的重点；
3. 掌握实施土地利用管理的主要手段；
4. 了解土地利用的影响因素、原则，农用地、建设用地利用特点，土地利用与生态环境的关系。

任务一　认识土地利用与土地利用管理

【任务目标】

1. 掌握土地利用和土地利用管理的概念；
2. 掌握土地利用管理的目标和内容。

【学习过程】

1. 课件演示；
2. 分组讨论；
3. 讨论总结。

活动一　认识土地利用

根据课件内容，填写表4-1、表4-2。

表4-1　土地利用归类表

活动	归类	利用方式	利用程度	利用效果

表 4-2　土地利用影响因素表

因素	归类

全体学生分组讨论：土地利用应遵循什么原则？各组根据组员的理解和讨论结果，所填表格的内容进行陈述。要求各组所述领域不得重复。并填写表 4-3。

表 4-3　土地利用原则记录表

土地利用	原则

【知识导航】

土地利用指人类通过一定的活动，利用土地的性能来满足自身需要的过程。土地利用可以是生产性的活动，如种植作物、养殖动物、建造工厂等；也可以是非生产性的活动，如建造住宅、建设旅游风景区、施行自然环境保护等。

土地利用是土地的利用方式、利用程度和利用效果的总称。它包括的主要内容是：①确定土地的用途；②在国民经济各部门间和各行业间合理分配土地资源；③采取各种措施开发、整治、经营、保护土地资源，提高土地利用效果。

由于土地利用不但受气候、地形地貌、土壤、水文地质等土地自然性状的影响，还受社会制度、科学技术、交通条件、人口密度等社会经济因素的制约，因此土地利用不但属于自然范畴，还属于社会经济范畴。

土地利用不是一成不变的，它是一个动态过程。土地的用途、土地资源的分配、土地利用效益是随着社会经济因素和自然因素的变化而不断变化的。地球表面原是一片原始自然状态，在自然因素和社会经济因素作用下，原始森林逐渐缩小，耕地逐渐扩展。随着人口的增加，城镇用地又不断蚕食着耕地。生产的发展，科学技术的进步，又使不少沙漠变成了绿洲，荒芜的不毛之地变成了良田，土地利用的集约程度和效益不断提高。当然，不排除在某个时期、某个地区，土地利用的逆向变化。

一、土地利用的影响因素

对土地利用产生影响的因素是多种多样的,归纳起来,主要有以下几种。

(一)自然因素

自然因素主要指气候、地形地貌、土壤、水文地质条件等,它们制约着人们对土地的利用。

我国长江以南能够成为全国主要的农业区,是因为这里地处亚热带,有丰富的光、温、水、土条件,所以历史上有"湖广熟,天下足"的谚语。而青藏高原,大多在海拔 3 000 m 以上,高寒是它们的基本特征,年降水量一般在 200 mm 以下,虽然土地面积占国土面积的 1/4 左右,但除少数河谷外,大量土地只能放牧为数不多的牦牛和寒羊,土地利用受到很大的限制。我国西北部的沙漠区,对于农业来说,是难以利用的土地,但由于地下埋藏着丰富的矿产资源,对于矿业来说,却是极有价值的开采地。

自然因素很少能为人力所改变,人们利用土地,在很大程度上要适应自然条件,也就是平常所说的"因地制宜"。

(二)社会经济因素

社会经济因素主要指社会制度、政策,城市化与工业化,土地所处的位置、交通条件,成本、效益、土地利用现状等。

社会制度及与之相适应的土地所有制,对土地利用有着巨大的影响。在半殖民地半封建的旧中国,地主、富农占全国农户总数的 1/10,但他们占有的耕地却占全国耕地面积的 68%;而占全国农户 70% 的贫雇农,他们占有的耕地仅占全国耕地的 17%。这样的社会制度和土地制度,严重地阻碍着土地的合理利用和生产力的发展。据 1948 年 8 月报载,在国民党统治区,河南全省荒地占耕地总数的 30%,湖南占 40%,广东占 40%,三省共抛荒耕地约 460 万 hm^2。以 1947 年与 1936 年相比,水稻单产下降 30%,小麦单产下降 9%,高粱单产下降 20%,小米单产下降 21%,大豆单产下降 7%,花生单产下降 10%,棉花单产下降 8%,农业生产遭到严重破坏。新中国成立后,进行土地改革,将地主的土地分给了农民,实行个体农民所有制,从而极大地调动了农民的生产积极性,使农业生产得到迅速的恢复和发展。粮食产量由 1949 年的 1 132 亿 kg 上升为 1952 年的 1 639 亿 kg,增长 44.8%。1956 年以后,实行社会主义土地公有制,1957 年全国粮食总产量就达 1 951 亿 kg,比 1952 年又增长 19%。党的十一届三中全会以后,实行了土地集体所有制下的农户家庭联产承包责任制,将劳动报酬与生产结果相联系,打破了分配上的"大锅饭"制度,因而又一次极大地调动了农民的生产积极性,促进了农业生产的发展。1978 年粮食产量达到了 3 亿 t,1984 年突破了 4 亿 t。

国家的经济政策对土地利用有着重要的影响。我国 20 世纪 50 年代和 60 年代实行的"以粮为纲"的政策,结果形成"全面插秧"、"毁林开荒"的局面,不但粮食生产上不去,还使土地资源遭到严重破坏,生态失去平衡,土地利用效益低下。党的十一届三中全会后,实行"决不放松粮食生产,积极发展多种经营"的方针,才使上述情况得到逐步改变。特别是实行"改革开放"、建立经济特区政策以来,沿海地区的土地利用向更加集约化和高效益的方向发展。深圳市就是一个典型的例子。1980 年以前,它还是一个荒僻的边陲小镇,人口稀少,土地荒芜,经济萧条。1980 年以后,成立经济特区,实行"改革开放"政策,吸引了大量外资投入,短短的几年,就使这一荒凉的小镇成为拥有数百万人口的现代化城市,对外开放的窗口。1986 年与 1979 年相比,国民生产总值由不到 2 亿元增长到 35 亿元,人均国民收入从

463 元增加到 3 066 元。

城市化与工业化对土地利用有显著影响:一方面,城市化与工业化的推进必然会占用大量土地,特别是城郊耕地,从而使耕地日趋紧缺,严重影响粮食生产。例如,自 1950 年以后的 40 年里,日本、韩国的耕地面积分别减少了 52% 和 42%,同期,我国台湾地区也减少了 35%,耕地面积减少导致粮食生产总量下降。例如,1993 年日本粮食生产量与历史最高年产量相比,减少了 33%,韩国减少了 31%,我国台湾地区减少了 19%。粮食自给率的降低,导致进口量增加,进口量在国内粮食总消费量中占有的份额上升,1993 年,日本达到了 77%,韩国为 64%,我国台湾地区为 67%。我国随着城市化、工业化进程的加速,耕地面积也呈急剧减少的态势。1981 ~ 1990 年,我国城市建成区面积增长了 77%,年均递增6.5%。城区扩张用地,大部分是城郊优质耕地,如浙江省建设用地占用耕地的比例为 85%,江苏省为 90%。另一方面,城市化与工业化有利于经济发展和增加对土地的投入,从而促进土地利用方式由粗放型向集约型的转变。随着城市化、工业化水平的不断提高,资本、劳动力、技术就会向城镇聚集,从而提高土地利用集约化程度。城镇经济的发展,带动了城市地价特别是市中心地价的上涨,迫使效率低下的企业退出城市繁华地段,由效益高的企业取而代之,从而实现土地配置的合理化,促进经济向更高层次发展。

位置、交通条件对土地的经济用途、利用方式和利用效益有着重要的影响。最明显的例子是,我国东部沿海地区和西北地区,除了自然条件的差异外,位置和交通条件的不同是这两个地区在土地开发、利用和经济效益上存在巨大差距的主要原因之一。

成本、效益,即单位面积投入成本所取得的效益,也在很大程度上影响土地利用结构。近年来,珠江三角洲农业内部结构发生了较大的变化,变化的趋势是:粮食作物播种面积大幅度减少,鱼塘面积和经济作物面积迅速增加;一些传统的经济作物,如蚕桑、黄麻面积锐减,一些适应市场需求、产值高的门类,如池塘养鱼、海水养殖、花卉、水果、蔬菜等发展较快,产生这些变化的原因主要是成本效益的影响。1985 年顺德县对四大门类的定点调查结果是:每公顷纯收入鱼塘是 8 841 元,蔗糖 1 392 元,蚕桑 1 293 元,稻田 1 386 元;鱼塘每个劳动力日纯收入为 20.34 元,蔗糖 4.36 元,蚕桑 2.97 元,稻田 6.80 元。

土地利用现状对土地未来的用途也有一定的影响。在一般情况下,人们在利用土地时会尽量迁就现状,在必须改变现状时,也会权衡投资效益问题。影响土地利用的社会经济因素是可以调节、控制的。

(三)人的整体素质

人的文化素质、知识水平、科学技术水平以及对土地利用的整体性、长远性的认识,都会给土地利用带来深远的影响。历史上,小亚细亚的人们,滥伐森林,造成了后来的不毛之地;今天,人们盲目建筑,滥占耕地,排放“三废”,污染土地,烧窑取土,破坏耕地,都将对人类的未来造成难以挽回的危害。

当然,人的文化素质是可以提高的,通过宣传教育,普及科学知识,提高对自然规律和社会经济规律的认识,从而做到自觉地合理利用土地。

二、土地利用的原则

(一)生态平衡原则

在确定土地的经济用途与土地利用结构时,要正确评估土地的自然、经济特点,充分发挥不同地段的资源优势，切实做到地尽其利，宜农则农，宜林则林，宜牧则牧，有利于建立良好的生态环境，使土地资源得到保护和永续利用。

选择土地的经营方式，要根据土地生态系统能量转化和物质循环的规律，采取各种措施，使土地生态系统各部分的功能处于相互适应、相互协调的平衡之中。例如，对耕地可采取修建渠系、林网等工程技术、生物措施，调节其水、肥、气、热状态，从而改善生态系统的功能，提高土地生产力；也可通过不断输入物化劳动和活劳动补偿其所输出的肥力。这样，在大气不发生巨大而急剧变化的条件下，就可得到稳定高产的效果。

（二）最大经济效果原则

合理的土地利用（指农业用地）就是用尽量少的劳动消耗，生产出尽可能多的符合社会需要的产品。具体来说，在土地的自然、经济状况相似的条件下，有以下三种情况：

（1）当取得等量的劳动成果时，劳动消耗愈少，则经济效果愈大。因而，提高经济效果的关键在于：采用合理的技术、经济措施，以降低劳动消耗，争取成本极小化。例如，生产某定量产品的最低成本的资源配合，完成一定运输量的最低成本和最短路线的调运方案。

（2）当耗费等量劳动时，劳动成果愈大，则经济效果愈大，因而提高经济效果的关键在于提高劳动和其他资源消耗的转化率，争取收益极大化。例如，正确确定作物的组成与比例，以取得最大收益。

（3）在劳动消耗与劳动成果均为变量的条件下，当消耗的增量小于成果的增量时，则经济效果上升，相反则经济效果下降。例如，经营土地时，单位土地产值的增量大于单位土地成本的增量时，说明有较好的土地利用经济效果。

因此，合理利用土地，不仅要研究生产定量产品的成本极小化和利用定量投入的收益极大化，还要研究消耗与成果均为变量时，如何以尽可能少的劳动消耗取得尽可能多的收益。

（三）节约原则

土地是自然产物，它的数量不能随意增加，土地有限是一种普遍现象。

土地是进行社会生产活动的物质基础，是人类获得食物的主要来源。因此，对于一定数量的人口，必须保证一定数量的农产品用地。也就是说，人口与土地面积应该有一个适当的比例关系，但是随着人口的不断增加，农业土地的保证程度却不断下降。例如，我国 1949 年人均耕地面积为 0.18 hm^2，1980 年下降为 0.1 hm^2。人均土地的减少，是人口问题的直接后果。因此，合理用地应体现节约原则。具体来说，就是各项建设用地必须统筹兼顾，全面安排，做到节约用地，不占或少占良田。

★思考：土地利用是不是一成不变的？

学习成果：通过本次活动，结合自己的理解，进行写作练习（不少于 300 字），题目是“我所了解的土地利用”。可以查阅有关文字、网络资料。

活动二　认识土地利用管理

【案例导入】

国家土地副总督察调研宁夏土地管理利用情况

2014 年 7 月 23 日，国家土地副总督察张德霖一行来宁夏调研并召开专题座谈会，自治区副主席白雪山汇报了宁夏土地管理利用情况。白雪山在汇报中说，近年来，宁夏坚守红线，坚决落实最严格的耕地保护和节约集约用地制度，落实共同责任，“守好”耕地，落实占补平衡“补充”耕地，加大国土整治“储备”耕地，探索耕地保护新路径。目前，全区新增耕地78万亩，土地质量普遍提升1～2个等级，粮食单产亩均增加110 kg左右，亩均节水1/5左右。通过宏观控地、节约用地、盘活闲地、开发荒地等措施，拓展了自治区建设用地新模式，不但有效保护了宁夏平原吨粮田和生态环境，还多渠道增加了用地供给。创新了土地交易方式和土地整治模式，对行政审批制度进行了改革，全面开展集体土地确权登记。宁夏还将2014年确定为“国土资源执法年”，强化巡查，严格执法，解决土地违法案件发现难和查处难的问题，组织教育培训，重点解决领导干部依法用地意识淡薄的问题。张德霖指出，宁夏要依法依规管好用好土地，为开放、富裕、和谐、美丽宁夏建设做好保障；要推进节约集约用好土地，盘活存量；转变发展理念，挖掘潜力，增强单位土地面积的产出比。

我国建立土地利用宏观监测应用技术体系

近日，在由国土资源部科技与国际合作司在北京组织的验收会上，基于国产卫星数据的土地利用宏观监测高技术产业化示范工程通过验收。专家组认为，该工程解决了国产卫星数据业务应用关键技术，建立了我国土地利用宏观监测应用技术体系和运行模式。该工程由中国土地勘测规划院承担。

通过近三年的实施，项目组完成了BJ－1、HJ－1A/B、CBERS－02B中分辨率数据自动匹配等3项预处理关键技术、多任务并发控制等2项并行批量协同作业关键技术，编制了4个技术规定，开发了1套土地利用宏观监测系统，搭建了5个省级宏观监测应用示范系统。

通过该工程的实施，国产资源卫星在土地管理领域中得到更为广泛和更深层次的应用，使宏观监测与微观监测形成互补关系，为宏观决策和土地管理提供更现势、准确、全面的基础数据。该工程在国家层面开展了重大工程用地、城市规模扩展等土地利用宏观监测项目。

在省级层面，如在浙江省开展了县级以上建成区规模扩展监测、耕地后备资源（海涂）监测和环杭州湾产业带新增建设用地监测；在甘肃省开展了耕地、未利用地现状宏观监测；在黑龙江省开展了13个地市湿地、哈尔滨市道里区和鹤岗市耕地现状及变化宏观监测；在湖南省开展了长株潭城市群“绿心”生态环境保护监测、环洞庭湖区域湿地监测和地质公园监测；在重庆市开展了主城组团城市化监测、三峡库区土地生态安全监测和低山丘陵区土地利用监测。

【知识导航】

土地利用管理是国家按照预定的目标和土地系统运行的自然、经济规律，对土地的开发、利用、整治和保护所进行的计划、组织、控制、协调等工作的总称。土地利用管理是土地管理的核心。通过土地利用管理，确保土地持续利用，提高土地利用的生态、经济、社会综合效益，也就实现了土地管理的总目标。其本质是对各类型土地的利用水平和数量分配（一种类型到另一种类型的转换）进行干预。

土地是一个系统，它的组成部分以及外部环境之间存在着互相依存、互相制约的关系。关系的演变是以连锁反应的形式进行的，每一个行动都会使系统发生回荡反应（反馈），就好像在水面投入一粒石子，会激起无数波纹一样。这样的例子是很多的。例如，在城市中改变交通网布局，就会影响到商业、工业、住宅、文化、卫生、娱乐等一系列用地的布局。土地利用符合客观规律就会取得好的效益,如“山清水秀,林茂粮丰”。如果违背客观规律,就将导致灾难性的后果,有些后果要时隔多年才出其不意地发生,等到人们醒悟时,为时已晚。由于自然、社会经济以及人们的素质等原因,土地利用中常常出现各种不合理的现象。为了将这些不合理的现象控制到最低限度,就必须按照预定目标和客观规律,对土地的开发、利用、整治、保护进行管理。

土地开发,指通过对土地投入活劳动和物化劳动,一方面将难利用的土地改变为可利用的土地,如开荒、土地复垦等;另一方面是对已利用土地进行再开发,以提高土地利用的集约化程度,如将平房改建为楼房等。土地整治,指通过生物、工程措施,克服土地原有的某些缺陷,改善土地的质量,以提高其利用潜力,如平整土地、改良盐碱地等。土地保护,是指为防止土地乱占滥用和防止土地退化、破坏、污染而采取的各种保护措施,以使土地能够永续利用。

一、土地利用管理的目标和内容

(一)土地利用管理的指导思想

实施土地利用管理应遵循可持续发展、保障土地资源安全和有效供给、前瞻性及科学性的指导思想。

可持续发展是我国社会经济发展的战略选择。可持续发展的前提是发展,在经济快速发展的同时,要做到自然资源的合理开发利用与保护和环境保护相协调。《中国21世纪议程》白皮书指出:“中国可持续发展建立在资源的可持续利用和良好的生态环境基础上,国家保护整个生命支撑系统和生态系统的完整性,保护生物多样性;解决水土流失和荒漠化等重大生态环境问题;保护自然资源,保持资源的可持续供给能力……”土地资源可持续利用是社会经济可持续发展的物质基础。土地资源可持续利用表现为以下主要特征:

(1)保有一定数量,且结构合理、质量不断提高的各类土地资源;

(2)土地资源的生产性能和生态功能不断提高;

(3)土地资源利用的经济效益不断提高;

(4)降低土地利用可能带来的风险;

(5)土地资源的利用能够被社会接受,体现公平和效率。

保障土地资源安全及有效供给,对于资源相对匮乏、人均土地占有率少的我国尤为重要。资源安全是指一个国家或地区自然资源可持续保障的程度。土地资源安全及有效供给包括三个方面的含义:一是土地资源保障的充裕度,它反映土地资源供给与需求之间的平衡状况;二是土地资源保障的稳定性,即土地资源供给来源的多样性或多元性;三是土地资源保障的均衡性,即土地资源供给在地区、部门、人群之间的均衡。

实施土地利用管理,应具有前瞻性和科学性。一方面,要对土地资源数量、质量、结构变化趋势、土地供求关系变化趋势等作出正确的预测和判断;另一方面,要注意根据土地利用的自然规律和经济规律利用土地、管理土地。

(二)土地利用管理的目标

土地利用管理是一种政府行为,是政府为保障社会整体利益和长远利益,为消除土地利用中的相互干扰与不利影响,协调好土地利用中的各种矛盾而对土地利用活动进行的干预。政府要管理好土地利用就必须有明确的目标,土地利用管理的一切活动都是为了达到这些目标而进行的。政府作为土地利用管理的主体，土地利用管理的目标要兼顾多个方面。归纳起来，政府制定目标时要考虑五个方面，即经济效率、分配公平、社会发展、保障供给和环境质量。

1. 经济效率

土地利用作为一种经济活动必须达到一定的经济效率。效率是指资源的有效使用与有效配置，即资源是否在不同生产目的之间得到合理配置，使其最大限度地满足人们的各种需要。土地资源的有效或优化配置应该遵循帕累托准则，即资源配置的任何改变都不可能使一个人的情况变好而又不使别人的境况变坏。

2. 分配公平

土地利用管理的分配公平是指社会各阶层、各部门、各成员在土地利用管理中能获得公平的对待。其主要内容包括地权占有的公平和土地收益分配的公平。同时，分配公平不仅指当代人之间，也包括当代人和后代人之间的分配公平，当代人福利的增加不应以牺牲后代人的利益为代价，经济学中一般理解公平的含义是机会均等，即"在市场竞争中让大家处于同一条起跑线上，全都按照自己的能力与努力程度来进行竞争，尽管竞争的结果有差异，但出发点相同，这就可以理解为公平了"。

3. 社会发展

土地利用管理要有利于社会的发展，要为社会公益事业和社会基础设施建设、为创造就业机会等提供良好的土地利用保障，为社会的文明进步创造良好的条件。保证公共目的对土地的使用需要，既是土地利用管理的基本目标之一，也是政府干预土地利用的理由之一，主要体现在耕地的利用与保护、生态环境建设与保护以及区域整体利益的公共基础设施建设等方面 。

4. 保障供给

土地利用管理的供给保障目标就是在保证现今与将来人口的生存和发展基础上，在土地供给总量的自然极限范围内，按照"一要吃饭，二要建设，三要保护环境"的方针，为人们的各种土地需求提供土地。土地利用的根本目的在于满足人们的各种需求，但是由于土地资源的有限性，需要在综合考虑土地的各种供需关系的基础上，合理地以供给来制约与调节需求，以实现土地利用的供需平衡。

5. 环境质量

土地利用管理的环境质量目标就是通过土地利用管理保证一定数量的绿地；控制土地利用强度，防止土地的沙漠化、盐渍化和水土流失，防止建筑物与人口的过度拥挤；合理地确定土地利用布局，才能避免土地利用的相互干扰和土地污染等。由于市场机制本身的缺陷，土地使用者在用地过程中可能会造成土地过度利用，影响环境质量，只有通过政府的管理，控制土地利用强度，调节土地利用结构布局，才能避免环境质量下降。

由此可见，土地利用管理的目标是多元化的，而非单一的，在不同历史时期、不同的社会经济条件和资源条件下，其所要实现的侧重点不同。在任何时期、任何条件下，土地利用管理的目标虽然可以侧重于某一方面，但都必须兼顾到其他目标的要求。

（三）土地利用管理的任务和内容

由于土地利用管理的实质是对不同类型土地利用的水平和转换进行干预，因此土地利用管理的任务就是要对土地的利用水平和用途转变设置一定的约束条件，将土地资源在不同用途间的分配(转换)控制在可持续发展的幅度之内,保证土地资源安全。根据经济发展与土地利用的一般规律,伴随着人口增长、城市化水平提高,用以支撑人类第二、三产业经济活动的城镇、交通等建设用地在土地利用结构中所占比重将不断提高,大量农业用地向建设用地转化,部分未利用土地得到开发。可见,土地利用管理的任务是十分艰巨的。

根据土地利用管理的目标,实施土地利用管理就是要在经济发展的过程中将农用地对建设用地的转变、未利用土地的开发控制在可持续发展的幅度之内,因此针对不同的土地利用类型,土地利用管理的内容有明显的差异性。基于我国人多地少的资源现状,我国土地利用管理的主要内容为:①保护农用地特别是耕地;②引导建设用地有序扩展;③保护、协调土地生态环境。

★思考:我国土地利用管理的主要内容是什么?

任务二　农用地保护

【任务目标】

1. 了解各类农用地利用的特点;
2. 掌握农用地概念及农用地保护的重点。

【学习过程】

1. 课件演示;
2. 分组讨论。

【案例导入】

2014年8月8~11日,国土资源部农用地质量与监控重点实验室(简称重点实验室)科研基地暨"耕地保护"科普基地建设研讨会在内蒙古乌兰察布市举行。

研讨会由国土资源部土地整治中心副主任、重点实验室主任(候任)郧文聚研究员主持。会前,杨邦杰教授、郧文聚研究员、内蒙古自治区国土资源厅赵大勇副巡视员和乌兰察布市副市长王国相共同为"国土资源部农用地质量与监控重点实验室乌兰察布研究基地"、"耕地保护科学与技术科普基地"揭牌。

研讨会上,郧文聚研究员简要介绍了重点实验室的情况;朱道林教授就国土资源部目前批准的全国土地领域首个科普基地即"耕地保护科学与技术" 科普基地有关情况做了发言;重点实验室五个研究方向负责人黄元仿教授、朱德海教授、孔祥斌教授、郝晋珉教授、朱道林教授基于各研究方向的研究重点分别谈了在乌兰察布基地开展科研和科普工作的计划与设想,并与乌兰察布市国土资源局进行了深入研讨,就基地建设方向和重点达成了共识。

作为特邀专家,全国人大常委、全国人大华侨委副主任、致公党中央副主席杨邦杰教授出席研讨会,他指出,农业的核心问题是土地问题,土地的核心问题是经济问题和制度问题,致公党中央一直高度关注中国农村土地问题研究,希望重点实验室能够全方位深入研究农村土地问题,为国家农村土地制度改革、农用地保护献计献策。

赵大勇副巡视员表示,内蒙古耕地总量1.3亿亩,草地面积广阔,农用地保护在面积上没有问题,关键是如何提升质量,部农用地质量重点实验室把研究基地设在内蒙古非常必要。内蒙古国土资源厅将大力支持乌兰察布基地的建设,争取在明年的相关配套研究上给予必要的经费支持,并希望农用地质量重点实验室全面、深入研究内蒙古的农用地质量问题,尤其是农牧交错带区域的耕地保护、基本农田建设、土地整治的特殊性等问题,为促进辽阔的内蒙古土地资源合理利用提供支撑。

来自国土资源部土地整治中心、内蒙古国土资源厅土地整治中心、中国农业大学资环学院和信电学院、乌兰察布市国土资源局的近40人参加了研讨会。

【知识导航】

农用地是指直接用于农业生产的土地,包括耕地、园地、林地、牧草地、养殖水面等。农用地是土地资源的重要组成部分,是农业的基础,没有农用地,就不可能有农业。农用地是人类生存、发展的最基本条件。对土地利用管理,首先要管理好农用地,特别是管理好耕地。

一、各类农用地利用的特点

考虑到在农用地总量中占的比重和功能的重要性,本节主要介绍耕地、林地和养殖水面的利用特点。

(一)耕地利用的特点

耕地是指用来种植农作物的土地。耕地是土地中最适合农作物生长的精华,是人类食物和衣着原料的主要来源。它为人类的生命活动提供80%以上的热量、75%以上的蛋白质、88%的食物及其他生活必需物质,是农业发展的重要物质基础。

耕地利用有以下特点。

1. 利用周期较短

一般农作物(少数作物如苎麻等除外)从播种到收获,生命周期少则数月,多则十余月。因此,与其他农用地相比,耕地利用的周期较短。

2. 对自然条件要求严格

由于农作物对土地条件要求较高,受各种自然条件(土壤、地形、温度、日照、水分等)的限制,地球上能够用于种植农作物的土地非常有限。据1979年《粮农组织生产年鉴》,世界陆地面积中,耕地只占10.8%。我国960万km^2土地中,耕地仅占13.7%(土地详查数),而且90%以上的耕地集中分布在我国的东南部。耕地的这种稀缺性,使之成为一种极其珍贵的自然资源。

3. 集约利用程度较高

耕地是一种珍贵的、稀缺的自然资源,为从有限的土地上获取尽可能多的农产品,一般对耕地多采用精耕细作、集约利用的方式。耕地利用的集约程度通常因其所在区位与人地比例而异。一般情况下,城市近郊的耕地,蔬菜种植比重较大,单位面积上所投资金和劳力也较多。随着与城市的距离增大,粗放农作物的比重加大,单位面积上投资投劳的数量随之减少。人均耕地少的地区,在气候条件适宜的情况下,一般都有高效的复种指数和集约经营程度。

4. 具有永续利用性能

耕地利用,归根到底是对土地肥力的利用。如果利用得当,耕地肥力可以不断地得到恢复和提高,使之处于周而复始的动态平衡之中,土地的生产功能可以永续利用。如果利用不当,土地就会退化,甚至遭到破坏,最后,丧失其生产性能。

(二)林地利用的特点

林地是指生长乔木、竹类、灌木、沿海红树林等林木的土地。林地,特别是森林在人类生活中具有重要作用。首先,林地可向人类提供大量木材和其他林产品,如纤维、树胶、染料、果品、药材、薪柴、饲料等。其次,林地具有保护环境的作用。林地能够补给大气中氧气、涵养水源、保持水土、调节气候、防风固沙、净化空气、降低噪声,它还是各种野生动植物的栖息繁殖场所。此外,森林具有美化环境的功能,具有极大的保健和美学价值。林地利用的特点如下。

1. 利用周期较长

树木从育苗栽植到成材,通常要经过若干年,甚至数十年,因此林地的收益时长效缓。

2. 森林是一种可再生资源

在合理利用的条件下,森林可以自我更新繁殖,供人类永续利用;如果不注重保护和合理利用,则很容易遭到破坏。森林一旦被破坏,恢复起来相当困难,需要很长时间。

3. 对自然条件要求不严,利用方式较粗放

林木对自然环境适应能力较强,在干旱、寒冷、高山、陡坡处皆能生长。林地利用一般比较粗放,单位面积林地上的投资、投劳远比耕地要低。

4. 多为综合性利用

林地的多种功能使其可以同时具有几方面的用途。例如,一片林地既可提供木材、药材,又可保护环境,还可建设成旅游地。

(三)养殖水面利用的特点

养殖水面是指从事养殖和捕捞水生动物、水生植物的水面。养殖水面利用的特点如下。

1. 利用的综合性

水面的利用形式较多,而且可以一水多用,同时兼顾。例如,水库除用作养殖和捕捞水生动、植物外,还可用作灌溉、蓄洪、发电等,如果缀以花草树木、亭台楼阁、假山曲径,就会构成秀丽的风景区,是人们垂钓、划船、游泳、休息、娱乐的理想境地。

2. 利用的不稳定性

水是一种不稳定的、流动的物体。水面的涨、落、干涸、泛滥受降水量的影响。水面的形态(液态、固态)一般受气候的影响。例如,南方的河流,终年奔流不息,而北方的河流,冬季则万里冰封。因此,对水面的利用常受气候的影响,有季节性的特点。例如,河水干涸季节,水产养殖、灌溉等就要受到限制。

水具有流动的特点。这一特点影响到在水面利用上的利害关系。例如,遇大旱作物需要灌水时,农民往往挖沟、开渠将水引到田里,而渔民为了保持一定的水位养鱼,就会筑坝拦堵水流,产生用水纠纷。

水域地势低洼,是承受各种污染物排放的场所,当污染物过量,超过水体的自净能力时,就会造成水源水质污染。由于水具有向下流动的特点,因而下游用户往往是污染水的承受者。

二、农用地保护的重点

耕地是土地中的精华,耕地尤其是基本农田成为农用地管理的重点。保护农用地最首要的就是要保证耕地总量的稳定,尤其是优质耕地——基本农田的数量稳定,从而为粮食安

全提供有力的保障。

1. 保持耕地总量相对稳定

经济发展必然导致建设用地对农用地(主要是耕地)的占用,为了保持耕地数量的相对稳定,我国实行占用耕地补偿制度,以限制建设用地对耕地的占用。非农业建设经批准占用耕地的,按"占多少,垦多少"的原则,由占用耕地的单位负责开垦与所占用耕地的数量和质量相当的耕地或由其交纳耕地开垦费,专款用于开垦新的耕地。除确因生态环境保护需要而退耕还湖、退耕还草、退耕还林外,对于占用耕地开挖鱼塘,种植速生林、苗圃等农业结构调整行为要进行有序引导和适度控制,防止对耕作层造成破坏。通过实施非农建设用地"占一补一",合理引导农业结构调整,实现耕地总量相对稳定的目标。

2. 保持基本农田数量不减少

基本农田,是指按照一定时期人口和社会经济发展对农产品的需求,依据土地利用总体规划确定的不得占用的耕地。国家规定下列四种耕地必须划入基本农田保护区:

(1)经国务院有关主管部门或者县级以上地方人民政府批准确定的粮、棉、油生产基地内的耕地;

(2)有良好的水利与水土保持设施的耕地,正在实施改造计划以及可以改造的中、低产田;

(3)蔬菜生产基地;

(4)农业科研、教学试验田。

根据土地利用总体规划,铁路、公路等交通沿线,城市和村庄、集镇建设用地周边的耕地,应当优先划入基本农田保护区。在省、自治区、直辖市层面,基本农田占本行政区域内耕地的比重要在80%以上。

基本农田保护区以乡(镇)为单位划区定界,划定的基本农田保护区由县级人民政府设立保护标志,予以公告,由县级人民政府土地行政主管部门建立档案,并抄送同级农业行政主管部门。基本农田划区定界后,由省、自治区、直辖市人民政府组织土地行政主管部门和农业行政主管部门验收确认。

基本农田保护区依法划定后,除特殊情况须经国务院批准外,任何单位和个人不得占用保护区内的耕地,也不得改变保护区的界线。

对基本农田实行全面规划、合理利用、用养结合、严格保护的方针。在建立基本农田保护区的地方,县级以上地方人民政府应与农村集体经济组织或村民委员会签订基本农田保护责任书。基本农田保护责任书的内容为:基本农田的范围、面积、地块,基本农田的地力等级,保护措施,当事人的权利与义务,奖励与处罚。县级以上地方人民政府应建立基本农田保护、监督检查制度,定期组织检查。

3. 改善耕地质量,提高耕地生产能力

保护耕地,实质上是保护耕地的生产能力,以保障粮食安全。而耕地生产能力又取决于耕地数量和质量两个因素,因此在保护耕地数量相对稳定的同时,要重视对耕地质量的保护。耕地的质量通常表现为耕地的肥力和位置。肥力包括自然肥力和人工肥力。自然肥力是指独立于人类生产活动,而由自然过程给予土地的肥力,它是自然成土因素作用的结果。因此,自然肥力是土地的客观属性。人工肥力是指由于人类的生产劳动,首先是由于人类对土地所施予的各项人工措施,如耕作、施肥、土壤改良、营造防护林、修建排灌渠系等而形成的。也可以说,人工肥力是在自然肥力的基础上形成的。在人们利用土地的漫长过程中,创造的人工肥力与土地的自然肥力有机地融合在一起,综合地形成经济肥力,犹如一个整体,显示着土地的质量。正如马克思所说:"这种人工肥力经过一定期间开始表现为土地本身的原有的生产率,因为土地本身已被改造了,而实现这种改造的过程却消失了,看不出来了。"具有经济肥力的土地能够提供较大数量的产品,随着社会生产力的发展,人们对土地利用集约度的提高,作物产量也不断得到提高。土地位置可区分为绝对位置和相对位置。绝对位置是不可改变的,而相对位置则是可以改变的,特别是随着城镇的发展、道路的延伸,土地的相对位置也相应地发生着变化。优越的土地位置利于吸引劳力、资金、技术的投入,从而提高土地的生产能力,还有利于降低运输费用和提高产品的新鲜度,从而降低成本,增加收益。

改善耕地质量,要注意对耕地污染的防治,因为耕地污染,会导致耕地质量的降低,造成农作物有毒元素含量超标,危害人体健康,甚至会使耕地丧失生产功能。

4.提高耕地利用集约度,改变粗放的用地模式

耕地利用集约度是指每单位耕地面积上所投劳力、资本(含科技)的多少。耕地利用集约度的大小取决于耕地的受容力与生产效率。耕地的受容力是指在一定经济状况和生产技术条件下,耕地与投入因素(劳力、资本)配合到最有利的比例时,所能容受投入因素的数量。能容受投入因素数量多者,则受容力大,反之则小。受容力大的耕地,在利用时,可提高它的集约度;受容力小的耕地,则相反。耕地的生产效率是指耕地与投入因素(劳力、资本)配合到最有利的比例时,所获报酬与所费成本的比例。耕地利用的集约度与生产效率呈正相关。土地利用集约度不是愈大愈好,而是有一定的限度。集约度最高的限度称为集约边际,集约度最低的限度称为粗放边际。当对优等耕地的投入达到边际成本等于边际收入时,也就达到了精耕边际,该精耕边际可认为是纵的加深集约度的界限。当对劣等耕地的投入达到边际收入等于边际成本时,亦达到了粗耕边际,该粗耕边际就是横的扩展耕作范围的界限。

我国人多地少,耕地资源紧缺,耕地后备资源不足。因此,提高耕地利用集约度,改变粗放的用地模式,仍然是保护耕地的一项重要举措,具体拟采取以下措施:

(1)兴建和维护排灌工程设施。水利是农业的命脉。我国耕地中有灌溉设施的水田和水浇地仅占耕地总量的39%,为提高耕地生产力,增强农业生产抗御自然灾害的能力,还应加大水利设施的投入。

(2)改良土壤,提高土壤肥力。改善土壤结构,增加土壤养分含量,改造土壤障碍层次,培育高产稳产农田,改造中低产田。

(3)防治土地沙化、盐渍化、水土流失和污染。

(4)禁止闲置、荒芜、破坏耕地。《土地管理法》第三十七条规定:"已经办理审批手续的非农业建设占用耕地,一年内不用而又可以恢复耕种并收获的,应当由原耕种该幅耕地的集体或者个人恢复耕种,也可以由用地单位组织耕种;一年以上未动工建设的,应当按照省、自治区、直辖市的规定缴纳闲置费;连续两年未使用的,经原批准机关批准,由县级以上人民政府无偿收回用地单位的土地使用权;该幅土地原为农民集体所有的,应当交由原农村集体经济组织恢复耕种"。"承包经营耕地的单位或者个人连续两年弃耕抛荒的,原发包单位应当终止承包合同,收回发包的耕地"。《土地管理法》第三十六条规定:"禁止占用耕地建窑、建

坟或者擅自在耕地上建房、挖砂、采石、采矿、取土等。禁止占用基本农田发展林果业和挖塘养鱼。”

(5)大力开展土地整理。我国农村各类零星闲散土地、形状不规则耕地、废弃坑塘等数量较大;田块面积小且形状不规整,致使田埂、沟渠占地比重大;自然村落零散、占地量大。按照土地利用总体规划要求,对田、水、路、林、村进行综合整治,可以大大提高耕地质量,增加有效耕地面积,改善农业生产条件和生态环境。在一些地区,通过土地整理,使居民点和乡村工业相对集中,形成田成方、路成网、渠相连,可增加耕地面积10% ~20%。

5.建立耕地预警系统

耕地预警是指对耕地的未来状态进行预测,预报不正常状态的时空范围和危害程度并提出防范措施。耕地预警系统包括具有确定警情、寻找警源、分析警兆、报警、排除警情等功能的多个子系统。

1)选取警情指标

反映耕地数量的指标通常有两类:一类是总指标;另一类是人均指标。由于人均指标能够更好地反映人地关系和人均农产品消费需求的保证程度,所以一般选用人均耕地作为警情指标。

2)确定警兆指标

警兆是指产生警情的先兆。警兆指标是指能预先反映警情的先导性指标,可以采用专家咨询法、调查分析法等初步选取若干直接影响人均耕地数量、质量的指标,然后采用回归分析等方法确定出最终的警兆指标。例如,某省确定的警兆指标为:下年度人口控制增长率、下年度耕地减少控制指标、下年度耕地开发复垦量计划指标、本年度低产田改造面积、本年度农林水部门事业费总额、上年度全国农业研究与开发机构经费支出总额等。

3)测定警限和警度

由于警情指标为人均耕地量,所以人均耕地警戒值就是要测定的警限。人均耕地警戒值的实质是满足人口基本消费所需的最低耕地供给量,反映的是一种极限供求关系,它是由耕地的供给能力和农产品消费需求量共同决定的。耕地的供给能力取决于农作物的单位生产水平、耕地复种指数和耕地面积。农产品消费需求量取决于消费水平。因此,可以由农作物的现实生产水平、耕地复种指数、人均农产品消费水平测算出人均耕地警戒值。例如,某省测算出2000 ~2005年,人均耕地警戒值为0.053 hm^2;2006 ~2010年,人均耕地警戒值为0.055 hm^2。在测定警限的基础上,须划分警度。所谓警度,是指警情的严重程度,通常分为无警、轻警、中警、重警、巨警。例如,某省将警度划分为3个等级,在2000 ~2005年,当人均耕地为0.046 ~0.053 hm^2 时为轻警;当人均耕地大于或等于0.053 hm^2 时为无警;当人均耕地小于0.046 hm^2 时为重警。

4)建立排警子系统

排警子系统的作用是根据警兆指标,通过预报子系统,预先明确警情,分析警源,采取相应措施,最终排除警情。排警子系统的实质是对策和措施库,它是将诸多应对各种不利情况的对策和措施按照一定的对应关系组织在一起,组成相对独立的子系统。例如,某省排警子系统主要是由无警决策库、轻警决策库和重警决策库构成。通过耕地预警系统,可以有效地保护耕地数量和质量。

★思考:我国农用地保护的重点是什么?

【知识拓展】

国外农用地保护情况简介

美国的农用地利用与保护。美国农业发达,有“世界的面包篮”之称,这固然得益于其得天独厚的自然条件、先进的科学技术和管理水平,但长期以来的成功农地保护经验也功不可没。几十年来,美国的农地保护理论日趋成熟和完善,并在实践中积累了大量经验,发展了许多行之有效的农地保护手段,包括法律手段、经济手段和行政手段,在美国的农地保护运动中发挥了重要作用。

(1)规划控制。政府通过立法或依靠行政权力,通过划定城市发展边界、城市建设区和农业区的方式,强制农业区的农地不准用于非农业用途,从而达到保护农地的目的。

(2)税收优惠。税收优惠措施主要包括对农地保留农业用途的退税、减税等优惠。美国许多州都实施这种农地保护手段。例如,1965 年,美国加利福尼亚通过了著名的“威廉逊法”(加利福尼亚土地保护法),该法设计了利用税收优惠鼓励农民保护耕地的条款。

(3)设定他项权。在农地上设定限制其用于非农业用途的他项权,即把农地所固有的开发权依法通过不同的方式一次性转让给他人,使农地永远失去用作城市建设的开发权。

日本的农用地利用与保护。日本是一个国土面积狭小、耕地资源稀缺的国家。在人均国土资源极为有限的条件下,日本在较短时间内达到了与美国差不多的城市化水平,同时付出比较小的用地代价。

首先,通过规划保护农地。日本将农地划分为市街化(城市化)调整区域以外的农地和市街化调整区域内的农地两大类。根据《城市规划法》确定城市内部不同地域土地利用方向;根据《农业振兴地域法》、《农业法》的要求,限定农业地域的土地利用,规定农业用地不能被任意侵占,不同农业用地也不许任意转用。另外,还限制森林地域的土地利用、自然公园地域的土地利用、自然保护地域的土地利用等,对于保护土地环境质量发挥了重要作用。

其次,通过发展城市来保护农地。在战后经济高速增长中,日本形成以都市圈为中心,以大城市为骨干,分别布置三套相对独立的产业结构的城市化和工业化道路,都市圈使周围一定范围内城市与中心城市保持密切的社会经济联系,从而形成资源、环境、基础设施共享,产业活动紧密关联,减少重复建设对土地的占用。东京都市圈、名古屋都市圈和阪神都市圈三大都市圈集中了日本 80% 的人口和经济密度,对土地利用的集约程度很高。

英国的农用地利用与保护。英国是西欧人口密度较高的国家,每平方千米 240 人,它通过制定一系列程序、习俗和规则组成的规划体系控制土地用途。英国举世公认的保护成就就是其广阔的乡村土地在城市发展的压力下被安全保留下来。

英国城市规划的显著特点是“城市限制”或“城市围墙”政策,这种政策主要是通过绿带来提高城市基础设施利用率和保护乡村美丽风景,并且产生农地保护这一副产品。英国农用地保护还通过人们对乡村的热爱使大片农地免受城市扩展的影响,英国的农地和乡村保护法规定所有开发都必须取得规划许可,城市发展与其周围乡村保护相协调成为一种社会准则渗透在整个规划体系中。全国把农地分为五个等级,占用 1 级、2 级和 3 级农地超过 10 hm^2,规划部门必须商请农业部的许可。从 1987 年环境部第 16 号文通知开始,农地转为建设用地考虑更多的是农地的环境价值而不是农作物的生产能力。

以色列的农地利用与保护。以色列是农地保护的典范。以色列农地数量少,气候干旱和农地地块小，但以色列农业技术的秘诀使其基本满足国内粮食需要，甚至出口。1965年，《规划和住宅法》规定农地保护是地方、区域和国家各级规划的法定目标。所有规划当局必须把农地保护放在首位。由于以色列是中央集权国家，中央政府对6大区域规划进行审批，低一级规划必须服从上级规划，任何建设用地如道路、建筑物甚至围墙必须取得规划许可，农村住宅也不例外。以色列的土地93%归国有，农业公社从土地管理局获得土地长期租用权。任何农地转用必须获得审批。以色列认为任何土地在未来都有可能需要成为农地，最高法院裁定这种宣布不需要任何补偿。

任务三　引导建设用地有序扩展

【任务目标】

1. 掌握建设用地概念，了解建设用地利用的特点；
2. 掌握建设用地扩展、建设用地有序扩展的含义，掌握如何引导建设用地有序扩展。

【学习过程】

1. 课件演示；
2. 分组讨论。

【案例导入】

新华时评：坚决控制城乡建设用地扩展边界

新华网北京8月14日电（新华社记者　王立彬）　13日召开的国务院常务会议审议并原则通过了《全国土地利用总体规划纲要（2006～2020年）》。围绕到2010年和2020年全国耕地保有量分别保持在18.18亿亩和18.05亿亩的目标，纲要强调重点加强对城乡建设用地扩展边界的控制，抓住了我国当前土地利用问题的一个症结。由于建设用地缺乏明确的边界控制，我国城市建设蚕食耕地现象日趋严重。目前，我国城镇人均建设用地规模已经高于国际平均水平，动辄数十平方千米甚至上百平方千米的征地，导致大量耕地被侵占和闲置浪费。与此同时，我国农村人均建设用地更是大大高于世界平均水平。南方地区农村居住点分散，北方地区“空心村”多，土地浪费现象十分突出。

一旦城乡建设用地边界失控，坚守18亿亩耕地红线的目标将会落空。目前，我国人均拥有耕地面积排在世界190多个国家和地区的110位以后。最近10年，全国新增建设用地占用耕地3 418.9万亩。按现有人口增长和占用耕地速度计算，10年或20年以后，我国人均耕地会减少3/4。在我国人口不断增加、粮食供需处于紧平衡状态的情况下，控制城乡建设用地扩展边界的重要性不言而喻。

应当看到，控制城乡建设用地扩展的边界，不仅不会影响城乡建设发展，反而会使城乡建设真正走上集约节约发展之路。目前，我国城市土地40%以上属于低效利用，5%处于闲置状态，城镇化建设用地潜力巨大；各种开发区和工业园区土地利用效率低，再利用开发潜力很大；我国农村居民点建设用地总量数倍于城镇建设用地，通过迁村并点、治理“空心村”、退宅还田，节地潜力大。此外，我国公路、铁路、水利建设工业用地也有很大的潜力可挖。

只要我们坚持走中国特色城镇化道路,按照统筹城乡、布局合理、节约用地、功能完善、以大带小的原则,主动迎接集约节约用地的深刻变革,不仅能实现城乡协调发展,而且能确保我国耕地保有量控制在国家规定的范围内。

【知识导航】

一、建设用地利用的特点

建设用地通常是指用于建造建筑物、构筑物及其使用范围的土地,它利用的是土地的承载力。它是把土地作为生产基地、生活场所,而不是以取得生物产品为主要目的的用地,包括城镇、村庄、工矿、交通、水利工程、公用设施及军事、旅游等各项用地。相对于其他类型的用地而言,建设用地主要有如下特点。

(一)建设用地利用的非生态性

建设用地是以土地的非生态附着物为主要利用方式,对土地建设来说,是发挥了地基和场所的作用,这一特性决定了在选择建设用地时,主要是考虑土地的非生态因素,而与土地肥力等生态因素则关系不大。因此,在建设用地与农用地发生争地矛盾时,应把质量好的土地优先用于农业。

(二)建设用地位置的特别重要性

选择建设用地,地理位置十分重要,如商业用地多配置在交通便捷、人口密集、地质条件良好的城市繁华地段,而不需要考虑土壤是否肥沃。当然,位置的优劣是一个相对的概念,如临街的土地对于商业服务是很好的位置,但对居住则是不太好的位置。

(三)建设用地的高度集约性

与农用地相比,建设用地占地面积较小,但单位建设用地面积上所投放的劳动力与资本比农用地要高得多,单位土地面积的直接经济产出也要比农用地高很多,是高度集约的土地利用。由于单位建设用地面积上可容纳较多的劳动力和资本,因而相对于农用地而言,通过投入更多的劳动力和资本来替代土地资源的可能性也大得多,因此在安排建设用地时可通过集约利用来节约用地,缓解土地供需紧张的矛盾。

(四)建设用地的稳定性

建设用地是以利用土地的承载力为主的,其上的建筑物、构成物一旦建成就可以使用很长的年限,所以土地的用途较为稳定。也正因为如此,土地作为建设用地后要想再转变为农用地就很困难。因此,在决定将农用地转变为建设用地时要十分谨慎,应充分论证,科学决策。

(五)建设用地的扩张性

随着社会经济的发展、人口的增加和城镇化程度的提高,建设用地呈快速扩张趋势,扩张的对象是城镇周围的耕地,扩张的特点是遵循交通线发展方向而推进,其形式是围绕城镇,向其周边呈圈层扩散,形如水之波纹。

二、建设用地有序扩展的含义和辨识

伴随着工业化、城市化向纵深推进,以城镇建设用地为主的城镇、工矿、交通、水利设施等建设用地将呈全面扩张之势,而农村地区由于劳动人口减少,农村建设用地相应减少。因此,建设用地利用管理的重点:一方面在于控制城镇建设用地的扩张步伐,引导其有序扩张;

另一方面要实现农村建设用地的逐步缩减，最终实现建设用地总量的有序扩张。

(一)建设用地扩展的含义

建设用地扩展是指土地被城镇、住宅、商店、厂房、学校、医院、道路等建筑物、构筑物不断占用的现象。城镇扩展可概括为4种方式：由内向外的同心圆式连续扩展；沿主要对外交通线呈发射状扩展；跳跃式呈组团式扩展；低密度蔓延。

(二)建设用地有序扩展的含义

社会经济的发展，特别是城镇、交通、工商业等的发展，必然会占用土地，尤其是耕地，如果建设占用土地，尤其是耕地，与社会经济发展和社会对农产品，特别是粮食的需求相协调，达到互动平衡，则可认为建设用地呈有序扩张态势。

(三)建设用地有序与无序扩张的辨识

现以小城镇用地扩展为例，说明如何辨识建设用地的有序扩张或是无序扩张（见图4-1）。通常可从以下方面评判建设用地是否有序扩张：

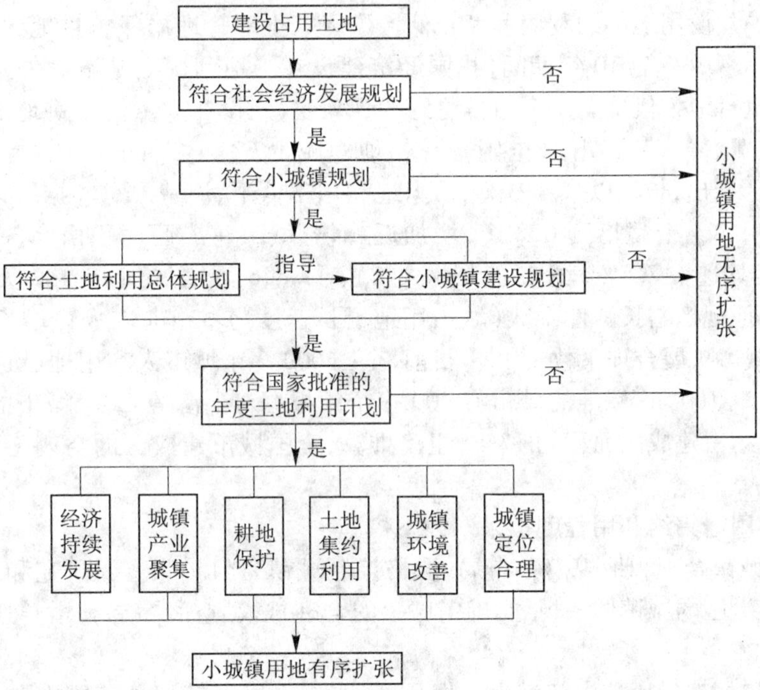

图4-1 城镇用地有序与无序扩张辨识

(1)建设占用土地是否符合当地社会经济发展规划；

(2)建设占用土地是否符合小城镇规划；

(3)建设占用土地是否符合土地利用总体规划和小城镇建设规划；

(4)建设占用土地是否符合年度土地利用计划。

三、引导建设用地有序扩展

(一)控制建设用地的规模，以供给引导需求

国家要建设，人民生活水平要提高，必然会增加对建设用地的需求。为了合理利用土地，保护耕地，避免建设用地的盲目扩张，需要控制建设用地的供应总量，并以供给引导需求。国家每年提供给非农建设用地的总量是新增非农建设用地的供应源头，控制好这个源头，也就控制住了非农建设用地盲目扩张的势头。

（二）大力提高建设用地集约利用程度

针对我国人地矛盾突出和土地粗放利用并存的状况，实施集约用地，形成发展与用地之间的和谐，是缓解我国土地供需矛盾的必然选择。

建设用地集约利用是指在兼顾环境效益和社会效益的前提下，通过对建设用地增加劳动、资本、科技等投入，在保证资源效率不降低的前提下，提高土地资源利用强度和效益的土地开发利用模式。通常用建筑容积率、建筑密度、地下空间利用强度、人均建设用地以及单位建设用地投入产出比、单位用地的 GDP 等指标评价建设用地集约利用程度。需要指出的是，建设用地集约利用有一个合理的度，超过此合理限度，就会造成建设用地利用的经济效益、生态环境效益、社会效益的下降。

目前，我国建设用地集约利用程度较低。原国家土地管理局保护耕地问题专题调研组调查发现，1986～1996 年 10 年期间，我国经济建设在土地利用上基本是外延发展、粗放经营，以牺牲大量耕地为代价。一个值得注意的现象是，建设在大量占用耕地的同时，却有不少土地闲置浪费。“八五”期间，全国统计耕地净减少 67 万多 hm^2，同期闲置土地 7 万多 hm^2。该调查还指出，长期以来，我国城市土地利用率低下、浪费严重。据统计，1985～1994 年，全国城市由 324 个猛增到 622 个，增加近一倍；城市建成区面积由 9 386 km^2 增加到 17 940 km^2，年均递增 7.5%；城市非农业人口由 11 826 万增加到 19 132 万，平均年递增 5.5%；城市用地规模增长弹性系数（城市用地增长速度与城市非农人口增长速度之比）为 1.36，超过了城市扩展合理系数 1.12。目前，全国 600 多个城市人均用地已达 101.6 m^2，高于城市人均用地 100 m^2 标准的城市有 400 多个。根据对上海等 12 个城市的调查，城市建成区内空闲地约占建成区面积的 17%，粗略推算，全国城市建成区的空闲土地占建成区面积的 15%左右。

提高建设用地集约利用程度拟采取以下措施：

（1）确定城镇合理用地规模和布局，严格控制城镇盲目扩张。要研究和编制全国和各省、直辖市、自治区的城镇体系规划，确定城镇的合理规模、空间布局和增长速度，并严格按规划实施。

（2）充分挖掘建设用地内部潜力。据最新调查，全国城镇规划范围内共有各类闲置和空闲土地及新增建设用地批而未供土地近 26.67 万 hm^2，占城镇建设用地总量的 7.8%。据估算，我国城镇土地至少还有 40% 的潜力，如果集约利用，每年可节约近 6% 的耕地占用量。

首先，要鼓励旧城改造。据调查，全国城市需旧城改造的面积约占建成区面积的 10%，旧城改造后容积率可提高 1～2 倍。

其次，进行土地置换，提高土地利用效益。由于历史的原因，我国城市中工业用地比重偏大。据 1993 年统计，我国大城市工业用地比重为 26.6%，高于发达国家约 16 个百分点，而且不少工业企业占据市中心位置，致使土地利用效益低下、生态环境恶化。不少城市采取土地置换、退二进三的方式，解决了上述矛盾。例如，上海市内环线范围 106 km^2 内，约有企业 1 500 家，生产点 3 000 个，占地 14 km^2，到 2000 年前后，除适于中心城区的约 1/6 的城市型工业保留外，大部分将迁出或关停并转，50% 的工业用地将改变为金融、商贸、商务、房地产等用地。此外,非经营性用地单位退出黄金地段,可以发挥土地的增值作用。例如,天津市天主教维西礼堂和劝业场小学退出该市商业繁华区——滨江道,让位给滨江商厦,使黄金地段有了“黄金效益”。

再次,实施有利于建设用地内部挖潜的政策。目前,由于内部挖潜需要投入大量的资金,而且拆迁的难度较大,所以多占用增量土地进行建设。为此,应在地价政策、税收政策、信贷政策上给利用存量土地进行建设予优惠,降低其建设成本,形成优惠挖潜、高价外延的机制。

(三)逐步缩减农村建设用地规模

农村集体所有范围内的农村居民点用地和农村工矿废弃地,由于历史上农村居民点用地管理疏松,农村居民点用地空置、分散的问题十分突出。据调查,我国村镇居民点占地约16万 km^2,若按人均村镇建设用地标准最高限150 m^2 计算,则村镇居民点的土地利用潜力为22%。此外,20世纪90年代乡镇企业热潮中还遗留下来部分工矿废弃地。因此,在控制建设用地总量的总任务下,应引导农村建设用地适当集中,逐步缩减农村建设用地规模。建设用地利用管理中要推动城镇建设用地扩张与农村建设用地缩减相挂钩,结合农村社区的建设,通过整理复垦出一定数量和质量的耕地。需要特别注意的是,由于农村建设用地整理需要巨额的资金投入,涉及农民的生产生活,因此在推进速度上要与区域经济社会发展水平保持一致。

任务四　保护、协调生态环境

【任务目标】

1. 了解土地利用与生态环境的关系;
2. 掌握保护、协调生态环境的重点。

【学习过程】

1. 课件演示;
2. 分组讨论。

【案例导入】

2010年全国国土规划纲要编制过程

从2010年7月,我国有关实施土地利用与生态环境相协调的规划《全国国土规划纲要(2011~2030年)》(简称《纲要》)开始编制。7月12日召开编制方案顶层设计专家研讨会,编制工作已进入前期研究阶段。这是记者在7月12日召开的全国国土规划纲要编制方案顶层设计专家研讨会上了解到的。部党组成员、总规划师胡存智出席了研讨会。他指出,根据今年2月国务院领导在《国土资源部关于推进国土规划工作的请示》上的批示,国土资源部与国家发改委联合制定了《全国国土规划纲要编制工作方案》,并广泛征求了相关部门的意见和建议。计划从今年起,用两年左右时间完成《纲要》的编制报批。《纲要》编制工作分三个阶段进行,即前期研究、纲要编制和纲要报批。目前,《纲要》编制已进入前期研究工作阶段。希望各位专家集思广益,积极献言献策,共同做好这项开创性的工作。

研讨会上，国家发改委地区司司长范恒山提出，《纲要》是一项重要的战略性规划，对于促进城乡统筹发展，优化空间布局，推进经济社会全面协调可持续发展，将会起到重要的作用。全国国土规划涉及面广，具有基础性作用，希望各个部门和专家共同努力。部规划司负责人介绍了《纲要》编制的准备情况。会上，与会专家一致认为，全国国土规划是高层次的空间规划，具有战略性、综合性、基础性和指导性；在新形势下，应创新规划方法，树立统筹协调、优化配置、国土安全、可持续发展的理念。此外，专家们还围绕《纲要》的功能定位、规划目标、规划表达、组织方法、实施手段等进行了全面深入的研讨。

来自国家发改委、环境保护部、住房和城乡建设部、水利部、农业部、国家人口和计划生育委员会、国家林业局、国家海洋局、国土资源部有关司局的代表，以及国家行政学院、国务院发展研究中心、中国科学院、北京大学、清华大学等科研院所及高校的知名专家学者参加研讨会。

【知识导航】

一、土地利用与生态环境

在陆地生态系统中，土地是最基本、最重要的，是决定生态系统类型及其构成的主要因素，是能量输入与输出、物质交换转移得以实现的基础，又是地球生态系统的物质储存器、供应站和能量调节者。

土地利用是引起生态环境变化的最重要的因子，人类通过土地利用变化引起土地覆盖变化，从而对生态环境产生影响。在经济发展的过程中，土地作为一切生产生活活动的载体，其利用结构和水平均发生明显的变动，从宏观层面上看，生态型用地（园地、林地、牧草地、水域）减少、非生态限制型用地（建设用地）增加，使生态环境面临的压力加大；从微观层面上看，工业化发展使工业三废排放增加，城市发展、人口集聚导致生活污水的排放量加大，农药化肥的施用对土壤环境和水环境产生不利影响，交通、水利等基础设施的建设对景观有切割作用。鉴于土地利用在生态环境变化中的重要作用，土地利用管理的另一任务是保护、协调生态环境。

二、保护、协调生态环境的重点

要协调生态环境，就是要保证合理的土地覆被，保证一定的生态型用地。生态型用地是指在合理利用条件下能够直接或间接改良区域生态环境、改善区域人地关系（如改良气候、提高土地质量、减少水土流失、增强蓄调水能力等）的用地类型，包括林地、牧草地、水面及未利用地的一部分。建设用地属于生态限制型用地。由于受人类活动的强烈影响，耕地对生态环境具有双刃剑的作用，属于生态调控型土地利用类型。生态型用地的利用方式和强度对人类生产生活环境的影响较大，利用合理，可促进人地复合生态系统良性循环，为经济持续稳定发展奠定基础；利用不当，则会逐渐产生愈来愈严重的生态灾难，制造生态灾民。

（一）保证农用地中园地、林地、养殖水面等的合理比重

随着经济社会的发展，建设用地在向外扩张的同时，必然占用一定数量的农用地，因此农用地总量减少不可避免。但在土地利用管理中，不能单纯为保证耕地数量稳定而盲目转变农用地中园地、林地、牧草地、养殖水面等的用途。相对以耕地为基础的农田生态系统，林

地生态系统、草地生态系统和水域生态系统受人类活动的影响较小，对生态环境具有更重要的调节作用。

（二）谨慎开发未利用地

开发是指人类通过采取工程措施、生物措施和技术措施等，使各种未利用土地资源，如荒山、荒水、荒滩、荒地等，投入经营与利用。绝大部分未利用地存在土地利用的障碍因素，其生态脆弱性往往比较明显，部分未利用地如滩涂、苇地还承担着特殊的生态功能，因此对未利用地开发必然带来生态环境的扰动和变化。因此，未利用地开发行为必须在防止生态退化和环境污染的前提下，建立在土地资源调查和评价的基础上，通过可行性研究，制定相应的开发规划后方可开展。对未利用土地的开发，应遵循以下原则：

（1）必须依照土地利用总体规划进行。土地利用总体规划是我国土地开发利用的基本依据，任何土地利用活动，包括开发利用未利用土地，都必须依据土地利用总体规划的要求进行。

（2）必须在保护和改善生态环境、防止水土流失和土地荒漠化的前提下进行。土地是生态环境系统中最主要的环境要素之一，对土地的利用不当，必然会对生态环境造成破坏。由于多年来我们忽视了对生态环境的保护，已经使我国的生态环境系统十分脆弱。因此，开发未利用土地必须重视保护和改善生态环境，这是实现土地资源可持续利用的基础。

（3）适宜开发成农用地的，应当优先开发成农用地。我国的土地后备资源十分有限，可供开发为农用地的未利用土地仅约 0.74 亿 hm^2，其中绝大部分适宜发展林业和牧业，可开垦为耕地的仅约 0.136 亿 hm^2，按照 60% 的垦殖率，大约有 0.08 亿 hm^2 可开发成耕地。而今后几十年间我国人口还会有较大的增长，到 2010 年非农业建设占用耕地 200 万 hm^2，所以耕地开发显得尤为重要。

（三）保护和改善城镇生态环境，防止污染和其他公害

城镇中的工矿企业、交通运输车辆、家庭炉灶每天都要排放大量污染物。当城镇上空的各种微粒和化学污染物的浓度相当大时，常形成烟雾。由于植物有净化空气、美化环境的功能，要保护和改善城镇的生态环境，防治污染，必须保护城市绿地，搞好绿化建设。调整乡镇企业布局，使之向工业园区集中，不仅可以保护环境，还可以节约土地，提高乡镇企业的规模效益。

任务五 实施土地利用管理的主要手段

【任务目标】

1. 掌握实施土地利用管理的主要手段：编制和实施土地利用总体规划；土地用途管制；土地利用动态监测；综合运用经济、行政、法律手段，加强土地调控。

2. 掌握土地利用总体规划的概念和规划指标体系，土地用途管制的概念。

【学习过程】

1. 课件演示；

2. 分组讨论。

【案例导入】

全国首次国土资源调控监测工作座谈会召开

2010年7月29日，全国国土资源调控监测工作座谈会在山东威海召开。国土资源部副部长、党组副书记、国家土地副总督察鹿心社在会上指出，要认清形势、主动作为，开创国土资源调控监测工作新局面。山东省副省长才利民等致辞。国务院政策研究室、国家发展改革委、国家统计局、中国银监会、中国证监会的相关负责人应邀出席会议。这是国土资源部“三定”方案明确参与宏观调控职能后召开的第一次全国性调控监测会议。

鹿心社说，近年来国土资源政策参与宏观调控工作，取得了明显成效，也积累了宝贵经验。搞好调控监测工作，必须准确把握宏观经济形势，坚决贯彻中央调控政策；必须实行总量、结构调控并重；必须发挥行政、经济、法律、技术手段的综合作用；必须深化改革，完善调控的体制机制；必须充分发挥批后监管的重要作用。鹿心社指出，国土资源政策参与宏观调控面临的形势更加严峻、任务更加艰巨。当前和今后一个时期，国土资源政策参与宏观调控工作的总体思路是：一条主线、两大目标、四项原则、五个要求。

“一条主线”，即健全国土资源政策参与宏观调控新机制；

“两大目标”，即“稳增长、促转变”；

“四项原则”，即坚持市场配置与综合调控相结合，坚持供给与需求双向调节，坚持总量与结构并重，坚持部门协作与上下联动；

“五个要求”，即着力增强调控的针对性、灵活性、及时性、科学性和有效性。

才利民在致辞中说，山东省将国土资源调控监测工作作为保障经济发展、调整经济发展方式的重要举措，深入开展“双保工程”，发挥土地闸门作用，保障转方式、调结构项目的发展取得了显著成效。新形势下，国土资源政策参与宏观调控在经济发展中的作用愈发重要。会上，辽宁、浙江、山西、河南、湖南、重庆、宁夏七个省（区、市）作了典型发言，介绍加强调控监测工作的做法和经验。与会人员将就如何进一步做好新形势下的调控监测工作进行座谈研讨。各省、自治区、直辖市国土资源厅（局），新疆生产建设兵团国土资源局，各派驻地方的国家土地督察局、部机关有关司局及直属单位的相关负责人参加了会议。

★思考：我国土地利用管理有哪些手段？

【知识导航】

实施土地利用管理采用的手段主要有编制和实施土地利用总体规划、土地用途管制、土地利用动态监测和土地调控。土地利用管理调控过程见图4-2。

一、土地利用总体规划

（一）土地利用总体规划的特性

土地利用总体规划是指人民政府依照法律规定在一定的规划区域内，根据国民经济和社会发展规划、土地供给能力以及各项建设对土地的需要，确定和调整土地利用结构、用地布局的总体战略部署。土地利用总体规划是由各级人民政府组织编制的，其核心是确定和调整土地利用结构和布局。

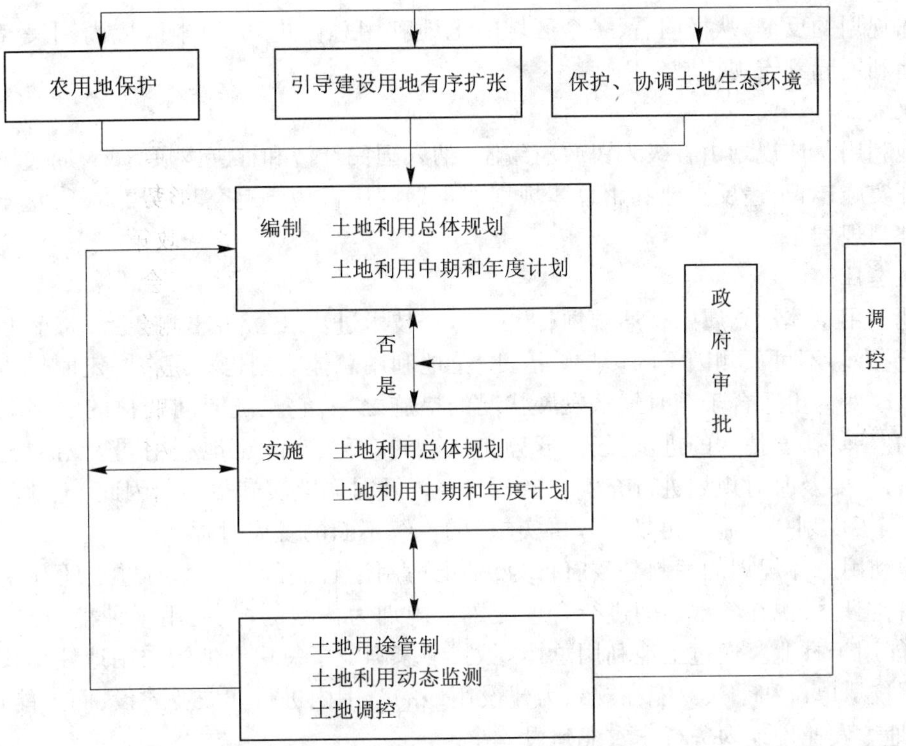

图 4-2　土地利用管理调控过程

1. 综合性

综合性又称整体性或总体性。土地利用总体规划关系到各部门用地的分配与使用,必须从国民经济和社会发展的全局来科学、合理地安排各部门用地,协调各部门的土地利用活动。要综合各部门对土地的需求,对土地利用结构和土地利用方式作出调整,使之符合经济和社会发展目标,以促进国民经济持续、高速和健康发展。

2. 战略性

由于土地利用总体规划是中长期的规划,所以只能预见土地利用的方向、目标、内容、结构、布局与土地利用方向变化的大体趋势,而不能预见其具体变化的形式和内容。因此,土地利用总体规划只能是战略性的规划,只能为主要用地部门提供概略的、方向性的、指导性的规划指标,例如经济、社会各部门的用地总供给与总需求的平衡问题,土地利用方式的重大变化,土地利用结构与用地布局的调整等。

3. 长期性

土地利用总体规划是土地利用的中长期规划,是对与土地利用有关的重要经济与社会长期变动趋势作出预测,据此制定长远的土地利用规划,拟定战略性的方针政策和措施,为编制短期和年度土地利用计划提供科学依据。并且经济、社会的发展过程是长期的、渐进的,调整土地利用结构与利用方式,使之达到预定的目标,也是长期才能实现的,这就决定了需要有一个长期的规划,以使土地利用的变化能与长期的经济发展过程相协调。

4. 控制性

土地利用总体规划的控制性主要表现在两个方面:从纵向讲,下一级的土地利用总体规划受到上一级土地利用总体规划的指导和控制,下一级土地利用总体规划又是上一级土地利用总体规划的反馈;从横向看,一个区域的土地利用总体规划,对本区域内国民经济各部门的土地利用起到宏观控制作用。

5. 权威性

土地利用总体规划由各级人民政府编制,纳入国民经济和社会发展计划,通过国家行政权力保证实施,对于违反土地利用总体规划的土地利用行为要追究其刑事责任,这不同于行业或者部门规划。

6. 动态性

土地利用总体规划属中长期规划,涉及人口、技术进步、经济增长、社会发展和政策等各个方面,受许多不可预测因素的影响。因此,土地利用总体规划也只是在一定时期内把土地利用现状改变为更适合于当时经济发展状况的措施之一,它是随时间变化的。当国民经济和社会的发展、科学技术的进步、经济形势和政策的变化、实际土地利用同规划的土地利用不一致时,就要及时对规划进行充实、修编和完善,及时调整实施措施。因此,土地利用总体规划是一个“规划—实施—再规划—再实施”的连续不断的发展过程。

土地利用总体规划的编制是政府行为,是土地用途管制的依据。通过土地利用总体规划,国家将土地资源在各部门间进行合理配置。规划为耕地的,只能用于种植业;规划为林地的,只能用于林业。通过土地利用总体规划,国家确定了每块土地的农用地使用权和建设用地使用权。单位和个人只能在规划为建设用地的范围内进行非农业建设,而不能在耕地、林地、草地等农业用地内进行非农业建设。

(二)土地利用总体规划的作用

(1)为充分、合理利用每一寸土地提供科学依据。一方面,我国人多地少,土地资源潜力有限,并且水土流失及耕地沙化、退化的现象很严重;另一方面,土地利用中存在着许多不合理现象,土地管理薄弱,土地资源浪费严重。因此,必须制定出完整的、系统的、科学合理的土地利用总体规划,来强化对土地利用中存在的主要问题,对土地资源的开发利用与保护作出总体的、宏观的统一安排,充分合理利用土地,以发挥土地的最佳效益。

(2)协调人地关系,协调各部门用地矛盾,保证国家“一要吃饭、二要建设、三要保护环境”的土地利用基本方针的贯彻落实。我国的后备土地资源不足,人口与耕地反向发展,导致人地矛盾更加尖锐。要保证吃饭与建设用地的需求,必须编制好各级土地利用总体规划,根据土地资源状况和各部门发展对土地的需求,合理分配和高效利用有限的土地资源,不断改善生态环境,为各部门发展创造良好的土地条件,保证人民生活水平的提高和国民经济稳定、协调、持续发展。

(3)加强土地利用管理的手段。土地利用总体规划是土地利用管理的“龙头”,它对土地利用具有宏观控制和指导作用。通过编制土地利用总体规划,可确定本地区较长时期内土地利用方向和目标、各部门用地数量和布局,使土地管理工作有所遵循,其他各项土地管理工作都要为实现这个总目标、总任务去安排工作。有了科学的规划,也就有了土地利用的总战略、总布局,土地管理工作就有了明确的方向和目标。

(4)有效地促进社会经济发展。土地利用总体规划是以国民经济和社会发展计划目标为依据的,而社会经济发展规划和国民经济计划目标最终必须落实在合理利用土地上。为此,编制和实施土地利用总体规划,可以保证社会经济发展目标的落实,保证国民经济目标得以实现,从而促进国民经济的发展。

(三)土地利用总体规划的体系及内容

我国目前的土地利用总体规划按行政区域划分为全国、省(区)、地(市)、县(市)和乡(镇)五个层次。市场经济体制的建立确立了市场机制在土地利用决策与土地资源配置中的基础作用。与此相适应,它要求土地利用规划不应是对某块土地如何利用作出具体安排,而是要对土地利用起调节控制作用。由于每一层次、每种类型的规划所调节控制的范围不同、目的不同,其所要求的规划内容重点、规划编制模式等也不相同。针对我国土地管理的实际状况,各层次的土地利用总体规划的内容如下。

1. 全国土地利用总体规划

全国土地利用总体规划应该为国家的宏观经济环境调控提供依据,它应该属于战略性、政策性规划。全国性规划的基本内容应是从促成全国的人口合理分布、资源合理配置、生产力合理布局与经济均衡发展、食物的安全供给以及环境整治的要求出发,提出全国土地利用的战略目标,确定土地开发、利用、整治和保护的重点项目和重点地区,协调全局性的重大基础设施建设的用地关系,提出不同类型地区土地利用方向、目标、重点和土地利用政策。按这一规划内容要求,全国性规划应以文本为主,规划成果主要体现为制定一系列政策,同时确定一些土地利用的战略性目标,如全国的耕地保有量指标、林地指标、城乡建设用地总规模指标、土地整治(风沙地治理,水土流失治理……)指标等,指标应突出重点,不宜面面俱到。

2. 省(区)级土地利用总体规划

省(区)级行政区在我国的区域范围都比较大,经济结构、产业结构、土地利用结构都比较完整,省(区)级土地利用总体规划仍然属于政策性规划的范畴,它的规划内容与全国性规划相近,但它更强调区域土地供需总量的平衡,土地开发、利用、整治和保护的重点地区和项目更加明确,土地利用政策的区域差异性更加明确具体。省级规划应协调好各地(市)间的用地关系,要根据各地(市)的经济发展状况与土地资源状况,提出各地(市)的耕地总量动态平衡目标和城市用地规模控制目标。省级规划要协调好跨区域的骨干工程建设用地的关系,为下一级规划提供依据。省级规划可以对全省进行地域分区,但应淡化这种地域分区的土地利用布局控制功能,而代之以土地利用政策的区域差异。省级规划应以文本为主,应有反映主要用地的控制指标,辅之以反映土地开发、利用、整治与保护的重点地区和项目的示意图。

3. 地(市)级土地利用总体规划

地(市)级土地利用总体规划就其深度而言应属于政策性规划范畴,它是由省级规划向县级规划的过渡层次,其基本内容应是在上级规划的控制下,结合区域规划的要求,在分析本地(市)的人口、土地与经济发展的基础上,进一步分析土地的供需情况,提出土地供应的总量控制指标和确定本地(市)区域土地开发、利用、整治和保护的重点地区和范围。地(市)规划作为一级较大区域的规划,在分析土地的供需关系时,应重点从本地区的工农业发展、城市化水平与进程、区域城市体系和各城市的中心职能与分工等方面研究,合理确定各中心城市的人口规模、用地规模以及区域性骨干基础设施的用地关系。

4. 县(市)级土地利用总体规划

县(市)级土地利用总体规划属于管理型规划,重在定性、定量、定位的落实,提高规划的可操作性。县(市)级规划作为总量控制的最基本层次,其规划内容要具体体现定性、定量、定向、定位的要求，其总量控制指标应落实到位，尤其对于城镇用地，不仅要有全县（市）的城镇用地总规模控制，而且要有每一个城镇的控制指标。在土地的开发、整治、保护层面上，县（市）级规划要具体确定重点项目的类型、时序、规模和范围。在控制指标上，县（市）级规划要改变过去指标过细过全、重点不突出的问题，简化指标，可考虑只保留耕地保有量指标，建设用地总量控制指标，各城镇建设用地控制性指标，土地资源开发复垦指标和生态性、公益性的用地指标。在土地用途的定位控制上，县（市）级规划的范围还比较大，比例尺较小，难以满足具体地块的具体用途的确定要求，而是以土地利用大类的用途区域范围的控制为主。

5. 乡（镇）级土地利用总体规划

乡（镇）级土地利用总体规划处于规划的最低层次，属实施型规划，规划成果以规划图为主，为用地管理提供直接依据。乡（镇）级规划内容的重点应是在县级规划总量控制与用地分区控制的基础上进行详细的土地用途编定，即把各类用地定量、定位落实到具体地段，并确定每类用途土地的具体要求和限制条件，为土地的用途管制提供直接的依据。但在用途编定时应避免把用途划分得过细，既要考虑用途的确定性，又要考虑用途的不确定性，从而为市场调节留下足够的空间。乡（镇）级规划还应提出需要进行土地整理的具体区段、方式和范围以及实施的时间。

（四）土地利用总体规划的审批与实施

为了加强中央政府对土地利用的控制和确保耕地总量动态平衡的实现，《土地管理法》对土地利用总体规划的审批权作了如下的规定：①土地利用总体规划实行分级审批；②省、自治区、直辖市的土地利用总体规划，报国务院批准；③省、自治区人民政府所在地的市和人口在100万以上的城市以及国务院指定的城市土地利用总体规划，经省、自治区人民政府审查同意后，报国务院批准；④上述规定以外的土地利用总体规划，逐级上报省、自治区、直辖市人民政府批准，其中乡镇土地利用总体规划可以由省级人民政府授权的设区的市、自治州人民政府批准。

土地利用总体规划一经批准，必须严格执行。

土地利用总体规划实施计划可分为中期计划和年度计划，它是按上述规划的目标和内容，根据国民经济发展情况和投资数额来统筹安排相应的用地结构、占地规模和实施项目。土地利用中期计划一般与国民经济发展五年计划相对应，期限为5年。土地利用中期计划通过土地利用年度计划逐步落实。

（五）土地利用总体规划的指标体系

土地利用管理中对各类土地数量转换的限制是通过土地利用总体规划中的指标体系，自上而下的控制来实现的。指标控制是从土地利用的全局和整体利益出发，在分析土地利用现状和土地利用潜力的基础上，通过对土地利用进行供需平衡分析，确定各类用地在规划期内的控制指标和调整指标，在土地利用总体规划中直接决定或间接约束土地在各部门各行业之间的分配过程。

依据土地利用管理的目标和任务，土地利用总体规划的指标体系包括直接控制指标和间接控制指标。

1. 直接控制指标

土地利用总体规划直接控制指标，是指在土地利用规划体系中，从上而下，以行政指令形式下达,直接决定土地分配数量的控制指标。直接控制指标具有强制性的特点,刚性明显,对下级政府编制土地利用规划有直接的规范和限制作用。直接控制指标主要包括新增建设用地量、耕地保有量和基本农田保有量三项。

2. 间接控制指标

1)人均城市建设用地

人均城市建设用地即城市建设用地面积与城市人口的比值,是反映城市土地集约利用程度的指标之一。根据1990年国务院发布施行的《城市用地分类与规划建设用地标准》(GBJ 137—90),人均城市建设用地指标要依据现状人均建设用地水平,考虑城市等级、所在区域经济社会发展程度和人地关系紧张程度等因素确定。现有城市的规划人均建设用地指标见表4-4。

表4-4　现有城市的规划人均建设用地指标

现状人均建设用地水平(m^2/人)	允许采用的规划指标		允许调整幅度(m^2/人)
	指标级别	规划人均建设用地指标(m^2/人)	
≤60.0	Ⅰ	60.1~75.0	+0.1~+25.0
60.1~75.0	Ⅰ	60.1~75.0	>0
	Ⅱ	75.1~90.0	+0.1~+20.0
75.1~90.0	Ⅱ	75.1~90.0	不限
	Ⅲ	90.1~105.0	+0.1~+15.0
90.1~105.0	Ⅱ	75.1~90.0	-15.0~0
	Ⅲ	90.1~105.0	不限
	Ⅳ	105.1~120.0	+0.1~+15.0
105.1~120.0	Ⅲ	90.1~105.0	-20.0~0
	Ⅳ	105.1~120.0	不限
>120.0	Ⅲ	90.1~105.0	<0
	Ⅳ	105.1~120.0	<0

注:1. 现有城市的规划人均建设用地指标应根据现状人均建设用地水平,按表4-4的规定确定。所采用的规划人均建设用地指标应同时符合表中指标级别和允许调整幅度双因子的限制要求。调整幅度是指规划人均建设用地比现状人均建设用地增加或减少的幅度。

2. 新建城市的规划人均建设用地指标宜在第Ⅲ级内确定,当城镇的发展用地偏紧时,可在第Ⅱ级内确定。

3. 首都和经济特区城市的规划人均建设用地指标宜在第Ⅳ级内确定;经济特区城市的发展用地偏紧时,可在第Ⅲ级内确定。

4. 边远地区和少数民族地区中地多人少的城镇,可根据实际情况确定规划人均建设用地指标,但不得大于150 m^2/人。

2)人均村镇建设用地

人均村镇建设用地即农村居民点面积与乡村人口的比值,是衡量农村建设用地集约利用情况的指标。该项指标对村镇建设用地规模的确定有重要的约束作用。根据1993年建设部批准的《村镇规划标准》(GB 50188—93),人均村镇建设用地要依据现状人均建设用地水平,考虑人均耕地面积和区域经济社会发展水平来确定。

（六）土地利用年度计划

土地利用年度计划，是根据国民经济和社会发展计划、国家产业政策、土地利用总体规划以及建设用地和土地利用的实际状况编制的。它是以一年为期，属于中期土地利用计划的具体化。

1. 土地利用年度计划的任务和类型

土地利用年度计划要对中期土地利用计划所规定的分年任务做出具体安排，但它的指标并非是对中期指标的机械分段，而是在不断总结经验的基础上，充分考虑当年的实际情况，对中期土地利用计划进行必要的调整和补充。土地利用年度计划必须与中期土地利用计划相互衔接，才能保证土地利用年度计划的连续性。

土地利用年度计划按分级管理原则，分为国家土地利用计划和地方土地利用计划。国家土地利用计划属于全国性土地利用计划，其内容包括国家全局性的土地利用决策，规定国民经济及其各部门的用地比例和规模以及实现计划的重大政策措施和步骤。它是制订地方土地利用计划的主要依据。在地方土地利用计划与国家土地利用计划发生矛盾时，地方计划应当服从国家计划，并首先保证国家土地利用计划的实现。地方土地利用计划则是国家土地利用计划在各地区的具体化，主要是指省（自治区、直辖市、计划单列市和区）、市、县级土地利用计划。它是以全国土地利用计划按地区分列的指标为基本依据，结合本地区的实际情况，因地制宜地对本地区的土地利用做出具体安排。

土地利用年度计划，按调节控制程度序列分为指令性计划和指导性计划。指令性计划是由国家制定的，具有法律效力和强制性，由国家直接控制的计划。由于我国可耕地资源有限，耕地面积的数量是关系到“一要吃饭，二要建设”的大事，而且耕地一旦改作非农业建设用地就很难逆转，因此在用地计划中，目前对非农业建设和农业建设占用耕地的面积实行指令性计划。指导性计划中，只规定一定幅度的指标，用以指导国民经济各部门对土地的利用，一般不具有强制性。但是执行单位要以指导性计划为依据，结合本地区实际条件加以安排，并保证有一定程度的调整幅度，报计划主管部门备案。国家主要通过经济政策、经济杠杆和经济法规进行指导和调节，必要时辅以行政手段。在土地利用计划中，目前对非农业建设占用非耕地面积和土地复垦开发面积实行指导性计划。

2. 土地利用年度计划的内容

根据1999年2月国土资源部颁布的《土地利用年度计划管理办法》的规定，土地利用年度计划的内容主要包括农用地转用计划、耕地保有量计划和土地开发整理计划等，具体由下列指标构成：

（1）新增建设用地指标，包括农用地（耕地、林地等）转用指标和未利用地占用指标，其中重点是耕地转为建设用地计划指标，包括由国务院批准转用和省级人民政府批准转用两部分。耕地转用指标属于指令性指标，必须严格执行。

（2）耕地保有量指标，指计划年末耕地实有数量。

（3）土地开发整理增加耕地指标，包括开发增加耕地和整理（复垦）增加耕地两部分。

3. 土地利用年度计划的编制及实施

根据1999年2月国土资源部颁布的《土地利用年度计划管理办法》的规定，土地利用年度计划编制、实施程序如下。

1)提出本地下一年度土地利用计划建议

县级以上地方人民政府土地行政主管部门会同有关部门,按照国土资源部的统一部署和控制指标,根据本行政区土地利用总体规划、国民经济和社会发展计划及土地利用的实际情况,提出本地下一年度的土地利用年度计划建议,经同级人民政府审查后,报上一级人民政府土地行政主管部门。国务院批准的建设项目和国务院有关部门批准的道路、管线工程及大型基础设施建设项目等使用土地,涉及农用地转用的,由国务院有关部门以建设项目为单位,按照国土资源部管理和地方行政主管部门管理两类提出下一年度的土地利用年度计划建议。计划建议在报国土资源部的同时,应当抄送项目拟使用土地所在地的省、自治区、直辖市土地行政主管部门。下一年度的土地利用年度计划建议应当于每年 11 月 20 日前报国土资源部。

2)对各地土地利用年度计划建议综合平衡后,编制土地利用年度计划

国土资源部会同有关部门,根据国民经济和社会发展计划、国家产业政策、全国土地利用总体规划及建设用地和土地利用的实际情况,在各地和国务院有关部门提出的土地利用年度计划建议的基础上,综合平衡,编制土地利用年度计划。土地利用年度计划应当分别列出全国和省(自治区、直辖市)以及由国务院批准的土地利用总体规划的城市和新疆生产建设兵团的各项计划指标。

3)年度土地利用计划的批准

报国务院批准编制的土地利用年度计划应当于上一年度 12 月 10 日前报国务院批准。

4)拟订实施方案

土地利用年度计划经国务院批准后,要逐级下达。县级以上地方人民政府土地行政主管部门应将上级下达的农用地转用计划指标、耕地保有量计划指标和土地开发整理计划指标逐级分解,拟订实施方案,经同级人民政府批准后下达。各地在拟订实施方案时,可以根据当地实际情况增加若干控制指标。

省、自治区、直辖市以及由国务院批准土地利用总体规划的城市和新疆生产建设兵团在实施土地利用年度计划时,应向国土资源部提出申请。国土资源部审核同意后,报国务院批准。

为了对土地利用年度计划的实施进行监督,县级以上人民政府土地行政主管部门应于每年 7 月 20 日前向上级人民政府土地行政主管部门报告土地利用年度计划上半年在本行政区域内的执行情况。11 月 20 日前向上级人民政府土地行政主管部门预报土地利用年度计划本年度在本行政区域内的执行情况。

土地利用年度计划一经下达,必须严格执行。没有农用地转用计划指标或者超过农用地转用计划指标的,不得批准新增建设用地。未严格执行建设占用耕地补偿制度或者没有完成土地开发整理计划指标的,核减下一年度的农用地转用计划指标。节约的农用地转用计划指标,经核准后,可以转给下一年度继续使用。

二、土地用途管制

现代社会经济的飞速发展和人口的迅猛增长对土地产生多种需求,由于在一定地域内土地总面积为常数,势必造成各业用地的竞争使用。根据竞争使用原则,经济效益比较低的土地用途必然存在向经济效益比较高的土地用途转化的内在冲动,土地的特殊性以及过度

的市场竞争会使土地资源的配置失去效率、社会的公正原则遭到破坏,即微观经济学中的“市场失灵”。为了实现社会的整体利益,于是土地用途管制制度应运而生。

(一)土地用途管制的含义

土地用途管制制度是人类社会发展到一定阶段保护和合理利用土地资源的必然抉择,虽然对何为土地用途管制,学术界却存在着不同的看法,但却有以下共识:

(1)土地用途管制是一种土地利用约束机制。它规范土地的使用,防止土地资源的浪费和不合理使用,保证土地资源的可持续利用,促进社会经济的可持续发展。

(2)必须经过一定的科学程序和法定程序确定土地的具体用途。这种具体用途是一种法定用途,具有法律意义,它是符合各级土地利用总体规划及与其对应的详细规划要求的用途。

(3)土地用途变更的申请许可制。一般地,在符合土地利用规划的前提下,土地用途由甲用途变成乙用途时,必须由土地使用者提出书面申请,经土地管理部门依法审查并获批准,领取《土地用途变更许可证》,办理土地用途变更登记等手续后才能完成土地用途从甲用途到乙用途的变更。

(4)擅自变更土地用途的责任。土地使用者未经批准,擅自改变土地用途以及国家机关工作人员和有关管理部门非法批准改变土地用途必将受到经济、行政和法律的处罚。

因此,可以把土地用途管制定义为:国家为了保证土地资源的合理利用,通过编制土地利用规划,依法划定土地用途分区,确定土地使用限制条件,实行用途变更许可的一项强制性管理制度。

(二)土地用途管制的目标

土地用途管制制度是政府采取的最严格的土地管理制度,是政府为了保障全社会的整体利益和长远利益,消除土地利用中的各种非理性现象,处理好土地利用中的各种矛盾,保证土地资源的可持续利用而采取的一种公共干预措施。因而,土地用途管制的目标是“政府目标”,它是要通过用途管制实现土地的合理利用与持续利用。具体来说,土地用途管制的目标应包括以下几个方面。

1.土地利用整体效率最大化

效率是指资源的有效使用与有效配置。土地作为稀缺的不可移动的资源,其有效配置可从两个方面来考虑:一是从土地使用者的角度来看;二是从社会或宏观控制者的角度来看。对于土地使用者来说,土地利用的目标是利益最大化,在取得同样经济效果的情况下,土地使用者会通过对使用土地资源还是使用其他可替代的资源进行比较权衡后才能决定使用多少土地和使用何种区位的土地。同样,在既定的土地资源条件下,土地使用者如何使用土地,将土地投入到何种使用方向,也是要看哪种方式能为其获得最大的经济效益。而对于社会或宏观决策者来说,土地利用的经济效率与个别的土地使用者有所不同,它追求的是全社会土地利用整体利益的最大化,要取得土地利用整体效用最大化,其实质就是要达到区域土地利用结构的最优化,即土地在各种不同用途之间有效配置。土地用途管制就是要解决在各种竞争性用途之间合理分配土地资源并提高土地利用效益的问题,它既考虑了每一个土地使用者的切身利益,又从宏观上考虑了社会整体利益,从二者的结合上追求土地利用的经济效率目标。

2. 协调“吃饭”与“建设”的矛盾

我国是一个人多地少、人均土地资源相对短缺的国家，土地利用矛盾十分突出，特别是随着人口的增加、经济的快速发展和城市化程度的不断提高，农业与非农业建设之间的争地矛盾将更加突出。由于农业生产用地与各种非农业建设用地所产生的经济利益存在着较大的差异，农业用地在与非农业建设用地的竞争中总是处于相对弱势的地位，土地利用的非农化现象越来越严重。因此，必须通过土地用途管制，严格限制农业生产用地向非农业建设用地的转移，以保护耕地，保障我国人口的食物安全供应，保持社会的稳定。当然，人的需要是多方面的，土地利用的根本目的是满足人们的各种需要，土地用途管制的目的就是要对有限的土地资源在数量上、时间上和空间上进行合理的分配，以保障各种用途的土地需求。

3. 消除土地利用中不利的外部性影响，保护环境，实现土地的可持续利用

土地在空间上互相连接在一起，不能移动和分割，因此每块土地利用的后果，不仅影响到自身的利益及生态环境，必然也影响到邻近土地，甚至整个区域的生态环境和经济利益，产生巨大的社会后果。也就是说土地利用具有明显的社会性和外部性，对于土地利用产生的积极的外部性应该充分加以利用，对于土地利用中的消极的不利的外部性影响必须加以避免和限制。土地用途管制是一种政府行为，政府可根据土地资源的自然特性、经济和社会条件，合理地划分土地用途区，对每一用途区的土地使用类别、土地使用条件、土地使用强度等加以规定和限制，防止土地沙漠化和盐渍化，防止建筑物和人口的过度拥挤，保证一定的绿地等，达到保护和改善生态环境，实现土地资源可持续利用的目标。

(三)土地用途管制的实施——土地用途分区

土地用途管制的主要内容就是在土地利用规划划定的土地用途区内，依照其分区使用规则，通过用途变更许可制度来实现对土地利用的控制。因此，建立有效的土地利用用途管制制度是以土地利用总体规划编制和实施为前提的，其核心是土地用途分区控制。

土地用途分区是指依据土地资源特点、社会经济发展需要和上级规划的要求，按照同一土地用途管制规则划分土地用途区。土地用途区可以是空间上连续的或不连续的区域，面积可大可小。土地用途分区的目的是指导土地合理利用，控制土地用途转变。

1. 土地用途分区的类型

由土地利用总体规划体系的相关内容可知，土地用途分区通常在县级和乡(镇)土地利用总体规划中进行，一般可划定以下11种土地用途区：

(1)基本农田保护区，是指对耕地进行特殊保护和管理划定的土地用途区；

(2)一般农地区，是指基本农田保护区以外，为农业生产发展需要划定的土地用途区；

(3)林业用地区，是指为了林业发展的需要划定的土地用途区；

(4)牧业用地区，是指为了畜牧业发展需要划定的土地用途区；

(5)城镇建设用地区，是指为了城镇(城市和建制镇)发展需要划定的土地用途区；

(6)村镇建设用地区，是指为了农村居民点(村庄和集镇)发展需要划定的土地用途区；

(7)村镇建设控制区，是指为了控制农村居民点建设需要划定的土地用途区；

(8)工矿用地区，是指独立于城镇、村镇建设用地区之外，为工矿建设需要划定的土地用途区；

(9)风景旅游用地区，是指具有一定游览条件和旅游设施，为观赏、休憩、娱乐、文化等活动需要划定的土地用途区；

(10)自然和人文景观保护区,是指为了对自然、人文景观进行特殊保护和管理划定的土地用途区;

(11)其他用途区,是指根据实际管制需要划定的其他土地用途区,其命名按管制目的确定,如水源保护区、陵园墓地区等。

各地可根据实际需要,在上述土地用途分区的基础上,进一步确定土地用途二级区分类,如:

(1)生态林区,是指在林业用地区内为保护和改善生态环境,对林地进行特殊保护和管理划定的土地用途区;

(2)基本草地保护区,是指在牧业用地区内为保护和改善草原生态系统,对牧草地进行特殊保护和管理划定的土地用途区;

(3)城镇近期建设用地区,是指在城镇建设用地区内为城镇近期发展需要划定的土地用途区;

(4)限制采矿区,是指独立于城镇、村镇建设用地区之外,为保护特定矿产资源、生态环境及其他原因需要限制开采而划定的土地用途区;

(5)禁止采矿区,是指独立于城镇、村镇建设用地区之外,为保护特定矿产资源、生态环境及其他原因需要禁止开采而划定的土地用途区。

2. 土地用途分区的步骤

土地用途区的划分包括以下步骤:

(1)收集资料。收集、整理分区所需的基础资料,主要有地形图、土壤图、土地利用现状图、坡耕地调查评价、土地适宜性评价、农用地分等定级、土地利用专项规划(开发、整理、复垦、生态建设)、城镇村建设、工矿建设等调查、评价、规划的图件及资料。

(2)拟订分区类型。依据上级规划的土地用途区类型和本行政区域实际需要,确定所要划定的一级和二级土地用途区。

(3)编制分区草案。以现状图为底图,依据上级规划的土地用途分区、重点建设安排、本行政区域规划目标、用地布局,参照已有的相关规划和区划,按照土地用途分区管制规则、划定方法、最小上图面积(表)等要求,尽可能利用明显的线状地物或河川、山脊等人工、自然地物界线,并兼顾行政管理界限,绘制分区草图,量算和统计分区面积。

(4)征求意见。就分区草案征求相关部门和公众意见,对有争议的进行协调。

(5)划定土地用途区。在协调一致的基础上,划定土地用途区,落实分区界线,整理数据和图件。

3. 土地用途分区的管制规则

在合理划分土地用途区的基础上,要严格按照土地用途管制规则进行管理和控制。土地用途分区管制规则是指依据法律、规范对各类土地用途区土地利用活动施行的限制,表现为对各类土地用途区允许、限制和禁止用途的有关规定。具体管制规则可参照以下要求制定:

(1)基本农田保护区的管制规则:①区内土地主要用于基本农田和直接为基本农田服务的农村道路、农田水利、农田防护林及其他农业设施;②区内现有非农业建设用地和其他零星农用地应当复垦或调整为基本农田,规划期间确实不能复垦或调整的,可保留现状用途,但不得扩大面积;③区内耕地在不破坏耕作层的前提下,可调整为其他农用地,并按照基本农田保护区管制规则进行保护和管理；④不得破坏、污染和荒芜区内土地；⑤严禁占用区内土地进行非农业建设（油井、高压线塔基、地下管线等除外）。

（2）一般农地区的管制规则：①区内土地主要用作耕地、园地、畜禽水产养殖地和直接为农业生产服务的农村道路、农田水利、农田防护林及其他农业设施；②区内现有非农业建设用地和其他零星农用地应当复垦或调整为一般农地，规划期间确实不能复垦或调整的，可保留现状用途，但不得扩大面积；③不得破坏、污染和荒芜区内土地；④严禁占用区内土地进行非农业建设（油井、高压线塔基、地下管线以及不宜在居民点、工矿区内配置的国家与省级基础设施建设项目除外）。

（3）林业用地区的管制规则：①区内土地主要用于林业生产以及直接为林业生产和生态建设服务的营林设施；②区内现有非农业建设用地应按其适宜性调整为林地或其他农用地，规划期间确实不能调整的，可保留现状用途，但不得扩大面积；③区内耕地因生态建设和环境保护需要可转为林地；④不得占用区内土地进行毁林开垦、采石、挖沙、取土等活动；⑤严禁占用区内有林地、耕地进行非农业建设（油井、高压线塔基、地下管线以及不宜在居民点、工矿区内配置的国家与省级基础设施建设项目除外）。

（4）牧业用地区的管制规则：①区内土地主要用于牧业生产以及直接为牧业生产和生态建设服务的牧业设施；②区内现有非农业建设用地应按其适宜性调整为牧草地或其他农用地，规划期间确实不能调整的，可保留现状用途，但不得扩大面积；③区内耕地因生态建设和环境保护需要可转为牧草地；④不得占用区内土地进行毁林开垦、采石、挖沙、取土等破坏草原植被的活动；⑤严禁占用区内人工和改良草地、耕地进行非农业建设（油井、高压线塔基、地下管线以及不宜在居民点、工矿区内配置的国家与省级基础设施建设项目）。

（5）城镇建设用地区的管制规则：①区内土地主要用于城市、建制镇建设；②区内土地使用应符合城市、建制镇建设规划；③区内建设应优先利用现有建设用地、闲置地和废弃地；④区内农用地在批准改变用途前应当按原用途使用，不得荒芜。

（6）村镇建设用地区的管制规则：①区内土地主要用于村庄、集镇建设；②区内土地使用应符合村庄和集镇规划；③区内建设应优先利用现有建设用地、闲置地和废弃地；④区内农用地在批准改变用途前，应当按原用途使用，不得荒芜。

（7）村镇建设控制区的管制规则：①区内土地为将逐步拆并的村镇建设用地；②区内建筑物只能维持现状，不得改建和扩建，需要更新时，应集中到村镇建设用地区内建设；③区内建设用地应当整理复垦为农用地，规划期间确实不能整理或复垦的，可保留现状用途，但不得扩大面积。

（8）工矿用地区的管制规则：①区内土地主要用于采矿业以及不宜在居民点内配置的其他工业用地；②区内土地使用应符合工矿建设规划；③区内因生产建设挖损、塌陷、压占的土地应及时复垦；④区内建设应优先利用现有建设用地、闲置地和废弃地；⑤区内农用地在批准改变用途前，应当按原用途使用，不得荒芜。

（9）风景旅游区的管制规则：①区内土地主要用于旅游、休憩及相关文化活动；②区内土地使用应符合风景旅游区规划；③区内影响景观保护和游览的土地用途应在规划期间调整为适宜的用途；④允许使用区内土地进行不破坏景观资源的农业生产活动和适度的旅游设施建设；⑤严禁占用区内土地进行破坏景观、污染环境的生产建设活动。

（10）自然和人为景观保护区的管制规则：①区内土地主要用于保护具有特殊价值的自

然和人文景观;②区内土地使用应符合保护区规划;③区内影响景观保护的土地用途应在规划期间调整为适宜的用途;④不得占用保护区、核心区的土地进行新的生产建设活动,原有的各种生产、开发活动应逐步停止。

(11)其他用地区的管制规则:区内土地用途管制规则按照特定用途需要制定。

三、土地利用动态监测

(一)土地利用总体规划实施监测

土地利用总体规划是合理利用土地的蓝图,规划的实施过程就是合理利用土地的过程、对规划实施监督的过程,也就是对土地利用的管理过程。

各级人民政府土地行政主管部门是同级土地利用总体规划组织实施的主管部门。土地利用总体规划经过批准后,由土地行政主管部门负责组织实施,并按中期和年度实施计划经常检查和监督规划执行情况,以保障规划保质保量按期完成。

在土地利用总体规划执行过程中,如果实际情况发生了较大变化。土地行政主管部门应对原土地利用总体规划和实施计划进行修改和完善,以提高规划实施的综合效益。修改后的土地利用总体规划必须按规定经原批准机关批准。

(二)土地利用动态监测

土地利用状况不是永恒的,它常随着自然条件和社会经济条件的变化而变化。对土地利用动态变化进行监测,随时掌握土地利用变化趋势,采取相应对策,确保管理目标的实现,是土地利用监督的又一个主要方面,也是实现土地利用监督和对土地利用进行调控的技术基础。

1. 土地利用动态监测的特点与作用

土地利用动态监测具有下列特点:

(1)监测成果的多样性。为适应各级土地管理机构的需求,通过土地利用监测定期提供全国和各省(区、市)、地(市)、县(市)的土地利用现状资料,包括面积数据和反映土地利用空间分布的图件资料。同时,除开展按固定调查项目连续监测外,还需作固定项目的专题调查。如对建设用地占而未用、耕地撂荒、开发、复垦和灾害毁地等专题项目的实时调查。

(2)监测体系的层次性。为保证监测任务的完成,各级土地管理部门都应有相应的监测机构,各级机构互为关联形成体系,体系包括国家、省(区、市)、地(市)、县(市)若干层次,各层次组成有机整体,既要保证监测成果的统一性和可比性,又能开展本辖区的监测任务,提供本地区的监测成果。在体系中分两个基本层次:一层是国家和省级的,重点提供全国和全省的土地利用宏观数字;另一层是县(市)、乡(镇)级的,提供本辖区的土地利用资料。两个基本层次的监测指标、技术手段和精度要求上可有区别,但在监测指标和数据传输的上下层面上应能接口。

(3)技术要求的区域性。我国地域广阔,不同地区之间的自然条件、经济发展程度和土地利用水平差异悬殊,故可将全国土地分成若干类型区和重点监测区,不同地区的监测周期、方法手段和精度要求应有所不同。

(4)技术手段的综合性。根据我国土地利用监测的任务和要求,在技术手段上宜采用卫星遥感、航空遥感、抽样调查和实地调查相结合的方法,发挥各自优势,以在总体功能上满足各项需要。

土地利用动态监测的作用主要有：保持土地利用有关数据的现势性，保证信息能不断得到更新；通过动态分析，揭示土地利用变化的规律，为宏观调控提供依据；能够反映规划实施状况，为规划信息系统及时反馈信息创造条件；对一些重点指标进行定时监控，设置预警界线，为政府制定有效政策与措施提供服务；及时发现违反土地管理法律法规的行为，为土地监察提供目标和依据等。

2. 土地利用动态监测的目的

土地利用监测的目的在于及时地掌握土地利用及其时空动态变化状况，有效地利用土地资源，使其发挥最佳利用效益。目前我国开展的土地利用动态监测主要是对耕地和建设用地等土地利用变化情况进行及时、直接和客观的定期监测，检查土地利用总体规划和年度用地计划执行情况，重点核查每年土地变更调查汇总数据，为国家宏观决策提供比较可靠、准确的依据。

3. 土地利用动态监测的内容

土地利用动态监测的主要内容包括：

(1)区域土地利用状况监测。通过土地利用状况的监测，来反映土地利用结构的变化，对土地利用方向的变化进行控制和引导。监测重点是耕地变化和建设用地扩展。耕地减少的去向主要是非农建设占地和农业结构调整，农业结构调整占用耕地，有可逆性特点，耕地尚能恢复，而被非农建设占用，耕地就难以恢复，所以监测非农建设用地扩展是重点。

(2)土地政策措施执行情况监测。政策的制定依靠准确的信息，同时信息又是执行政策的反馈。土地利用监测是获取土地信息和反馈土地政策、检验土地管理措施执行结果的主渠道，如规划目标实现情况监测、建设用地批准后的使用情况监测、土地违法行为监测等。这一类的监测一般是专题监测。

(3)土地生产力监测。土地生产力受制于自然和社会经济两大因素，呈现出动态变化。尤其是自然因素对土地生产力的影响，主要影响因素是气候和大气条件，如干旱，异常的大暴雨和降雪量明显增多，冷暖急剧交替等。这些因素的变化还会在地区间、年际间表现出强烈的差异。另外，砍伐森林、灌溉农田、建设城市、疏干沼泽等人类活动也会导致近地面表层的温度、空气湿度、风速等的小气候变化，从而影响农业生产的地域环境。气候条件又直接影响土壤风化，影响土壤物质移动的特点和土壤中水、肥、气、热的状况，从而使得农用地生产力呈现动态变化。这就需要进行动态监测，掌握生产力动态变化的方向与规律，为调整生产力布局和确定合理对策提供依据。如《基本农田保护条例》中规定，县级以上农业行政部门应当逐步建立基本农田保护区内耕地地力与施肥效益长期定位监测网点，定期向本级人民政府提出保护区内耕地地力变化状况报告以及相应的地力保护措施，并为农业生产者提供施肥指导服务。土地生产力监测的重点是土壤属性、地形、水文、气候、土地的投入产出水平等指标。

(4)土地环境条件监测。环境影响土地利用，土地也是环境的一部分。对土地环境条件的监测，重点是考察环境条件的变化、环境污染等对土地利用产生的影响。如对农田防护林防护效应的监测、基本农田保护区内耕地环境污染的监测与评价、自然保护区生态环境监测、土地植被变化监测等。除此以外，还要监测环境破坏，即人类不合理利用土地所导致的破坏环境效能，造成生态系统失衡，资源枯竭，危及人类生存的一种环境问题，如水土流失及风蚀，土地沙化、盐渍化，地面沉降等。

4. 土地利用动态监测方法

土地利用动态监测常用方法有实地调查、统计报表调查、遥感监测、专项定点监测等。

(1)实地调查。实地调查是由土地管理部门派遣工作人员到被调查现场,通过直接量测、采访等,获得有关土地利用状况及动态变化资料的一种方法。按调查范围的不同,实地调查又可分为全面调查和非全面调查两种。全面调查是对被调查对象范围内全部土地都进行调查。非全面调查又可分为抽样调查、重点调查和典型调查。抽样调查是在所调查的总体中,有目的地抽取部分单位,组成样本,用样本的参数去估计总体参数的一种非全面调查。抽样调查的目的是用调查的资料来推断总体。重点调查是在所调查的总体中,选择一部分重点单位进行调查的一种非全面调查。重点调查的目的是了解研究被调查对象的基本情况。典型调查是在对被调查对象进行具体分析的基础上,从中选择出若干符合调查目的的代表性单位进行调查的一种非全面调查。典型调查的目的在于寻求同类事物的共同规律。

(2)统计报表调查。统计报表调查是由国家或上级主管部门颁发统一的表格,由各级土地行政主管部门根据原始记录,按照规定的时间和程序,自下而上提供统计资料的一种调查方法。根据对报送资料的急需程度和报送周期的长短,统计报表可分为月报、季报、半年报和年报。按报送方式的区别,统计报表又分为邮寄报表和电讯报表两种。将报表提供的历年土地统计资料进行横向、纵向对比分析,就可掌握土地资源的数量、质量、利用状况、变化趋势和存在问题等,因而统计报表调查也是土地利用监测的重要方法之一。

(3)遥感监测。遥感监测是应用遥感技术,监测土地利用及其动态变化的一种方法。所谓遥感技术,就是根据电磁波理论,应用现代技术,不直接与研究对象接触,从高空或远距离,通过遥感器对研究对象的特性进行量测的一种侦察技术。由于运载工具的不同,又分为地面遥感、航空遥感和航天遥感。用地面的车、船和人作为运载工具的称为地面遥感;用飞机或气球作为运载工具的称为航空遥感;用火箭或人造卫星作为运载工具的称为航天遥感。该方法是根据同一区域不同时相的遥感图像间存在着光谱特征差异的原理,来识别土地利用动态变化的。其实质就是对影像系列时域效果进行量化,通过量化多时相遥感影像空间域、时间域、光谱域的耦合特征,来获取区域土地利用变化的类型、位置和数量等信息,从而为土地利用管理提供快速而准确的监测结果。

(4)专项定点监测。为了详细而准确地掌握土地质量变化情况,常采用仪器对土地质量的某个项目进行定点监测,如土壤肥力监测、水土流失监测、土地沙化监测、土地污染监测等。通过仪器监测取得科学数据,以便采取对策,改善土地利用状况。

四、综合运用经济、行政、法律手段加强土地调控

(一)调整利益机制,切断建设用地过度扩张的利益驱动

当前,在我国经济发展中,固定资产投资增长过快,建设用地过度扩张,滥占耕地现象屡禁不止,其主要原因是利益驱动的结果,是农用地转为建设用地的低成本、高收益的驱动,因此管理好土地的关键是遏制和消解盲目扩张建设用地的经济冲动。《国务院关于加强土地调控有关问题的通知》(国发〔2006〕31 号)(简称《通知》)对利益关系作了如下调整:

(1)规范土地出让收支管理。《通知》规定,国有土地使用权出让总价款全额纳入地方预算,缴入地方国库,实行“收支两条线”管理。土地出让总价款必须首先按规定足额安排支付土地补偿费、安置补助费、地上附着物和青苗补偿费、拆迁补偿费以及补助被征地农民

社会保障所需资金的不足，其余资金应逐步提高用于农业土地开发和农村基础设施建设的比重等。该项规定增加了土地出让收支的透明度，便于人大监督。同时调整了土地出让收入的使用方向，减少用于城市建设的资金，加大支持“三农”的比重。

(2)调整建设用地有关税费政策。《通知》规定，提高新增建设用地土地有偿使用费缴纳标准。新增建设用地土地有偿使用费缴纳范围，以当地实际新增建设用地面积为准。该使用费专项用于基本农田建设和保护、土地整理、耕地开发。《通知》规定，提高城镇土地使用税征收标准，以加大对建设用地取得和保有环节的税收调节力度。2003～2005年我国城镇土地使用税实际征收额仅占地方财政收入的1%，主要问题是税率过低，征缴不到位，对多占少用、浪费土地现象缺乏经济制约。提高城镇土地使用税征收标准可以达到提高建设用地保有成本，从而做到有序扩展的目的。《通知》还规定，要提高耕地占用税征收标准。

(3)建立工业用地出让最低价标准统一公布制度，积极推进工业用地市场化配置。当前土地管理中的一个突出问题是工业用地增速过快，原因是低地价招商引资。因此，《通知》规定，国家根据土地等级、区域土地利用政策等统一制定并公布各地工业用地出让最低价标准。工业用地出让最低价不得低于土地取得成本、土地前期开发成本和按规定收取的相关费用之和。为保证最低价制度的实施，充分发挥市场配置土地资源的基础作用，《通知》规定，工业用地必须采取招标、拍卖、挂牌方式出让，其出让价格不得低于公布的最低价标准。

(二)完善土地管理的责任制度

我国土地违法问题，特别是地方政府土地违法问题多年来没有得到解决，一个重要的原因是：现行的责任追究制度中，缺少对政府领导的问责制度。

国发〔2004〕28号文件规定，保护和合理利用土地的责任在地方各级人民政府，省、自治区、直辖市人民政府应负主要责任。地方各级人民政府要对土地利用总体规划确定的本行政区域内的耕地保有量和基本农田保护面积负责，政府主要领导是第一责任人。要建立耕地保护责任的考核体系，严格土地管理责任追究制。

在此基础上，《通知》按照责权一致的原则，进一步完善了责任制度，以便通过建立有效的责任约束机制，限制和规范政府权力和政府工作人员行为。

(1)完善地方政府责任内容。地方各级人民政府主要负责人要对本行政区域内的耕地保有量和基本农田保护面积、土地利用总体规划和年度计划执行情况负总责，不仅要对审批的用地负责，还要对所有实际发生的用地负责。

(2)严格实行问责制。对辖区内发生土地违法违规案件造成严重后果的，对土地违法违规行为不制止、不组织查处的，对土地违法违规问题隐瞒不报、立案不查的，应当追究有关地方人民政府负责人的领导责任。

(3)明确考核依据。将新增建设用地控制指标(包括占用农用地和未利用地)纳入土地利用年度计划，以实际耕地保有量和新增建设用地面积作为土地利用年度计划考核、土地管理和耕地保护责任目标考核的依据。

(4)明确国土资源管理部门及其工作人员的责任。国土资源管理部门及其工作人员要严格执行国家土地管理的法律法规和方针政策，依法行政，对土地利用情况的真实性和合法性负责。对玩忽职守、滥用职权、徇私舞弊、不执行和不遵守土地管理法律法规的，依照有关法律法规追究有关领导和人员的责任。

(三)健全法律机制

(1)严肃惩处土地违法违规行为。国家机关工作人员非法批准征收、占用土地或者非法低价出让国有土地使用权,触犯刑律的,依法追究刑事责任。对不执行国家土地调控政策、超计划批地用地、未按期缴纳新增建设用地土地有偿使用费及其他规定税费、未按期足额支付征地补偿安置费而征占土地以及通过调整土地利用总体规划擅自改变基本农田位置,以规避建设占用基本农田应依法上报国务院审批的,要追究有关人员的行政责任。

(2)完善土地违法案件的查处协调机制,加大对土地违法违规行为的查处力度。依法查处土地违法案件并处理到位,必须有土地行政主管部门、纪检监察机关及公安、司法部门的协同行动和相互配合。例如,对土地违法责任人刑事责任的追究,土地行政主管部门只有移送权,刑事责任的落实要依靠公安部门、检察院和法院。因此,要保证及时有效地查处土地违法案件,必须加强土地行政主管部门与相关部门之间的沟通协调和相互协作,通过建立健全案件信息共享、案件移送、重大案件联合办案等,形成土地违法案件查处的横向联动机制,提高查处案件的整体效能。

思考题

1. 什么是土地利用?
2. 简述土地利用管理的内容。
3. 简述土地利用总体规划的内容、编制原则。
4. 简述土地利用总体规划的审批程序。
5. 简述土地用途管制的概念及内容。
6. 简述土地保护的含义。

项目五　城市土地市场管理

【学习目标】

1. 能够分析我国城市土地市场的层次结构和运行机制;
2. 能够对城市土地市场供需平衡进行分析;
3. 熟悉我国城市土地市场价格管理政策和制度。

【知识目标】

1. 掌握城市土地市场的基本概念;
2. 掌握土地储备制度、城市土地市场供需平衡及其模型;
3. 了解城市土地市场供需调控的"三维立体结构"及调控的政策工具;
4. 了解城市土地市场价格管理的目的、意义和作用;
5. 了解城市土地市场微观管理;
6. 掌握我国城市土地市场价格管理政策和制度。

任务一　城市土地市场管理

【任务目标】

1. 了解城市土地市场形成过程、运行机制和结构体系;
2. 掌握城市土地市场基本概念及市场管理的原因、原则和内容。

【学习过程】

1. 课件演示;
2. 分组讨论:我国土地市场的结构及运行机制。

【案例导入】

7 年内近半入市土地未开发

2007 年 7 月,建设银行研究部发布的《下半年经济金融形势分析与预测》显示:2001 年初至 2007 年 5 月,房地产开发商累计购置土地面积 21.62 亿 m^2,但实际仅开发完成 12.96 亿 m^2,相当数量的土地被囤积和倒卖;国土资源部土地利用司副司长冷宏志称,到 2004 年年底,全国闲置土地 107 万亩左右,空闲土地 84 万亩左右。

12 月,一份由北京师范大学金融研究中心撰写的《中国房地产土地囤积及资金沉淀评估报告》显示:到 2007 年年底,全国开发商手中的闲置土地规模已经达到 10 亿 m^2,足够开发商进行 4 年的开发。从省份来统计,近五年闲置土地量最多的省份分别是山东、江苏、浙江等,占全国闲置土地总量的1/3。初步估算,截至2006 年年底,沉淀在囤积土地上的资金高达2.4 万亿元,差不多相当于现在的开发商每年的销售金额,囤地资金的成本差不多相当于行业的净利润。

注:本文出自四川新闻网-成都商报讯。

加强城市土地市场管理

土地资源流失、浪费严重。许多城镇规划贪大求全，强行征收耕地作为建设用地，根本没有节约集约用地的概念。如有些地方设计几条街，然后将门面房基地高价拍卖；盲目建立开发区，尽管国家级开发区只有200余个，但实际上各级政府都有自己的开发区，目前各种层次的开发区遍布全国。

据统计，截至2008年年初，全国城镇规划范围内共有闲置、空闲和批而未供的土地26.67万 hm^2(400万亩)，相当于全国一年的新增建设用地计划指标。工业用地利用强度普遍偏低，部分地区单位土地投资强度每亩只有几十万元，工业用地平均产出率远低于发达国家水平，全国工业项目用地容积率仅为0.3～0.6，造成了隐性的土地闲置。同时，我国农村建设用地与农村人口变化呈逆向发展趋势，1997～2005年，我国乡村人口减少9 633万，农村居民点用地却增加11.73万 hm^2(176万亩)。

据测算，我国目前每年流失土地收益数百亿元(国有土地收益包括新增建设用地有偿使用费、土地出让金、土地租金、土地收益金等)。

据报道:2008年，各地国土资源管理部门共立案查处土地违法案件6万余件，涉及违法用地面积70万亩，其中耕地26.36万亩。结案3.5万余件，涉及违法用地面积27万亩。全年共收回土地8.58万亩，收缴罚款21.65亿元。213人被追究刑事责任。

【知识导航】

一、城市土地市场的基本概念

(一)市场、土地市场和城市土地市场

市场是商品经济的范畴。商品交换关系的存在和发展是市场赖以存在和发展的经济基础。

最初，人们视市场为商品交换的场所，仅仅把市场看作有形市场。随着经济的发展和社会的进步，市场也在不断发展。市场的发展，不仅是指市场规模的扩大、市场种类的增加，而且也表现为无形市场的诞生。无形市场是相对于有形市场而言的。有形市场，诸如集市、城乡商业网点都是有固定交易场所的市场；而无形市场则是靠广告、中间商以及其他交易形式寻找货源或买主，沟通买卖双方促成交易的无固定交易场所的一类市场。既然无形市场不再有固定交易场所，关于市场是商品交换场所的定义自然显得狭窄，于是人们开始区分广义和狭义的市场。

狭义的市场是指商品交换的具体场所，广义的市场是指商品交换关系的总和。同样，土地市场也包括狭义和广义两种含义。从狭义上讲，土地市场是指以土地作为交易对象进行交易的场所；从广义上讲，土地市场是指土地这种特殊商品在流通过程中发生的经济关系的总和，如图5-1所示。

由于我国实行的是国家所有和集体所有两种形式共存的社会主义土地公有制，因此土地市场应包括城市土地市场和农村土地市场。当前，由于我国农村土地市场正处于萌芽阶

段，因此本章只讨论目前比较成熟的城市土地市场及其管理。

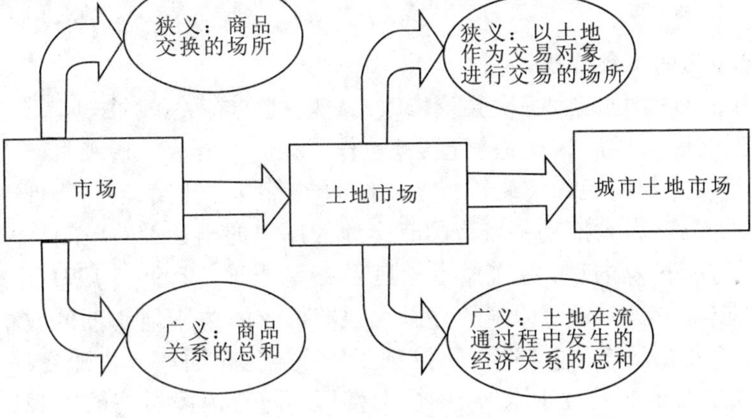

图 5-1　土地市场关系图

★思考：查找资料，进一步区分以下不同概念。

狭义市场与广义市场　农村土地市场和城市土地市场　土地市场功能和特性

（二）我国土地市场的形成与发展

我国土地市场的形成与发展是经济体制改革和对外开放的结果。在我国经济由计划体制向市场体制过渡过程中，原有的无偿划拨土地利用制度由于不能适应经济体制改革的需要，其弊端日益明显，这就直接导致了土地使用制度改革。1979 年《中外合资经营企业法》和 1980 年《关于合资企业建设用地的暂行规定》明确规定了中外合资企业建设用地实行有偿使用，揭开了土地使用制度改革序幕。1987 年深圳市率先在全国第一次进行土地使用权的有偿出让。1988 年，七届全国人大一次会议修订了《宪法》的有关条款，规定"土地使用权可以依照法律规定转让"。随后，《中华人民共和国土地管理法》也作了相应修改，并明确提出实行"国有土地有偿使用制度"。1990 年，《城镇国有土地使用权出让和转让暂行条例》的颁布，进一步明确了土地使用权出让和转让的原则和方式。土地使用权有偿出让、转让制度的建立，要求用市场机制来合理配置土地资源，以充分发挥土地资产的巨大潜力。土地市场的形成与发展，适应了这一客观要求。与此同时，土地市场也是社会主义市场经济体系的一个重要组成部分。

市场经济是商品经济发展到一定阶段的产物，是商品经济的高级形态。土地市场作为市场经济体系的一个组成部分，它的建立和发展必然以商品经济发展到一定阶段为前提条件，伴随市场经济的发展而发展，在时间上呈现阶段性。

1. 城市土地市场的萌芽阶段

1982 年开始，深圳按城市内不同等级的土地向土地使用者收取不同标准的使用费。1984 年广州和抚顺部分土地（经济技术开发区、新建项目、涉外项目）进行了全面开征土地使用费的试点工作，把土地分为若干等级进行收费。当时征收土地使用费的出发点是为了解决城市基础设施建设资金长期短缺问题，虽然对旧有的土地使用制度触动不大，但这种尝试作为城市土地使用制度改革的重要环节，迈出了土地有偿使用的第一步。

1987 年 9 月 9 日，深圳市率先试行土地出让，揭开了国有土地使用制度改革从理论探索阶段走向实践探索阶段的序幕，冲破了土地供应单纯采用行政划拨的旧土地使用制度的束缚,引进了市场机制,用地者只有通过竞争并支付地价款后才能获得土地使用权。同时,用地者通过这种方式获得的使用权可以依照合同进行转让,这就为建立城市土地市场打下了基础。

2.城市土地市场的形成阶段

1988年4月,七届全国人大一次会议修改了《宪法》的有关条款,规定"土地使用权可以依照法律的规定转让"。随后,《土地管理法》也作了相应的修改。1990年5月,国务院颁布了《城镇国有土地使用权出让和转让暂行条例》和《外商投资开发经营成片土地暂行管理办法》。这些举措的实施,大大推动了城市国有土地使用权的出让、转让工作。城镇国有土地使用制度改革由沿海扩及内地,由增量土地延及存量土地。1990~1991年杭州、重庆、抚顺、乐山等城市进行试点,探索对原来的存量土地即行政划拨用地制度的改革,重点放在如何使之根据市场需要合理流动。1992年,这项工作在全国全面展开。随之,中国出现了"土地热"和"开发区热",土地供过于求,地皮炒卖盛行。随着国民经济的宏观调控,这些过量供应的土地后来又被闲置。城市土地供应过度,不仅扰乱了地产市场的正常发育,而且占用了大量农田,危及我国农业生产。

3.城市土地市场的完善阶段

1997年,党中央、国务院要求把土地清理工作作为土地管理的一项重要任务。1998年8月,新的《土地管理法》问世,并于1999年1月1日起施行。它从内容上突出了切实保护耕地这一主题,加强了对土地使用的宏观管理。1999年《城市房地产管理法》颁布之后,我国城市土地市场在结构、功能、运行机制和市场管理方面不断完善,城市土地市场和框架体系已基本形成。2001年国务院下发的《关于加强国有土地资产管理的通知》明确指出:商业性房地产开发用地和其他土地供应计划公布后同一地块有两个以上意向用地者的,都必须由市、县人民政府土地主管部门依法以招标、拍卖方式提供。2002年国土资源部颁发了《招标拍卖挂牌出让国有土地使用权规定》,规定商业、旅游、娱乐和商品住宅等各类经营性用地,必须以招标、拍卖或者挂牌方式出让。自此,经营性国有土地使用权竞争性出让作为一种市场配置方式被正式确立,而且竞争性出让方式除原先的招标、拍卖外,又增加了挂牌。

2004年国务院颁布了《关于深化改革严格土地管理的决定》(国发〔2004〕28号),同时,国土资源部下发了6个配套文件,即《土地利用年度计划管理办法》(国土资源部令〔2004〕第26号)、《建设项目用地预审管理办法》(国土资源部令〔2004〕第27号)、《工业项目建设用地控制指标(试行)》(国土资发〔2004〕232号)、《关于加强农村宅基地管理的意见》(国土资发〔2004〕234号)、《关于完善农用地转用和土地征收审查报批工作意见》(国土资发〔2004〕237号)、《关于完善征地补偿安置制度的指导意见》(国土资发〔2004〕238号)。这些文件在严格土地执法、加强规划管理、保障农民权益、促进集约用地、健全责任制度等方面做出了全面系统的规定。

目前,土地管理中出现了一些新动向、新问题,建设用地总量增长过快,低成本工业用地过度扩张,违法违规用地、滥占耕地现象屡禁不止。针对这些问题,2006年8月31日国务院颁发了《关于加强土地调控有关问题的通知》,从以下8个方面向各省、自治区、直辖市人民政府和国务院各部委、各直属机构提出明确要求:进一步明确土地管理和耕地保护责任,切实保障被征地农民的长远生计,规范土地出让收支管理,调整建设用地有关税费政策,建立工业用地出让最低价标准统一公布制度,禁止擅自将农用地转为建设用地,强化对土地管理行为监督检查,严肃惩处土地违法违规行为。

因此,可以预见,随着国家宏观调控措施的逐步落实,我国城市土地市场将逐步规范、有序。

(三)城市土地市场的结构体系

市场结构反映的是市场体系内部组成状况及其相互关系。作为市场体系重要组成部分的城市土地市场,其本身也是一个系统,有其内部结构。城市土地市场结构包括城市土地市场类型结构、城市土地市场层次结构和城市土地市场组织结构。

1. 城市土地市场类型结构

1)城市各类用地市场

城市土地具有用途的多样性,城市土地市场包括城市各类用地市场。城市各类用地市场相互作用、相互制约的结果就形成了城市土地利用的数量结构和空间结构。城市各类用地市场之间的关系是通过城市土地各用途之间的竞争来实现的。城市土地各用途之间的竞争是指城市土地区位选择最佳用途的竞争。由于在同一区位上,不同的用途可能获得的收益是不同的,而且同一用途在不同区位上所能获得的收益也有较大的差异,土地需求者就有选择最佳区位和最适用途进行生产经营的动机,只要这种选择能自由地进行,各用途对土地区位的竞争就必定会产生,必定会出现城市土地用途置换。

城市各类用地市场主要包括住宅用地市场、商业用地市场、工业用地市场等类型。

2)城市土地产权市场

市场交易从表面上看是物与物的互换,但实质上是产权的交换,反映人与人之间的关系。城市土地市场交易与一般商品市场交易一样,也是产权的交换,所不同的只是后者既有产权的交换,又有商品实体的位移;而前者只有产权的让渡,没有实物形态土地的空间移动。因此,城市土地市场实质上就是城市土地产权市场。

城市土地市场不是单项的权利,而是由土地所有权和土地使用权等多项权利所组成的权利束。因此,城市土地产权市场主要包括土地所有权市场和土地使用权市场。以土地所有权为交易标底的产权市场就是土地所有权市场。土地所有权交易是土地全部产权的一次性、永久性让渡,即原有主体一旦让渡土地所有权,就不可能再收回,如果要重新获得土地所有权,只能通过另一次购买。我国城市土地实行的是国有制,土地所有权不允许买卖,所以不存在城市土地所有权市场。以土地使用权为交易标底的产权市场就是土地使用权市场。土地使用权是从土地所有权中分离出来的一种独立的产权,所以土地使用权交易是建立在产权可分解性基础之上的。与土地所有权交易不同,土地使用权交易是土地部分产权的有期限让渡,即相应的产权只在契约期内让渡,契约期满,又合法地回归原主体手里。我国城市土地市场实质上就是土地使用权市场。

2. 城市土地市场层次结构

1)城市土地一级市场

城市土地一级市场是指城市土地所有者将土地使用权在一定期限内让予城市土地使用者而形成的市场,反映的是土地所有者与土地使用者之间的经济关系。我国城市土地归国家所有,政府是城市土地一级市场唯一的供给者,所以城市土地一级市场是一种垄断性市场。目前,我国城市土地一级市场存在三种交易方式:出让、国有土地租赁和国有土地作价出资入股,其中出让是一种较常用的交易方式,它又包括协议出让、招标出让、拍卖出让和挂牌出让四种方式;租赁仍处于试点阶段;入股是股份公司土地资产交易的一种方式。

2)城市土地二级市场

城市土地二级市场是指城市土地一级市场的土地使用权受让者将剩余年期的土地使用权让予其他土地使用者而形成的市场,反映的是土地使用者与土地使用者之间的经济关系。与一级市场不同,二级市场土地供给者不是唯一的,所以城市土地二级市场是一种竞争性市场。目前,我国城市土地二级市场主要存在四种交易方式:转让、出租、抵押和入股。

3.城市土地市场组织结构

1)城市土地市场主体组织

土地市场主体是土地市场的能动要素,土地市场的存在依赖于土地市场主体的活动,没有土地市场主体也就没有土地市场。所谓市场主体,是指拥有独立的产权,能自主进行市场决策并追求自身最大经济利益的经济活动单位。

产权独立、自主进行市场决策和追求自身最大经济利益共同构成市场主体的内涵,其中最为重要的是产权独立。产权独立是指主体对其所拥有的财产享有排他的、不可侵犯的权利,它构成了市场主体确立的产权基础。产权独立之所以是市场主体最重要的内涵,是因为:①拥有独立的产权才能在市场活动中同他人建立起平等的契约关系。市场主体在市场活动中结成的市场关系不同于上下级之间纵向发生的“科层关系”,而是平等的市场主体之间横向发生的契约关系。平等的契约关系达成的条件是各方都具有平等、独立的地位,而各自独立的地位只能基于各自独立的产权。②拥有独立的产权,才能真正进行自主决策。只有在享有独立的产权的前提下,市场活动者的自主决策才能落到实处;否则,自主决策就难以落实。这已由我国国有企业改革实践所证实。以往,我国国有企业改革是以“放权让利”为特征的,虽然国家一再强调要落实国有企业经营自主权,但结果却十分不尽如人意:政府过度干预企业的现象普遍存在,其原因就在于改革未触动“产权”,国有企业没有独立的财产权利。③拥有独立的产权才谈得上自担风险,自负盈亏。作为市场主体,必须在追求自身最大经济利益的同时,承担相应的风险和责任。自担风险、自负盈亏是市场经济的通则,而自担风险、自负盈亏必须有其财产基础。若缺乏独立的产权,没有相应的财产基础,自担风险、自负盈亏就只能是一句空话,就会产生“拿别人的钱冒险的问题”。

2)城市土地市场中介组织

由于城市土地具有位置的固定性、异质性、产权关系复杂性和市场信息的不完全性,为了保障城市土地市场有序运行,就必须建立健全城市土地市场中介组织。在房地产市场发达的国家或地区,都有完善的房地产中介组织,只不过名称不同而已,有的称之为“咨询公司”、“鉴定公司”,有的称之为“测量师行”、“物业估价所”、“房地产租售代理公司”等。城市土地市场中介的内容十分广泛,主要包括地产法律咨询、地产投资决策咨询、地产租售代理和地产价格评估。

3)城市土地市场调控组织

政府是市场调控主体。城市土地市场调控组织就是指各级政府。政府调控城市土地市场的目的就是维护城市土地市场秩序,使土地资源得到合理配置,土地利益得到合理分配,从而为国民经济可持续发展创造条件。

(四)城市土地市场运行机制

城市土地市场是怎样运行的?城市土地市场秩序是怎样形成的?这就牵涉到城市土地市场运行机制的问题。城市土地市场运行机制包括市场机制和宏观调控机制。

1. 城市土地市场机制

在自由市场中，市场运行完全由一只“看不见的手”来调节，就是市场机制。所谓市场机制，“是对市场经济体制中基于经济活动主体的自身经济利益，在竞争性市场供给、需求与价格之间相互依存和作用，连锁互动所形成的自组织、自耦合机能的理论概括”。它主要包括供给机制、竞争机制和价格机制，其核心就是竞争机制。这是因为竞争机制是供给机制和价格机制的连结器，是市场机制的保障机制。如果竞争机制不完善，价格和供需之间就会失去联系或者联系不密切，即价格对供需的变动没有反应或反应不灵敏。

在市场秩序形成过程中，市场机制是最重要、最基本的调节力量。市场秩序能否形成，主要取决于市场机制能否发挥作用及其作用程度。市场机制充分发挥作用需要一定的条件，而最基本的条件就是要有一个有效而稳定的产权制度。其原因主要有三点：第一，若产权不明晰，市场机制就不能起作用。市场交易的实质就是产权的让渡，产权明晰是市场交易的基本前提。如果产权不明晰，就不能进入市场，没有市场自然就没有市场机制。这正如科斯所说：“价格机制不能起作用，因为没有可供购买的产权”。第二，若市场行为主体没有明晰的、独立的产权，市场机制就不能起作用。市场机制发生作用的前提是具有特殊的规定性的市场行为主体，它不仅具有追求自身利益最大化的动机，而且具有避免损失的自我约束。具有这一特殊规定性的市场行为主体，必须是明晰、独立的产权拥有者。如果市场行为主体没有明晰、独立的产权，就难以成为真正的市场主体，此时它们就没有通过市场活动以获取最大利益的内在动机，也没有自我约束的内在要求，从而它们对市场信号的变化不会做出应有的反应；供求与价格的连锁互动链条就会被打断，市场机制自然就不能发挥作用。第三，产权制度是否具有持续性和稳定性，关系到市场主体能否稳定，决定着市场主体的行为选择，从而影响到市场机制作用的程度。市场主体从事经济活动旨在追求自身最大的经济利益，若产权关系不稳定，它们从事经济活动能获得多少利益就不确定，从而使它们难以形成稳定的预期，它们必定会选择短期行为。若市场主体选择短期行为，就不利于结构调整，不利于资源配置效率的提高等。一句话，不利于市场机制发挥作用。

2. 城市土地市场宏观调控机制

由于市场存在缺陷，市场机制存在失灵的一面，单纯依靠市场机制的调节作用是不能使市场运行达到有序状态的。为了维护城市土地市场秩序，政府就必须对城市土地市场运行进行宏观调控，以弥补市场机制的不足。因此，城市土地市场机制和宏观调控机制，二者之间存在着内在本质的联系。一方面，从市场机制对宏观调控的作用来看，政府宏观调控措施的制定必须以市场为依据，并在市场运行中进行检验和纠正，才能提高其科学性；政府宏观调控意图要通过市场机制来贯彻，调控目标要在市场运行中实现。另一方面，从宏观调控对市场机制的作用来看，国家宏观调控为市场运行导航，规定市场的发展方向，克服市场机制在利益关系上的局限性和调节活动中的短期行为；宏观调控还可以完善市场运行条件，为市场机制发挥积极功能提供必要的前提。因此，国家宏观调控和市场机制既不是一种对立的关系，也不是一种横向关系，而是一种纵向关系。对企业这一市场主体而言，市场机制直接作用于企业活动，宏观调控通过市场机制间接作用于企业活动，其运行过程如图5-2 所示。

图 5-2　宏观调控机制与市场机制的关系

二、城市土地市场管理概述

(一)城市土地市场管理的必要性

1. 城市土地市场管理是由土地市场本身的特性决定的

(1)土地市场的客体——土地,是一种稀缺性资源,是人类进行各项生产、消费活动不可或缺的基本物质条件;另外,土地的利用具有巨大的社会性。因此,世界各国(地区)都对土地资源和土地市场进行严格的管理、监督和调控。

(2)由于土地的不可移动性,在土地市场上实际流转的不是土地自身,而是土地产权,而土地产权及其流转必须在国家法律确认和保护下才能充分实现。可见,城市土地市场的正常运行离不开国家的管理。

(3)由于土地具有保值并不断增值的特性,土地市场与其他市场相比具有更大的投机性,为此必须由国家运用各种法律手段、经济手段以及必要的行政手段来抑制土地投机行为,管理土地市场。

2. 城市土地市场运行中出现的问题也要求加强土地市场管理

(1)由于缺乏有效的宏观管理和调控,土地开发和供给存在一定的盲目性。一些地区在未落实开发项目,也未进行市场预测和科学论证的情况下,盲目圈占土地,设置大量开发区,不仅造成土地闲置浪费,而且占压了大量资金。2003 年以来,我国开发区的数量急剧增加,土地资源的浪费继续恶化,不少开发区甚至没有经过审批就直接设立了。据统计,目前全国已有各类开发区 3 837 家,其中经国务院批准的只有 232 家,省级批准的 1 019 家。全国开发区土地有 43% 闲置。

(2)城市土地收益分配不合理,国有土地收益大量流失。一方面,某些地区为了尽快吸引更多外资,盲目实行地价优惠,有的地价之低不足以补偿征地,有的甚至向外商无偿提供土地,不仅造成了国家巨额土地收益流失,而且由此导致了大量的"失地农民"出现,产生了严重的社会问题。另一方面,大量划拨土地使用权的非法转让、出租,导致"土地隐形市场"活跃,不仅给国家税收带来巨大损失,也干扰了土地市场的正常发育和有序运转。据报道,由于目前国有土地资产通过市场配置比例不高、划拨土地大量非法入市和有些地方随意减免地价挤占国有土地收益等,我国每年国有土地收益流失近百亿元。

(3)土地资源配置不合理。第一,在城市内部,"优地劣用"的现象普遍存在。第二,商品房大量空置,城市土地隐形浪费十分严重。第三,区域之间无序竞争,低水平重复建设严重,导致产业结构趋同,城市土地宏观配置不合理。第四,在城市内部土地利用效率低下的同时,城市规模仍在不断向外膨胀,导致城郊耕地大幅减少。这种"摊大饼"式的外延扩张与城市内部的低效率土地利用形成鲜明对比,充分说明当前城市土地资源配置尚不合理,需要加强宏观管理和调控。

(二)城市土地市场管理的原则

1. 整合性利益原则

所谓整合性利益原则即国家利益和土地市场交易各方利益辩证统一的原则,这也是处理城市土地市场经济利益关系的最高原则,其实质是个体与整体、局部与全部、目前与长远利益相统一。在城市土地市场管理全过程中,必须以经济利益为目标,以整合性利益原则为指南。具体来说,应处理好以下关系:首先,采取特殊措施,重点保护国家利益。这是土地市场管理作为政府管理市场职能的客观要求。重点保护国家利益,既是维护国家政权发展的需要,也是维护社会主义土地公有制的需要。其次,要切实保护土地市场交易各方利益。土地市场交易各方的经济活动构成了整个土地市场运行的基础。土地交易者的合法权益如果得不到保护,土地市场就难以发展、繁荣,国家利益也就难以实现。从这个意义上讲,土地交易者利益和国家利益是一致的。

2. 平等对待原则

市场关系的平等性是市场经济的基本特征,平等对待原则是土地市场管理的基本原则。这一原则有两层含义:一是参加土地市场活动的市场主体在土地市场中的身份是平等的;二是市场交易行为是平等的,土地交易者在等价交换的基础上公平交易。土地市场管理就是要清除人为的不平等的竞争环境,监督市场交易,打击扰乱市场秩序的行为。与此同时,平等对待原则也是法律面前人人平等原则在土地市场管理中的具体运用和体现。

3. 控制与弹性管理原则

所谓控制与弹性管理原则,包括两方面内容:一方面,政府在土地市场交易规则、土地市场体系建设、土地价格政策等方面要制定出标准与目标,对土地市场实行控制管理;另一方面,对土地市场交易者的具体市场行为在法律许可范围内给予充分自由,并根据市场环境变化及时调整管理措施,以维持良好的市场秩序。

在贯彻这一原则时,必须处理好控制与弹性的关系。控制是为了规范土地市场主体行为,而管理的弹性是为了提高土地市场管理的效率,弹性的实现离不开控制的基础。也就是说,要鼓励和引导市场主体在政策、法律、法规允许的范围内充分发挥积极性和创造性,活跃市场。

4. 依法管理的原则

任何市场经济活动都必须在法律规定的范围内进行,越是放开搞活市场,越要求高度法制化的市场规则。对土地市场管理来说,从市场主体、市场行为到竞争秩序,市场活动的每个环节都必须做到有规可循,有法可依。依法管理市场,可以减少市场管理中的主观性和随意性,是实现平等对待原则的保证。实践证明,只有贯彻依法管理的原则,才能切实有效规范市场行为,维护正常的市场秩序,促进市场的健康发展。

(三)城市土地市场管理的内容

城市土地市场管理的内容包括宏观管理和微观管理。所谓城市土地市场宏观管理,是指国家从社会经济发展的总体和长远目标出发,通过经济手段和行政手段,对城市土地市场进行干预,以达到抑制土地投机、维护土地市场稳定、优化土地资源配置、合理分配土地收益的目的。城市土地市场宏观管理又包括两个方面:城市土地市场供需管理和城市土地市场价格管理。从城市土地市场层次结构来看,一级土地市场是关键,是整个土地市场的"总阀门",它的运行状况决定了二级市场的运行状况。因此,城市土地市场管理的重点,就是对城市土地一级市场的供需和价格进行管理。

所谓城市土地市场微观管理,是指国家通过法律手段和行政手段,对城市土地市场主体、市场客体和市场交易程序进行管理,保证土地市场公平交易和平等竞争,以发挥土地市场机制的正常调节功能。

★思考:我国土地市场运行模式。

任务二　城市土地市场供需调控与管理

【任务目标】

1. 掌握城市土地市场供需平衡机制、供需平衡模型与调控机制；
2. 了解城市土地市场供需调控的“三维立体结构”及调控的政策工具；
3. 掌握土地储备制度。

【学习过程】

1. 课件演示；
2. 分组讨论。

【案例导入】

国土资源部增设调控与监测司

本报讯（记者潘澄清）　昨天，记者从全国国土资源厅局长座谈会上获悉，《国土资源部主要职责、内设机构和人员编制规定》已经国务院批准。与 1998 年“三定”规定相比，新的“三定”规定强化了国土资源部宏观调控的职能，并增设了“调控与监测司”。国土资源部政策法规司司长王守智表示，新的“三定”规定进一步赋予了国土资源部宏观调控的职能，明确了其“开展国土资源经济形势分析，研究提出国土资源供需总量平衡的政策建议，参与国家宏观经济运行、区域协调、城乡统筹的研究并拟定涉及国土资源的调控政策和措施”这一职责。增设了“调控与监测司”，明确该司的主要职责是“开展国土资源经济形势分析，研究提出国土资源供需总量平衡的政策建议，参与国家宏观经济运行及相关改革研究；组织国土资源重大课题调研，负责综合统计和部内专业统计归口管理工作；承担有关重要文稿的起草工作；协调和组织部内有关综合研究工作”，使国土资源参与宏观调控的职能更加细化并得以有效履行。王守智表示，国家土地总督察已明确写入新“三定”规定，进一步明确了国土资源部与国家土地总督察的关系。同时，还明确了在国土资源部内设立国家土地总督察办公室（正局级）及其主要职责。此外，国土资源部还将设立总规划师和总工程师，使管理运行更有层级，责任分工更加明确，提高工作综合协调度。根据新的“三定”规定，国土资源部设 15 个内设机构，机关行政编制为 366 名。

注：本文出自 http://www.sina.com.cn　2008 年 7 月 28 日 00:43 京华时报

财政部国土资源部中国人民银行关于调整新增建设用地土地有偿使用费政策等问题的通知

2006 年 11 月 7 日 财综〔2006〕48 号

各省、自治区、直辖市、计划单列市财政厅（局）、国土资源厅（国土环境资源厅、国土资源局、国土资源和房屋管理局、房屋土地资源管理局），新疆生产建设兵团财务局、国土资源局，中国人民银行上海总部，各分行、营业管理部，省会（首府）城市中心支行，副省级城市中心支行：

根据《国务院关于深化改革严格土地管理的决定》（国发〔2004〕28 号）和《国务院关于加强土地调控有关问题的通知》（国发〔2006〕31 号）的有关规定，为了进一步保护耕地，促进节约集约用地，加强土地调控管理，控制固定资产投资过快增长，现就调整新增建设用地土地有偿使用费政策等问题通知，通知在以下几个方面进行较详细说明：进一步明确新增建设用地土地有偿使用费征收范围，调整新增建设用地土地有偿使用费征收等别和征收标准，调整地方新增建设用地土地有偿使用费分成管理方式，加强新增建设用地土地有偿使用费征收管理，认真做好新增建设用地土地有偿使用费清欠工作，改进和完善新增建设用地土地有偿使用费使用管理，强化新增建设用地土地有偿使用费收支管理监督检查。并列出了新增建设用地土地有偿使用费征收标准：

（单位：元/m^2）

等别	1	2	3	4	5	6	7	8	9	10	11	12	13	14	15
标准	140	120	100	80	64	56	48	42	34	28	24	20	16	14	10

厦门健全土地制度创新管理　当好储备土地"管家"

厦门日报讯（记者张明蕾）　轨道1号线是今年市重点建设项目。建设至今，市土地开发总公司已提供8宗19.6万m^2用地，作为轨道站点建设用地；提供5宗1.3万m^2用地，作为轨道交通疏解临时通道；提供3宗5.2万m^2用地，作为轨道施工沿线搬迁单位临时过渡场地。这些看似枯燥的数据，正是厦门市土地开发总公司认真履行市委市政府赋予的职责，主动积极保障城市建设用地的体现。

保障土地利用总体规划与城市规划的顺利实施，促进土地集约利用和土地一级市场的有序运行，努力为美丽厦门战略规划全面实施提供强有力的国土资源保障。厦门市土地开发总公司一直为此努力，探索形成了具有厦门经济特区特色的政府储备土地管理模式。

管理——建立三级管理体系

作为市政府的土地储备机构，市土地开发总公司其实就是厦门储备地产的"管家"。公司在管储备土地分布于全市各区，大小不一，情况各异。为保证对储备土地的有效管理，厦门市土地开发总公司从建立规范专业的储备管理体系入手，不断摸索行之有效的政府储备用地管理模式。一套立体的三级管理体系，成了日常管理工作的基本制度。公司负责管理制度的制定、指挥协调与督察落实；储备地产管理公司负责组织实施、信息分析、反馈与应急处理；储备地产管理员负责现场管理、信息收集与反馈，强化了对储备用地现场的管理、监督和控制。在此基础上，市土地开发总公司探索建立储备地产管理信息平台，实现了储备地产三级管理的新提升。

服务——利用储备土地缓解停车难

政府储备用地散布于全市，作为城市文明风貌的组成部分，市土地开发总公司从未放松对这部分的管理。结合市里一年内各个时间段的重大活动，公司会进行专项整治。尤其是对那些容易出现的安全隐患、卫生死角，更会提前介入整治工作，做到事前检查，事后总结，年初就落实了具体项目负责人、工作节点和整治成效。近几年来，储备土地均没有出现安全事故。管理最终是为了更好地服务，"管家"如此，市土地开发总公司也是如此。在成片开发暂不具备条件的情况下，通过上级主管部门规划指导，市土地开发总公司合理提供储备土地临时利用，解决社会民生问题，比如停车难。

据了解，截至目前，市土地开发总公司有效使用储备土地，在全市共设立了17个临时停车场，向社会提供了1 800多个停车位。同时按照社区卫生服务中心的布局规划，为岛内五个社区卫生服务中心提供了约 1.4 万 m^2 的医疗场所。

【知识导航】

一、城市土地供需范畴

城市土地供需不是一个单纯的概念，而是由几个相互联系又有所区别的概念所组成的范畴体系。借助于这个体系，我们可以更全面、更深刻地对现实的城市土地市场运行状况进行考察。完整的城市土地供需范畴体系包括以下几组概念。

（一）城市土地供需总量与供需结构

城市土地供需总量与供需结构是交互作用的，供需总量的变动会引起供需结构的改变，供需结构的改变又会引起供需总量的变动。由于总量总是一定结构下的总量，而结构总是一定总量下的结构，所以城市土地供需矛盾总是表现为供需总量和供需结构的“双重矛盾”。因此，我们必须从总量控制和结构调整两方面来解决城市土地供需问题。

（二）城市土地存量供需与增量供需

在某一时点上，以城市建成区土地为对象而形成的供需就是城市土地存量供需，以城市规划区土地为对象而形成的供需就是城市土地增量供需。城市土地存量供需运动的结果表现为城市土地利用集约度的不断提高，如城市土地空闲地减少而使土地利用率得到提高，城市土地容积率增大而使土地利用强度得到提高。城市土地增量供需运动的结果则表现为城市用地规模不断扩展，农地景观被市地景观所替代。

（三）城市土地资源性供需与资产性供需

城市土地既是一种资源，又是一种资产，所以城市土地供需又可分为资源性供需和资产性供需。从资源利用的角度来讲，土地需求者对城市土地的使用价值所产生的需求就是城市土地资源性需求。从资产经营的角度来看，土地需求者对城市土地的价值所产生的需求便是城市土地资产性需求；与资源性需求相对应的供给，就是土地资源性供给；与土地资产性需求相对应的供给，就是土地资产性供给。一般来说，土地首先是以资源属性进入市场的，市场只不过是赋予了土地这一稀缺性资源以价值。所以，一般先有城市土地资源性供需，而后有城市土地资产性供需。若首先大量出现的是城市土地资产性供需，而且城市土地资产性供需又不能及时转化为城市土地资源性供需，城市土地市场必定混乱无序。

（四）城市土地所有权供需、经营权供需与使用权供需

城市土地市场实质上是城市土地产权交易市场，包括城市土地所有权买卖市场、经营权和使用权转让市场。因此，从产权角度来看，城市土地供需又可分为所有权供需、经营权供需和使用权供需。在我国，城市土地归国家所有，其所有权不许买卖，所以我国城市土地供需是指城市土地经营权供需和城市土地使用权供需。

（五）城市土地一级市场供需与二级市场供需

从市场层次来讲，城市土地市场一般分为一级市场和二级市场，那么城市土地供需又可划分为一级市场供需和二级市场供需。城市土地供需运动不仅表现为同一市场层次的土地供需运动，而且还表现为这两个市场层次的土地供需的交互运动。当一级市场土地供过于求，就会导致二级市场土地供过于求；当二级市场土地供不应求时，就会向一级市场发出土地需求信号，一级市场则会根据二级市场状况做出反应，增加一级市场供给，使二级市场土地供不应求的矛盾得到解决，从而形成城市土地供需运动的良性循环。

二、城市土地市场供需平衡模型与调控机制

(一)市场供需平衡的含义

一般均衡理论认为,市场供需只有一种正常状态,即供给等于需求,供需不相等只是短期的和个别时点上的现象。但是,在现实经济运行中,供给与需求不可能在数量上保持相等,总会出现或大或小的数量缺口。理论与现实为何出现如此强烈的反差呢?其原因就在于上述均衡理论是建立在如下假设条件之上的:第一,供需双方只对价格信号做出灵敏的反应;第二,市场价格是根据供需状况而随时调整的。然而在现实经济中,这些条件并不存在或者很难达到。一方面,供需不仅要受价格信号的影响,而且还要受非价格信号的影响,市场供需是价格信号和非价格信号共同作用的结果;另一方面,由于经济信息传递与获取的不完全性,相对于供给与需求的变化,价格具有一定的刚性,这就决定了供需不可能通过价格瞬时变化来加以调节。

基于上述原因,一些经济学家对上述均衡理论进行了尖锐批判,逐渐形成了非瓦尔拉均衡理论。非瓦尔拉均衡理论认为在现实经济中并不存在供给等于需求这种正常状态,相反,是以差额保持在一定范围内的供大于求或求大于供的格局为正常状态。这就是说,如果在一个经济系统内,虽然供给和需求不一致,但是供需之间的差额不超过一定的幅度,那么该经济系统仍处于均衡状态。由此可见,非瓦尔拉均衡不是一种不均衡,而是一种均衡,通常称之为非均衡。我们研究城市土地供需运动是以非均衡理论为基础的。

(二)城市土地市场供需平衡及其模型

城市土地市场供给和需求是两个不同的经济范畴,是供给方和需求方在交易发生以前传递给市场的一个信号,彼此之间只存在相互适应的条件,不存在必然相等的条件。城市土地市场可以通过自身的调节机制在一定限度内承受供需之间的数量缺口,只要这种缺口未超出市场所能承受的临界点,土地市场运行就是正常的。这是因为供需之间发生一定程度的偏离,既是市场机制作用的开始,又是市场机制作用的结果。城市土地供需差额是从静态方面反映供需之间的相对状态,而供需平衡与否,则是一个动态问题,只有从一个"时期的整体",而不是从一个时点上去把握城市土地供需运动才有意义。

因此,城市土地供需平衡是一种动态平衡,是城市土地供需运动从暂时的不均衡走向均衡的趋势,虽然在某一时点上供需不相等,但从某一时期整体上来看,供给与需求是一致的。这正如马克思所说的,就一个或长或短的时期的整体来看,供求总是一致的;不过这种一致只是作为过去的变动的平均,并且只是作为它们矛盾的不断运动的结果。城市土地供需平衡,既包括供需结构平衡,又包括供需总量平衡;既包括一级市场供需平衡,又包括二级市场供需平衡。因此,可以将城市土地供需平衡表示如下:

$$S_1 = D_1 \tag{5-1}$$

$$S_2 = D_2 \tag{5-2}$$

$$S_{1h} = D_{1h} \tag{5-3}$$

$$S_{2h} = D_{2h} \tag{5-4}$$

式中:S_1、D_1 分别为一级市场土地总供给和总需求;S_2、D_2 分别为二级市场土地总供给和总需求;S_{1h}、D_{1h} 分别为一级市场某类用地的供给和需求;S_{2h}、D_{2h} 分别为二级市场某类用地的供给和需求。

式(5-1)和式(5-2)分别表示一级市场和二级市场土地供需总量平衡,式(5-3)和式(5-4)

表示一级市场和二级市场土地供需结构平衡。由于一级市场土地供需运动表现为单纯的土地供需运动，二级市场土地供需运动表现为房地产供需运动，因此式(5-1)和式(5-2)反映的是单纯的土地供需平衡，式(5-3)和式(5-4)反映的则是房地产供需平衡。另外，城市土地供需量平衡是通过城市土地供需结构平衡来实现的，城市土地供需结构平衡是城市土地供需总量平衡的基础，所以式(5-3)和式(5-4)更有实际意义。

城市土地供需平衡与失衡是两种性质不同的经济现象，前者代表着一种均衡状态，后者则代表着一种不均衡状态。城市土地供需不平衡即失衡有4种情形：$S_{1h}>D_{1h}$、$S_{1h}<D_{1h}$、$S_{2h}>D_{2h}$、$S_{2h}<D_{2h}$。

情形之一：$S_{1h}>D_{1h}$，说明一级市场土地供过于求，表现为城市开发区土地大量闲置；情形之二：$S_{1h}<D_{1h}$，说明一级市场土地供不应求，表现为城市建筑密度和建筑容积率极高；情形之三：$S_{2h}>D_{2h}$，说明二级市场土地供过于求，表现为大量的房地产未脱售而空置；情形之四：$S_{2h}<D_{2h}$，说明二级市场土地供不应求，表现为居民住房和营业性用房极为紧张。

由于城市土地供需不平衡易于观察和分析，据此我们即可判断一个国家或地区城市土地供需是否处于平衡状态。

（三）城市土地市场供需平衡机制

1. 城市土地市场供需平衡的市场机制

市场既是供需双方活动的舞台，又是对供需双方行为的约束。就供给方来说，市场需求量就是一种约束；若供给量超过需求量，就会导致商品积压，价值得不到实现，供给方则受损。就需求方而言，市场供给量也是一种约束，若需求量超出供给量，不仅一部分需求得不到满足，而且会导致价格上升，需求方则受损。因此，在市场竞争的条件下，供给与需求趋于一致，因为只有在供需一致的条件下，供需双方的利益都达到最大。从此可以看出，市场本身具有供需平衡功能，城市土地供需平衡也只有通过市场才能实现。

在市场经济条件下，城市土地供需平衡主要是通过价格机制和利率机制来实现的。首先，来看看价格机制对城市土地供需平衡的功能。在完善的市场经济中，价格的变化反映了土地供需的变动，同时，它又犹如一盏“信号灯”，引导着供给方的土地供给规模和结构，也引导着需求方调整土地需求规模和结构，从而使土地供需总量和结构趋于一致。具体来说，当一级市场某类用地供过于求($S_{1h}>D_{1h}$)时，该类用地的价格(P_h)就会下降；地价下降，又会使供给方减少该类用地的供给($S_{1h}\downarrow$)，需求方增加该类用地的需求($D_{1h}\uparrow$)，从而使一级市场土地供需达到平衡($S_{1h}=D_{1h}$)。另外，当一级市场某类用地需求增加($D_{1h}\uparrow$)时，二级市场该类用地的供给就会增加($S_{2h}\uparrow$)，从而使二级市场该类用地供过于求($S_{2h}>D_{2h}$)，二级市场土地供过于求则表现为房地产供过于求，某类房地产供过于求就会导致该类房地产价格下降($W_h\downarrow$)；房地产价格下降，又会使开发商减少该类房地产的供给（表现为二级市场该类用地的供给减少，即$S_{2h}\downarrow$，使消费者对该类房地产的需求增加（表现为二级市场该类用地的需求增加，即$D_{2h}\uparrow$），从而使二级市场土地供需达到平衡($S_{2h}=D_{2h}$)。价格机制对城市土地供需平衡的功能可以用图5-3表示。

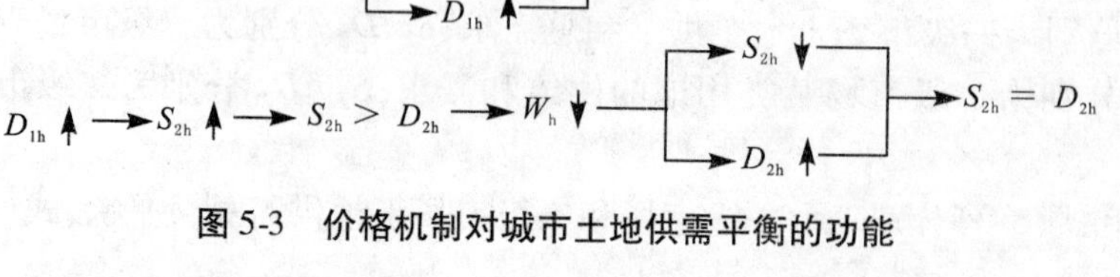

图5-3　价格机制对城市土地供需平衡的功能

现在再来考察利率机制对城市土地供需平衡的功能。所谓利率机制，就是资金市场机制，指利率变动与资金供求变动之间的联系和作用。利率机制对城市土地供需平衡的功能主要表现在以下两个方面：

(1)利率能促使房地产开发公司选择适当的投资方向和投资规模。由于房地产开发贷款比例较高，利率是影响房地产开发成本的重要因素，开发公司为了减少利息支出，就须对投资方向和投资规模作慎重选择，开发适销对路的房地产，从而使城市土地供需达到平衡。

(2)利率能指导资金合理流动。房地产资金流动的合理性在于资金不断流向供不应求的房地产。当某类房地产供不应求时，该类房地产价格就会上升，房价上升又会使该类房地产投资需求增加，进而牵动利率上升。利率上升，一方面刺激房地产资金供给，另一方面抑制房地产需求，从而使该类房地产供需趋于平衡，即二级市场土地供需平衡用图5-4表示。

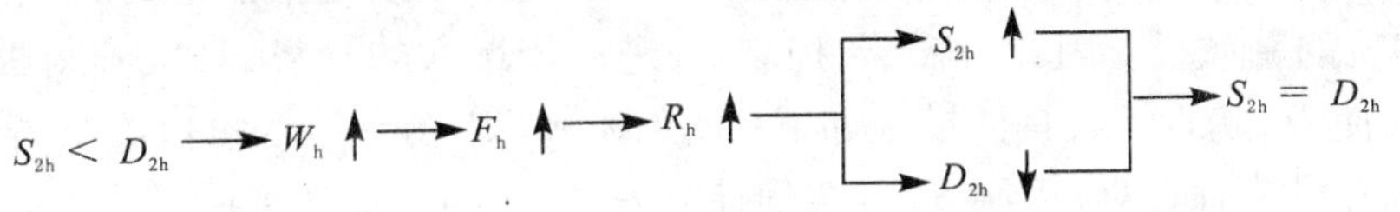

图5-4　二级市场土地供需平衡

通过上述分析可以看出，城市土地供需从不平衡到平衡的过程正是市场机制发挥作用的过程。但是，市场机制发挥作用是有条件的，这个条件概括起来就是完善的市场。只有在完善的城市土地市场中，价格机制和利率机制才能使城市土地供需趋向平衡。

2. 城市土地市场供需平衡的宏观调控机制

1)对一级市场土地供过于求的调控

一级市场土地供给的形成过程，实际上是农地转化为城市建设用地的过程，而且这一过程是单向不可逆的，又由于城市周边大多是高产优质的耕地，所以 $S_{1h} > D_{1h}$，这样不仅导致城市土地大量闲置，城市土地利用率低下，而且导致耕地大量减少，危及农业生产乃至整个国民经济。目前，我国绝大多数城市已出现了这一情况。因此，要使一级市场土地供需趋于平衡，首先应控制城市土地供给增量，稳定 S_{1h}。具体来讲，可以采取如下措施：

(1)加强城市规划管理。科学编制城市规划，在规划范围内，根据经济发展和城市建设情况制订年度供地计划，使 S_{1h} 始终处于城市规划的控制之下。

(2)提高农地特别是耕地的价格。我国目前农地"非农化"是通过具有行政强制性的"征收"而实现的，征地费用普遍偏低，不利于控制增量，所以应尽快改变这一状况。

(3)建立耕地用途管制制度。首先，在那些规划编制不合理、价格措施仍无效的地区，应实施耕地用途管制制度。其次，应刺激房地产开发公司开发闲置的城市土地，使 D_{1h} 增大。具体措施如下：

①对城市土地价格实行"最高限价"管制，降低开发公司的土地成本；对房地产开发给予适当优惠，降低有关税费征收标准，以降低房价，扩大二级市场容量，刺激开发公司开发闲置的城市土地。

②开征城市土地闲置税并逐步提高其征收标准，以此提高空地的持有成本，避免空地投机活动，从而达到提高城市土地利用率的目的。

2)对一级市场供不应求的调控

一级市场土地供不应求，虽然可以使城市土地得到充分利用，但会带来两方面的危害，一方面造成环境效益低下,城市公共用地短缺;另一方面会导致 $S_{2h}<D_{2h}$,最终使生产、生活用房短缺。因此,当出现 $S_{1h}<D_{1h}$ 情形时,只能调控供一方,使 S_{1h} 增大,不能抑制 D_{1h};否则会产生一级市场供需平衡从而二级市场供需失衡的现象。具体措施如下:①建立城市规划的反馈机制,及时修编城市规划,适度扩大规划限额。②在新编规划的范围内,适时、适度降低农地价格,使 S_{1h} 有计划地增加。在实施价格政策时,不能大幅度、全面降低新编规划范围内农地的价格;否则,又会导致 $S_{1h}>D_{1h}$。

3)对二级市场土地供过于求的调控

二级市场土地供给的形成过程,实际上是房地产开发建设过程,所以 $S_{2h}>D_{2h}$ 就表现为房地产大量空置。目前,我国已出现 $S_{2h}>D_{2h}$,且主要表现为商品房大量空置。据有关部门统计,到2005年10月末,全国商品房空置面积1.12亿 m^2,空置率已达到26%,大大超过国际公认的10%的警戒线。因此,首先要控制 S_{2h} 进一步增大的趋势,其次应刺激居民对商品住房的需求,使 D_{2h} 趋近 S_{2h},具体措施如下:①控制一级市场土地增量供给。若增加 S_{1h},D_{1h} 和 S_{2h} 增大就有可能,所以应控制 S_{1h} 以达到控制 S_{2h} 的目的。②适度降低商品房价格。通过减免有关商品房销售税费,降低贷款利率,促使开发公司降低现时商品房售价,以刺激居民购房行为,从而达到扩大 D_{2h} 的目的。③在我国,还应加快住房福利化向住房商品化转变的改革进程,扩大二级市场的有效需求;加快建立现代企业制度,扭转目前企业效益普遍低下的状况,以普遍提高居民所得水平,从而达到增大 D_{2h} 并使之趋近 S_{2h} 的目的。

4)对二级市场土地供不应求的调控

二级市场土地供不应求,存在如下几种情况:①一级市场土地供不应求导致二级市场土地供不应求,即 $S_{1h}<D_{1h}\rightarrow S_{2h}<D_{2h}$,对这种不平衡的调控,前面已有论述。②由于房价偏低,开发贷款利率较高而购房贷款利率较低,导致 $S_{2h}<D_{2h}$。对这种不平衡,应采取"双向"调控的办法,既要刺激开发公司的开发行为,又要适当抑制购买者的购买行为。具体措施如下:政府放松对房地产价格管制,使房价随行就市;适度降低房地产开发贷款利率,提高购房贷款利率,以此使开发公司的预期增加而加大投入,使购房者降低需求,从而使 S_{2h} 和 D_{2h} 趋于一致。

三、城市土地市场供需调控的三维立体结构

所谓城市土地市场供需调控的三维立体结构,是指城市土地市场供需调控的方向、时间和力度。

(一)城市土地市场供需调控的方向

城市土地市场供需调控的方向包括两方面的内容:一是选择调控目标;二是确定调控措施的作用方向。

相对来说,调控目标的选择相对容易,其确定依据是一定时期内土地市场发展目标。例如,当土地市场处于景气循环的萧条阶段时,供需调控的目标是增加有效需求,促进消费,从而启动土地市场,加快市场走出低谷的步伐。当土地市场处于景气循环的繁荣阶段时就要根据土地市场的发展状况(一般以土地价格为指示器)来判断土地市场是否过热,根据判断结果来决定调控的目标是保持还是降低其发展速度。确定调控措施的作用方向则需要在明确调控目标的基础上,对当前土地市场的运行状态和变化趋势进行分析。城市土地市场供需调控措施的作用方向大致可分为两类:一类是刺激土地市场发展的措施,其作用方向是向上,如减免税收、降低贷款利率等;另一类是抑制土地市场发展的措施,其作用方向是向下,如

控制贷款规模、限制土地供给量等。在土地市场景气循环的不同阶段,需要采用不同作用方向的调控措施。一般来说,在土地市场景气循环的萧条阶段和复苏阶段,应采用作用方向向上的调控措施;在土地市场出现"过热"预兆时,应采取作用方向向下的调控措施。为了判断调控方向是否正确,可以分析、评估调控措施实施之后产生的调控效应。如果调控方向正确,那么调控效应就会表现为向目标逼近的有效成果,即正向效应;如果调控方向不正确,那么调控效应就会表现为与目标偏离的运行结果或与预期相反的结果,即偏离效应或负向效应。

(二)城市土地市场供需调控的时间

确定土地市场供需调控的时间,也就是要确定何时开始调控,调控时间应持续多长。在确定土地市场供需调控的时间问题上,必须考虑以下三个方面:

(1)供需调控措施的决策时间,即从土地市场上问题的出现—供需调控决策者对问题有了比较清楚的认识—决策者经过判断决定对土地市场实施调控行为—决策者具体确定调控方案和调控手段组合之间的时间间隔。

(2)供需调控效应的滞后时间。供需调控的措施实施之后,并不是马上就能产生调控效果,从实施供需调控措施到产生供需调控效应的这一段时间就是供需调控效应的滞后时间。

(3)调控效应的惯性,即某种调控行为撤销之后调控效应在一定时间内仍然存在。

由以上分析可知,在对城市土地市场实施供需调控的过程中,为了准确把握供需调控的时机,正确确定供需调控的时限,必须做到以下几点:

(1)准确掌握土地市场运行的状态和变化趋势。为此,可以凭借历史经验进行定性分析,也可以对土地市场的变化趋势进行定量分析与界定。为了提高判断的准确性,后者显得更为重要。

(2)超前采取调控措施。由于供需调控决策时间和调控效应滞后性的存在,必须尽早发现土地市场存在的问题,超前采取调控措施,才能做到"防患于未然"或"将问题消灭在萌芽状态",将土地景气循环波动减至最小程度。

(3)密切注意调控效应。根据调控效应的强弱,及时修正调控手段,调整调控力度。当调控目标已基本实现时,要及时终止调控。

以上三个方面都依赖于及时、充分地掌握土地市场上的各种信息,这些信息的收集、处理和分析又依赖于土地市场监测预警系统。因此,城市土地市场的供需调控必须与完善的土地市场监测预警系统相结合。

(三)城市土地市场供需调控的力度

供需调控力度大小与作为调控手段的变量的变化相关。以土地开发投资贷款利率为例,将贷款利率提高10%和5%,对土地开发投资总量的调控作用的大小是不同的,前者将大幅度降低投资需求,后者可能小幅度降低投资需求。显然,供需调控手段的变量的变化幅度越大,则调控力度越大;反之,则调控力度越小。作为供需调控手段的变量,有些可以用具体数量来反映其变化幅度,如土地开发投资贷款利率、按揭利率、固定资产总规模、土地开发和交易的相关税率等;有些则难以用数值来反映其变化幅度,如法律手段、行政手段、规划手段、舆论手段,它们只能以采取措施的严厉程度或传递信息量的大小来衡量。措施越严厉,措施行为次数越多,传递信息量越大,调控力度也越大。在决定土地市场供需调控力度时,应考虑如下因素:

(1)土地经济波动的幅度。这是决定调控力度的首要因素。土地经济波动的幅度越大,为了抑制其波动,需要采取的调控措施的力度也应越大。

(2)调控手段。从采用到产生效应的滞后时间不同,调控手段在同等调控力度下的滞后时间是不同的。因此,在同等情况下,若采用滞后时间长的调控手段,需要加大调控力度。

(3)调控效应惯性大小。对于调控效应惯性大的手段,采用时要注意减小其力度。

(4)调控环境。若调控环境不利,例如土地市场不完善,市场信号传递效率低,调控手段执行过程中遇到的调控摩擦和阻力将增大,在采用时就必须加大调控力度。

四、城市土地市场供需调控的政策工具

(一)发展计划和规划

1.发展计划

发展计划一般分为长期计划、中期计划和年度计划。年度计划主要有年度建设用地计划(或年度土地出让计划)和年度信贷投放计划。由于土地和资金是城市土地市场的两大源头,管理好这两个方面对保持土地市场供需平衡具有重要意义。在市场经济条件下,国有银行已逐渐实现商业化,政府对信贷资金的投量和投向只能通过间接调控来实现,因此土地年度供应计划更为重要。在一级市场上,政府作为唯一的土地供应者,合理确定每年各类土地供应数量和投放时机对城市土地市场供需平衡有直接影响。如果土地推出过多,不仅影响政府来源于土地的近期和远期收入,造成土地资源的浪费,而且影响到政府对房地产市场的调控能力。例如,我国在1992~1993年间,各地纷纷大量批出土地,盲目设立开发区,土地供应失控,造成了大量耕地被占,土地闲置现象严重。如果土地供应不足,则会导致地价、房价飞涨,既增加社会投资成本,也不利于居民解决住房问题,还会加剧房地产投机活动,引发泡沫经济。另外,高度透明的年度出让计划可以使投资者对房地产现状做出准确判断,对未来趋势做出合理的预期,从而减少投资的盲目性。

从全国范围看,目前土地利用年度计划存在的主要问题是:①计划编制往往流于形式,脱离实际,不具备操作性。对部分城市的调查结果表明,计划出让土地数量往往是实际出让数量的几倍甚至几十倍,基本是敞开供应,有求必应。②土地出让计划基本没有约束力,因为对地方政府来说,衡量其政绩好坏的因素不是土地出让计划执行情况,而是招商引资计划的完成情况。③出让计划不公开,透明度低,无法发挥其引导投资的作用。④在计划管理中农用地转用指标没有分类,总的一个盘子下达,容易出现地方建设项目挤占国家重点建设项目用地,以及城镇村建设用地规模难以控制的现象。

针对这些问题,应采取如下措施完善发展计划:

(1)分类下达农用地转用计划。应将农用地转用计划指标分为城镇村建设占用农用地指标和能源、交通等独立选址的重点建设项目占用农用地指标两类;并规定,农用地转用计划指标只下达城镇村(包括独立工矿区)建设占用和由省级审批农用地转用的建设项目占用农用地的计划指标,国务院及国家发展和改革委员会等部门批准、核准;并由国务院审批农用地转用的重点建设项目占用农用地计划指标不下达地方,在建设项目引用地审批时使用。

(2)年度土地利用计划要在土地利用总体规划的指导下从紧编制。首先,要严把土地利用总体规划调整修改关,从源头上控制不合理用地。其次,要科学测算和分配农用地转用计划指标。农用地转用计划指标作为指令性计划指标,对宏观调控土地利用和经济发展具有重要作用。

(3)切实加强对计划执行情况的检查考核。要建立土地利用年度计划台账,实施监控管理。通过建立计划台账月报制度,以督促、检查各地建立并上报土地利用计划管理台账,

及时掌握各地计划执行情况。对超计划的地方能及时发现,及时告知,对超计划上报建设项目用地的报件不予受理。上级国土资源管理部门对下级土地利用年度计划执行情况要进行考核,考核结果作为编制下年度土地利用计划的依据。

(4)将土地利用年度计划与土地集约利用结合起来。通过计划管理手段鼓励用地单位提高土地集约利用水平,通过计划管理手段遏制土地资源的粗放利用。对土地利用集约度较高的地区,优先安排下一年度土地利用计划,优先办理农用地转用、土地征用审批手续。土地利用集约度不高、未达到考核标准的地区,不得扩大现有建设用地规模,并核减该地区农用地转用计划指标。

(5)建立新的土地供应审批程序。土地管理部门要根据商品房存量和市场需求情况,提前拟定经营性项目用地总量的预安排。为了彻底改变过去建设项目"先用地、后审批"的局面,必须加强建设项目用地预审管理。具体而言,应从以下三个方面明确预审的地位和作用:①预审意见是建设项目批准、核准的必备文件;②预审提出的意见和要求,建设用地单位应当认真落实,并在依法申请使用土地时出具落实预审意见的书面材料;③未经预审或者预审未通过的,不得批准农用地转用、土地征收,不得办理供地手续。

(6)提高土地供给计划的透明度。根据国土资源部《关于建立建设用地信息发布制度的通知》,省、市、县级土地管理部门必须按照规定的格式,如实发布土地供给总量、已供给宗地、政府供地限制目录等信息,实现土地信息社会共享。

2. 土地利用总体规划和城市规划

土地利用总体规划对土地市场的宏观调控作用表现在:①确定建设用地总量和耕地保有量的控制指标,制约着城市土地市场的土地供给总量;②县级土地利用总体规划以划分土地利用区的形式明确土地用途,土地用途的转变受土地用途管制制度的制约;③土地利用总体规划是土地利用年度计划编制的重要依据。

城市规划对城市土地市场宏观调控作用则体现在对具体土地和房地产开发项目的控制上:①用地使用控制,包括用地性质、用地面积、位置、边界范围等;②建筑控制,包括建筑类型、建筑高度、容积率、建筑密度等;③环境容量控制,包括人口密度、绿地率、空地率等;④设施配套控制,即对地上公共设施和市政设施提出定量配置要求;⑤形体景观控制。

要充分发挥土地利用总体规划和城市规划的调控作用,关键在于土地利用总体规划和城市规划相协调。土地利用总体规划与城市规划从不同的角度对不同的规划对象(土地利用总体规划的对象是规划范围内的全部土地,城市规划的对象是城市土地)做出了长期部署和安排,两者既有所区别、有所侧重,又有相互交叉、相互重叠的地方,因而必须处理好两者的相互协调关系,做好土地利用总体规划与城市规划的衔接工作。《土地管理法》第二十二条规定,城市总体规划、村庄和集镇规划应当与土地利用总体规划相衔接,城市总体规划、村庄和集镇规划中建设用地规模不得超过土地利用总体规划确定的规模。该条款为衔接协调"两规"关系提供了基本的原则和依据。

"两规"衔接的三个重点是:①土地利用总体规划与城市规划统计指标体系的衔接。由于"两规"在统计数据来源、统计指标定义和统计方法上有所不同,造成了两者的依据不同,因而规划的结果也不同。要做好两者的衔接,首先在双方使用的基础数据上必须达成一致。②城镇体系规划的衔接。土地利用总体规划和城市规划中都包含城镇体系规划,双方对城镇体系规划不一致,是造成两者建设用地规模差异的主要原因。③城市规模的衔接。土地利用总体规划和城市规划在城市规模(包括人口规模和用地规模)的确定上达成一致,是“两规”协调的关键。

(二)财政政策

财政政策是国民经济宏观调控的两大手段之一,也是城市土地市场供需调控的重要经济工具。财政政策在调节土地市场发展速度和供求关系上发挥着重要作用。

(1)地租政策属于一种财政收入政策,国家通过调整地租的高低(具体表现为土地出让金或年租金的高低以及不同地段之间的差价)来影响各类房地产的开发成本和市场对不同用途土地的需求,达到控制土地市场的供给、优化土地利用的目的。

(2)税收政策作为财政收入政策,对土地市场供需调控作用体现在两个方面:通过对土地市场运行过程中不同环节进行征税,实现对土地市场的调控。例如:①通过计征土地取得过程中的契税和土地占有过程中的财产税与土地使用税,来调控土地市场需求量和需求结构;通过课征土地增值税、营业税调控土地市场的供给量和供给结构。②通过减免税实现对土地市场的调控。减免税的优越性有两个:一是手段灵活,政府有较多的增减自由;二是减免税不一定使财政总收入减少,因为高税率不一定是高效率,超过一定限度的高税率往往会挫伤生产经营者的积极性,削弱经济主体的活力,导致资源不合理配置和浪费,最终使经济停滞、倒退。

(3)财政投资政策对土地市场的调控作用主要体现在财政投资的导向作用上。

①利用财政投资引导社会资金,调整产业结构。一般来说,地区的主导产业越强大,产业结构越合理,综合实力越雄厚,土地市场受宏观经济波动的制约和冲击越小。因此,财政投资应将适度财力投入各主导产业,保持合理的产业结构,创造综合经济实力,使之成为土地市场健康发展的坚实基础。

②利用财政投资引导社会资金,调节地区差异。我国实施财政投资向中西部倾斜政策以后,城市土地市场的地区差距开始缩小,东重西轻、南强北弱的格局将逐步发生改变。

(三)金融政策

如前所述,土地和资金是土地市场发展的两个龙头,信贷资金的投放和收缩直接影响土地市场的活力和兴衰。因此,国家金融政策是政府对土地市场供需进行调控的重要手段。金融政策对土地市场的调控可分为直接调控和间接调控。

1. 直接调控

直接调控是指政府通过制定土地金融政策,依靠中央银行直接干预土地信用业务的质和量。其中,量的控制主要指中央银行直接规定银行土地开发信贷的最高限额。质的控制主要指以下方面:中央银行直接限制商业银行土地开发信贷的结构;规定银行发放土地开发信贷的方针,鼓励或限制商业银行对土地进行投资以及制定和规定其他金融机构(如人寿保险公司)投资土地开发的方针、条件。

2. 间接调控

间接调控是指国家通过利率和贷款成数等金融杠杆来调节货币供应量和需求量,进而调控土地市场供需。

(1)贷款利率和期限调整。利率反映资金借贷的成本,间接影响土地市场各方主体的未来预期。在土地市场有供过于求迹象时,可适当提高对土地开发贷款的利率,也可适当降低消费信贷利率,从而达到宏观调控的目标。

(2)贷款成数。这有两层含义:一是指土地开发商在申请项目贷款时应具备的自有资金比例;二是指土地购买者在购买时可申请到的最高贷款比例。贷款成数的高低直接影响市场的活跃程度,各国在打击地皮炒作风时,往往以提高土地开发商申请项目贷款的自有资金比例、降低土地购买贷款成数作为操作手段。

五、城市土地市场供需调控的制度创新——土地储备制度

(一)城市土地储备制度及其产生背景

所谓城市土地储备制度,是指城市土地收购储备机构,通过征收、收购、置换、到期回收等方式,将土地从分散的土地使用者手中集中起来,由土地收购储备机构统一进行土地整理后纳入土地储备库,再根据城市总体规划、土地利用总体规划和土地利用年度计划,通过招标、拍卖、挂牌等方式有计划地将储备土地投入市场,以供应和调控城市各类建设用地需求的一种土地管理制度。

土地储备最早于1896年在荷兰开始实行,后来在德国、瑞典、英国、美国、韩国等国家得到推广。国外普遍实行土地储备的背景是:工业革命以后,城市人口急剧增加,土地与住宅供给压力增大,房地产投机现象严重,地价急剧上升。政府为了调控土地市场,抑制土地投机,为居民提供良好的生活环境,促进城市有序发展,开始实行土地储备。国外土地储备的基本含义是:按照城市规划的要求以及建设的需要,预先由公共机构获取城市发展用地并持有,以作为未来开发之地或用来实现某一公共利益。其英文一般称为 Land Banking。

我国土地储备实施较晚,1996年上海市成立了第一家土地收购储备机构——上海土地发展中心;1997年,杭州市成立了土地储备中心;随后,南通、青岛、武汉、济南等地相继成立了不同形式的土地收购储备机构。2001年4月30日,国务院颁布了《关于加强国有土地资产管理的通知》。该通知指出,为了增强政府对土地市场的调控能力,有条件的地方政府要对建设用地实行收购储备制度。这样,土地收购储备制度就成为我国城市国有土地有偿使用制度的又一重要内容。

我国城市土地储备制度实施的背景如下:

(1)"双轨供地"。在有偿出让的土地中,绝大部分土地采用的是协议出让方式,致使出让地价偏低,国有土地资产大量流失,一些地方政府"寻租"现象严重。

(2)"多头供地"。由于过去城市土地实行的是无偿、无期限的行政划拨使用制度,城市存量土地绝大部分在用地者手里,许多单位和个人绕开政府私自进行土地出让和转让,而且国家有关法规对这种行为是认可的(划拨土地使用者通过补办出让手续就可以转让土地,成为一个合法的土地供应者),城市政府一直未能垄断城市土地一级市场的土地供应。这一方面造成了国有土地资产流失,土地市场秩序混乱;另一方面,政府手里没有储备土地,致使政府调控土地市场的能力降低,城市规划难以实施。

(3)城市盲目扩张,耕地大量减少。由于政府在一级土地市场上未能垄断城市存量土地的供应,为了满足社会经济发展的需要,政府只能通过农地征收取得新增城市建设用地的供应权;另外,在城市边缘地区,一些村民及村委会也在私下向用地者供给土地,从而导致城市用地规模盲目扩张,耕地大量减少。

(二)城市土地储备制度的意义

城市土地储备制度具有极为重要的意义,主要表现在以下几个方面:

(1)有利于充分发挥政府对土地市场的宏观调控作用。政府手中没有存量土地,就无法管理土地市场或者说管理效率较低。土地储备机制建立后,政府就可以通过各种方式,将分散在用地者手中的存量土地纳入到"城市土地储备库"之中,使过去的"多头供地"变为政府"独家供地",从而垄断城市土地一级市场的土地供应,提高政府调控土地市场的能力。

(2)有利于盘活城市存量土地资产,提高土地资源利用效率。城市土地既是一种重要的资源,又是一种重要的资产,如果不让其进入市场并合法地流转起来,其资产效益就无法体现,提高土地资源的利用效益也只能是一句空话。土地收购储备制度建立以后,政府可以将闲置的、低效利用的存量土地纳入到"城市土地储备库"之中,对其进行整理后,以市场为导向,重新配置土地资源,既可以盘活存量土地资产,避免国有土地资产的流失,又可以提高土地资源利用效率,达到土地集约利用的目的,还可以运用储备土地的出让收益妥善安置困难或破产企业的职工,维护社会稳定。

(3)有利于土地利用总体规划和城市规划的实施,在土地收购储备过程中,由于实行规划优先的政策,加上集中统一的前期开发和整理,城市规划的有关要求和政策可以得到切实的贯彻落实,真正实现"统一规划、统一配套、统一开发、统一建设、统一管理",从而提高城市土地资源的配置效率。

(4)有利于推行土地招标拍卖制度,建立公开、公平、公正的土地市场。实践证明,只有当政府储备了足够数量的存量土地时,才能推行土地招标拍卖制度;政府只有一律采取招标、拍卖、挂牌等竞争性的供地方式,才能建立"公开、公平、公正"的土地市场,建立"公开、公平、公正"的土地市场是提高城市竞争力的内在要求。

(三)城市土地收购储备制度的运作程序

城市土地收购储备制度运作的一般程序如图5-5所示,它主要包括三个阶段:土地收购、土地储备、土地供应。

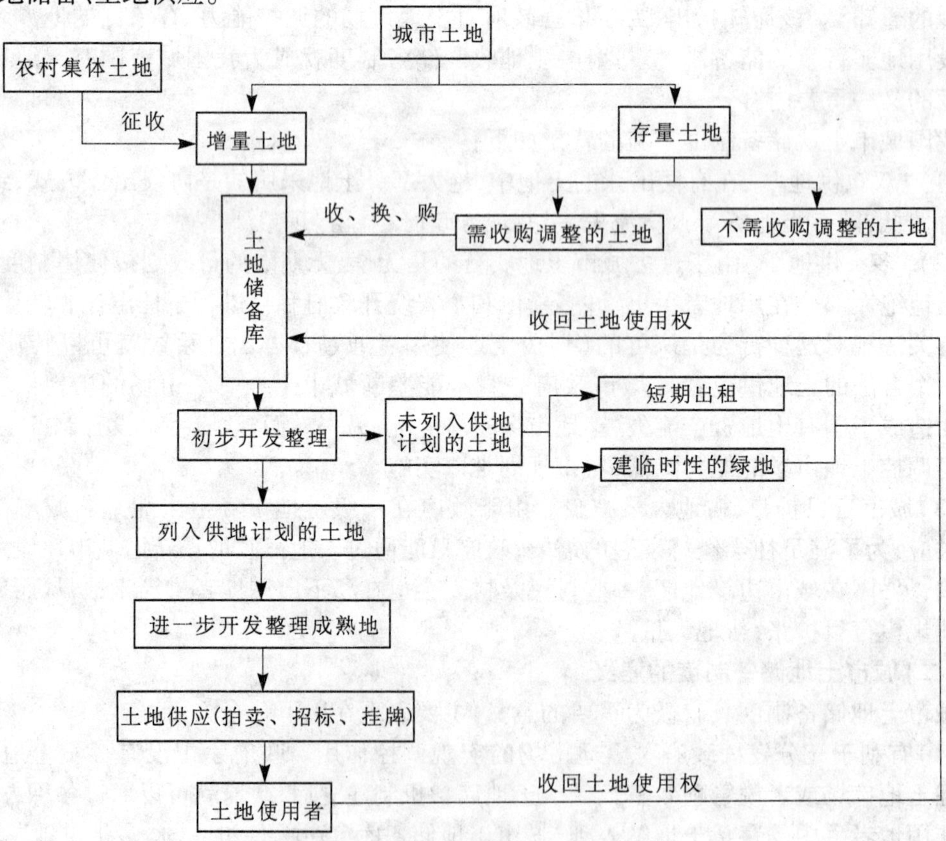

图5-5 城市土地收购储备制度运作程序

1. 土地收购

土地收购是指土地储备机构根据城市总体规划的要求、社会经济发展的需要、城市政府的授权以及土地储备计划，收购集体土地所有权和国有土地使用权的活动。土地收购的方式包括以下四种。

1）土地征收

土地征收是指国家为了公共利益的需要，依照法定程序将集体所有土地变为国家所有土地，并给予原土地权利人（集体和农民个人）一定补偿的一种行政行为。

2）土地收回

土地收回是土地储备机构代表国家依法收回闲置的、逾期未开发的土地使用权。

3）土地置换

土地置换是指在企业改制中，土地储备机构对部分使用不合理的工业用地，利用市场机制，采取差价补偿的方式，实现不同位置的土地使用权置换，从而取得待开发土地的使用权，达到重新配置土地资源的目的。

4）土地购买

土地购买是指土地储备机构对于那些地段好、价值高，但使用不合理的土地或者在土地转让过程中价格明显偏低的交易地块，通过市场机制，从原土地使用者手中购回土地使用权。

2. 土地储备

土地储备一般包括以下两部分内容：

（1）对收购的土地进行开发或再开发。土地储备机构在取得土地使用权后，委托专门的机构或单位，对土地实施开发或再开发，使生地、毛地变成熟地。

（2）储备。储备时间的长短根据城市发展对土地的需求情况以及土地储备中心的经济承受能力而定。国外土地储备的经验表明，城市土地的储备期一般为2~3年，较长的达7~10年。我国土地储备制度还刚刚建立，财力有限、资金短缺是普遍存在的问题，所以土地储备期不宜太长，以减少资金占用量。随着土地储备运行机制的逐步理顺，土地储备的时间可以相应地延长；对储备期间的地块可以采取短期出租的措施，以增加收益或进行临时性的绿化，美化城市环境。

3. 土地供应

土地储备机构代表政府，对纳入土地储备库的土地，根据城市发展的客观需要和土地供应计划，一律采取竞争性的出让方式——拍卖、招标和挂牌，向用地者供应土地。

任务三　城市土地市场价格管理

【任务目标】

1. 了解城市土地市场价格管理的目的、意义、作用、依据；

2. 掌握我国城市土地市场价格管理政策和制度。

【学习过程】

1. 课件演示；

2. 分组讨论。

【案例导入】

郑州基准地价5年上调107%　涨幅“跑赢”房价

郑州市市区新版基准地价终于落地。其中，市区一级住宅用地定价由4 050元/m^2涨到8 400元/m^2，上调幅度为107%，而同时期市区住房均价仅有65%的上涨，地价涨幅“跑赢”房价成为不争的事实。

基准地价与地价是啥关系？基准地价对房价影响有多大？基准地价上调是否会导致房价上涨？

调整：一级住宅用地基准地价从4 050元调到8 400元

近日，郑州市政府发布了新版的《郑州市市区土地基准地价表》，新的基准地价已于2014年9月1日起开始执行。同时，《郑州市人民政府关于公布我市市区土地基准地价的通知》(郑政〔2009〕28号文)停止执行。

新版土地基准地价，用途按商服用地、住宅用地共分为九个级别，根据级别划分，郑州市主城区大部分包含在一、二、三级范围内。

其中，一级住宅用地位于郑东新区副CBD区域，基准地价为8 400元/m^2，相比5年前的4 050元/m^2，上调幅度高达107%。

二级住宅用地基准地价由3 070元/m^2上调为6 750元/m^2，上调幅度达120%，范围是经三路、金水路、林科路、中州大道以东，剔除东区副CBD区域。

而省直、市直行政区，以及金水东路、商都路、郑州铁路客运东站的广大区域划分为三级住宅用地，基准地价由2 330元/m^2上调至5 550元/m^2，上调幅度为138%。

对比：5年间基准地价比房价涨得快

对2009～2014年郑州市区住宅用地基准地价大体了解，那同时期郑州市区房价的变化情况如何呢？

根据郑州市房管局统计数据，2009年郑州市商品住宅均价为4 563元/m^2，2014年前7个月住宅均价为7 778元/m^2，5年来，每平方米涨了3 215元，涨幅为70%。相比房价5年70%的涨幅，此次基准地价最低107%的涨幅成功“跑赢”房价。

说法：地价上涨滞后于房价

相比住宅用地基准地价，商服用地基准地价的上调幅度也较高。

其中，一级商服用地由2009年的5 250元/m^2上调至9 000元/m^2，上调幅度约71%，一级商服用地集中在三个区域，分别位于郑东新区副CBD区域、郑东新区CBD区域、郑州铁路客运东站。

上述三大区域的周边区域，以及郑州火车站—二七广场—紫荆山的周边区域属于二级商服用地，基准地价由每平方米3 920元上调至7 500元，上涨了91%。

时下，无论开发商还是普通市民，均将房价虚高的“罪责”指向高地价，新版基准地价是否会对未来房价产生“推波助澜”的作用呢？

据记者了解，基准地价仅为土地初始价格，市场地价是随时变动的。

在去年地价调整听证会上,郑州市国土资源局土地利用管理处处长盛博表示,如果某一区域房地产需求大,在市场化的供地模式下,这块土地的成交价格将随之上涨。而地价上涨一般滞后于房价。

分析:基准地价调整不会成为房价上涨的主因

盛博表示,郑州市区本轮基准地价的调整,是对当今市场平均地价水平的更新,地价只是体现当前宏观经济,以及房地产市场的实际情况,而成交价格是在市场条件下的实际价格,基准地价并不决定成交价格的高低,基准地价的调整不会成为房价上涨的主因。

"短期对房价影响不太大,长期肯定有影响。"河南鑫苑置业有限公司总经理姚莉说。具有特殊用途的土地可以在基准地价的基础上打七折,但一般情况下,土地"招拍挂"的价格都比基准地价高或持平,高的幅度,主要看土地的市场评估价。

河南财经政法大学房地产经济研究所所长李晓峰认为,最终决定房价的主要是土地的市场价格,基准地价对"招拍挂"价格只具有指导意义,不是指令性的,影响"招拍挂"价格的因素有很多,比如土地竞争程度、公共配套设施等。

观点:基准地价调高暗示着地方政府对后市的期待

据报道,北京、济南、江西多地已提高,或正计划提高基准地价,其中北京12年来首次上调基准地价。

中国房地产学会副会长陈国强表示,基准地价是土地估价的一个参照,其调高暗示着地方政府对后市的期待。

然而,一大型信托公司经理说,基准地价是土地使用权出让、转让、出租、抵押等宗地价格评估的基础,基准地价的上调,有利于确保地方政府的土地融资。

(来源:大河网-河南商报)。

【知识导航】

一、城市土地市场价格管理的目的、意义和作用

城市土地市场价格管理(简称地价管理),是指政府为了规范土地市场的交易行为、保持土地市场的稳定和健康发展、保护土地交易者和国家等各方面的合法利益而采取的以土地价格为核心的各种调控、引导和管理措施。具体来说,地价管理包括以下三个方面的工作:①对土地价格及土地价格体系进行管理,调控地价水平;②对土地价格评估工作进行管理;③对土地市场中因土地价格引起的各种纠纷进行处理。

(一)地价管理的目的

地价管理是城市土地市场管理的核心内容,其目的就是通过对土地价格进行调控和引导,使土地价格保持在合理、稳定的水平上,既有利于国民经济的发展,又有利于土地市场繁荣。

(1)通过地价管理,使土地价格合理化。根据马克思主义的土地价格理论,土地是一种特殊商品,没有价值,但存在价格,其价格是地租的资本化,也可以说是未来若干年土地纯收益贴现值的总和。以此可以作为判断土地价格是否合理的标准。如果土地价格不合理,则需要对土地价格进行调控,使其重新恢复到合理的水平上。

(2)通过地价管理,使土地价格在一定时期内保持稳定。地价过高易引发泡沫经济,地价过低又会导致国家收益流失,这两种情况均不利于土地市场和国民经济的持续稳定发展。土地价格在一定幅度内发生上下波动等变化是正常现象,但是如果土地投机盛行,造成地价忽高忽低,变动幅度过大,则会带来不利后果,不仅扰乱土地市场正常运行,而且由于土地价格是国民经济的基础价格,还会引起整个经济的震荡。因此,必须对土地价格进行调控和管理,减少地价变动幅度,保持土地市场稳定和繁荣。

(3)通过地价管理,使土地价格与国家地价政策一致。单纯依靠市场机制配置土地资源和调节地价水平往往只能体现短期的、局部的经济效益,生态、环境以及社会效益难以兼顾。为了克服市场机制的不足,国家从社会效益、环境效益和宏观经济形势出发制定地价政策,对土地价格进行适当干预和调节。例如,对以赢利为目的的用地,其价格通过评估方式依靠市场确定;对公益事业和公共用途用地以及与国民经济发展密切相关的基础设施,其价格可以适当从低。

(二)地价管理的意义

(1)从宏观上看,地价管理是国民经济健康发展的保证。土地是重要的生产资料,是国民经济各行业、各部门生产活动的基础,与人们的生产生活直接相关。在我国实现土地有偿使用制度后,土地价格计入企业生产成本,其高低和稳定与否直接影响整个价格体系。当地价上涨时,将引起产品生产成本上升,产品价格也随之提高,从而使物价指数上升,通货膨胀压力增大。所以,地价一旦失控,对整个国民经济带来的冲击是不容低估的。

(2)从中观上看,地价管理是土地市场管理的核心。一方面价格是市场的核心。对土地市场来说,其本质是土地供求双方为确定土地交换价格而进行的一系列活动,因此土地价格也是土地市场的核心,与此相应,地价管理成为土地市场管理的核心。另一方面,地价又是以经济手段调节土地市场的杠杆,地价管理对保持土地市场正常有序运转有着重要意义。

(3)从微观上看,地价管理直接关系到土地产权交易双方的切身利益。土地交易实质上是土地产权交易。当土地产权双方进行交易时,它们的利益关系主要是通过土地价格加以体现和调整的。交易双方对地价的高低和变化都是极为敏感的。通过地价管理,可以维护双方的利益,并使国家利益不受损失。

(三)地价管理的作用

(1)调节土地供求关系,抑制土地投机,保证土地市场均衡、平稳发展。通过地价管理,充分发挥地价调节土地供求关系的作用。当土地市场中土地需求大于供给时,地价上升以抑制需求和刺激供给;当需求小于供给时,则地价下降,以刺激需求和抑制供给。另外,通过制定一系列地价管理措施和制度,防止囤积土地等待地价上涨以获取暴利的投机行为,必要时还可采取行政手段进行干预。

(2)促进土地资源合理配置,充分有效地利用土地。通过实行土地有偿使用制度,制定合理的土地价格,促使企业节约用地,以提高土地资源利用效率。与此同时,通过土地价差,引导用地者选择用途与经济效益相适宜的土地,促使地尽其利,合理配置,避免盲目争地、多占地、占好地的现象,迫使不能合理使用土地者将土地转让给能够发挥土地最大潜力的使用者利用。

(3)为土地市场管理提供依据。在地价管理中,有了通过评估产生的基准地价体系,政府在对土地市场进行宏观调控时,就有了科学依据,参与土地收益分配也就有了客观标准。

另外,基准地价也为制定出让地价、确定地产抵押值、计算土地增值税和其他相关税费提供了依据。

(4)规范土地市场中交易各方的行为。在土地市场中,有的交易者为了逃避国家税费,采取隐瞒不报或少报地价的非法手段来进行交易活动,不仅扰乱正常的土地市场秩序,而且给国家造成巨大的经济损失。为此,通过制定规范的地价登记管理制度,保证交易者如实申报交易地价和缴纳税费,对瞒报、少报行为进行严惩,迫使土地交易双方依法交易,据实申报地价,逐步建立一个公开、公平、公正的市场。

(5)规范土地估价方法,培养土地估价人才,不断提高估价水平。通过建立地价评估制度,实行统一的估价方法和程序,可以保证估价结果的精度,减少不规范的估价行为。通过对土地估价机构进行资质审查和对估价人员进行资格认证,培养出大批专业的估价人才,有利于提高我国土地估价水平。

(6)防止国有土地收益流失。一方面,通过地价管理对国有资产中的土地资产进行评估登记,查清它们的数量和分布,可以有效防止划拨土地使用权的非法转让。另一方面,在对外出让土地时,对土地进行评估,制定合理的出让地价,可以避免国家利益受到损失。通过地价管理,合理分配社会财富。由于地理位置和自然条件存在差异,不同城市与地区之间存在级差地租。对于某一地区或城市,国家投资进行各项建设,改善交通条件和经济环境,使得级差地租更为明显,对于这部分级差地租,国家可以通过地价形式转归国有,进而在全社会进行分配,达到合理分配社会财富的目的。

二、城市土地市场价格管理的依据

(一)土地利用计划和土地出让计划

地价受供求关系的影响,当土地供给大于土地需求时,地价下降;当土地供给小于土地需求时,地价上升。因此,地价与土地利用计划和土地出让计划密切相关。土地利用计划确定土地需求,从宏观上调控土地供给,使土地供求保持平衡。具体来说,每年能够供应的土地数量则由土地使用权出让计划规定。政府通过编制土地出让计划,对出让土地数量进行计划管理,根据市场情况和地价趋势相应调整土地供应量和宏观调控地价水平,防止地价暴涨、暴跌,从而将地价保持在一个稳定适中的水平上。

(二)国家有关法律法规

我国于1986年6月25日颁布了《土地管理法》,这是我国关于土地管理方面的第一部专项法律。之后,又于1994年7月5日颁布了《城市房地产管理法》,1990年5月19日,国务院颁布了《城镇国有土地使用权出让和转让暂行条例》。除此之外,有关的法规还有《外商投资开发经营成片土地暂行管理办法》、《耕地占用税暂行条例》、《城镇土地使用税暂行条例》、《土地增值税暂行条例》、《城市房屋拆迁估价指导意见》、《国务院关于深化改革严格土地管理的决定》等。

目前,我国土地方面的法律还不完善,土地问题的基本法——《中华人民共和国土地法》尚未出台。由于地价评估和地价管理起步较晚,相关的专项法规更少,目前仅有《土地估价机构管理暂行规定》和《土地估价师资格考试暂行办法》等部门规章,显然无法满足实际工作的需要。针对当前存在的问题,急需制定出有关土地估价和地价管理的法规,如《土地估价条例》、《地价管理条例》。只有依法规范土地估价和地价管理,走法制化之路,才能有效管好土地资产,为土地市场服务。

(三)国家的地价政策

国家根据国民经济发展的要求,从宏观上制定出一定时期的地价政策,这也是地价管理的依据。国家地价政策制定的一般原则为:

(1)与土地利用政策一致。将是否有利于土地资源优化配置作为是否给予地价优惠的标准。例如,国家鼓励使用非耕地作为工业用地,在地价上给予一定优惠。

(2)与产业政策一致。简而言之,是"对产业不对人",即对国家重点扶持和发展的产业给予地价优惠;反之,则加以限制。

(3)地价政策制定须考虑地域差异性。不同地区,地价水平相差较大,沿海发达地区地价较高,而西部内陆地区地价较低;大城市地价水平较高,中小城市地价水平较低。

(4)不同经济发展阶段地价政策不同。一般来说,在经济发展起始阶段,地价一般较低;在经济腾飞阶段,地价上涨较快;经济发展到一定水平,地价处于较高水平。

(5)不同用途土地价格不同。一般来说,商业用地价格 > 住宅用地价格 > 工业用地价格。

(四)行业标准

目前,地价管理的行业标准主要包括《城镇土地分等定级规程》、《城镇土地估价规程》和《房地产估价规范》。

三、我国城市土地市场价格管理政策和制度

(一)土地使用权协议出让实行最低限价制度

《城市房地产管理法》第十二条规定:"采取双方协议方式出让土地使用权的出让金不得低于按国家规定所确定的最低价。"

土地使用权出让是土地有偿使用制度的内容,土地使用权出让价格的高低直接决定了国家从出让土地使用权中获得收益的多少,出让价格过低将使国家利益受损。目前,土地使用权出让主要有四种形式:协议出让、招标出让、拍卖出让、挂牌出让。在采取协议方式出让国有土地使用权时,往往由于协议价格过低,给国家带来损失。为了避免这种情况的发生,国家规定在土地使用权协议出让时,对出让金采取最低限价的措施,其作用是:①可以防止地方政府为了短期利益而压低地价,造成国家土地收益流失,避免地价不合理下跌;②可以提高土地协议出让工作的透明度,既有利于上级政府对下级政府进行监督,又保证了投资者的公平竞争。

具体来说,实行这一措施,要求在土地使用权出让之前,首先对协议出让的地块进行评估,一般应根据当地基准地价确定土地使用权出让的最低价。在此基础上,出让方与受让方达成协议出让的交易地价。上级政府和有关部门有权依据地价最低标准对协议出让行为进行监督,凡是违反这一规定的协议都是无效的,应依法加以查处,以保证国家土地收益得到充分实现。

(二)土地价格定期公布制度

《城市房地产管理法》第三十二条规定:"基准地价、标定地价和各类房屋重置价格应当定期确定和公布。"事实上,地价公示制度也是国际上地价管理通行的制度。

实行这一制度,其意义在于:①帮助投资者了解地价行情,选择投资方向和地点,有利于

改善投资环境,吸引外资;②有利于土地使用者根据地价变化,以及国家地价管理和土地利用的政策规定,取得或处置土地使用权,促进土地合理利用;③公布地价可以增强土地交易的透明度,为一般土地交易者提供可供信赖的地价标准,促进地价合理化,对于培育和完善我国土地市场有重要意义。具体来说,这一政策实施应包括三个步骤:①各级政府和土地管理部门会同地价评估机构完成对城市基准地价的评估,并在基准地价的基础上评估出有代表性的宗地标定地价;②将评估出的基准地价、标定地价报上级人民政府审批,审批合格方可对外公布;③由市、县人民政府将基准地价、标定地价成果正式对外公布。

2006 年 8 月 30 日颁发的《国务院关于加强土地调控有关问题的通知》规定,应建立工业用地出让最低价标准统一公布制度。国家根据土地等级、区域土地利用政策等,统一制定并公布各地工业用地出让最低价标准。工业用地出让最低价标准不得低于土地取得成本、土地前期开发成本和按规定收取的相关费用之和。工业用地必须采用"招拍挂"方式出让,其出让价格不得低于公布的最低价标准。低于最低价标准出让土地或以各种形式给予补贴或返还的,属非法低价出让国有土地使用权的行为,要依法追究有关人员的法律责任。

(三)提前收回土地使用权的补偿制度

根据《城市房地产管理法》第十九条,国家对土地使用者依法取得的土地使用权不得提前收回。在特殊情况下,根据社会公共利益的需要,国家可以依照法律程序提前收回,并根据土地使用者已使用的年限和开发利用土地的实际情况给予相应的补偿。

这里所指的"依法取得",主要是指通过出让及转让方式取得土地使用权,对于通过国家无偿划拨方式取得土地使用权的土地使用者,国家收回其土地使用权主要依照《城镇国有土地使用权出让和转让暂行条例》第四十七条执行。这里所说的"特殊情况"和"社会公共利益的需要"主要是指国家经济和城市建设的需要,例如国家从宏观经济大局考虑,兴建基础工业项目或基础设施而需要使用已出让的土地,或者城市在发展过程中需要某块已出让土地建设公共设施和市政设施。在以上情况下,可以提前收回已出让土地的使用权。

但是,提前收回已出让土地的使用权是有一定条件的,而且必须依照法律程序进行,并给予土地使用者相应的补偿。其补偿金额的确定,应以土地交易者在交易活动后向国家申报并得到认可的土地价格为基础,减去已使用年限应支付的地价,同时考虑土地使用者开发利用情况来确定补偿数额。

这一措施对于地价管理的意义在于:如果在土地交易后申报地价,交易者为逃避税费有意压低地价,那么在土地登记中得到国家承认的土地财产价值将低于其实际价值。这样,一旦发生提前收回土地使用权情况,由于在计算补偿金额时只能以申报登记的地价为计算标准,土地交易受让人将承受交易价格申报不实带来的损失,从而迫使交易者如实申报地价,防止隐报、瞒报地价。

在实际操作时,收回土地使用权应包括以下 5 个步骤:①通知土地使用权人;②下达收回决定;③发布公告;④协商补偿;⑤注销土地登记,收回土地使用权,终止土地使用人的使用权。

(四)土地价格申报制度

《城市房地产管理法》第三十四条规定:"国家实行房地产成交价格申报制度,房地产权利人转让房地产,应当向县级以上人民政府规定的部门如实申报成交价,不得瞒报或作不实的申报。"该条款从法律上确立了土地价格申报制度。土地价格申报制度的作用在于:①使政府及时了解、掌握土地交易情况,监测地价水平的变化,有利于政府对地价实施调控和管理;②有利于加强对土地税费征收工作的管理和监督,克服瞒报、隐报地价带来的不良影响,避免国家税费的流失。

(五)政府对土地使用权转移有优先购买权

《城镇国有土地使用权出让和转让暂行条例》第二十六条规定,土地使用权转让价格明显低于市场价格的,市、县人民政府有优先购买权。

行使土地优先购买权的意义主要在于:防止土地在转移时,土地交易双方为少缴税费而虚报、瞒报地价。因为一旦政府对虚报、瞒报地价的地块按申报的价格优先购买,受损失的将是土地转让者。国家通过行使土地优先购买权,迫使交易双方如实申报地价,避免国家土地收益流失。

(六)政府对地价上涨可采取必要的行政手段进行干预

《城镇国有土地使用权出让和转让暂行条例》第二十六条规定,土地价格不合理上涨时,市、县人民政府可以采取必要的行政措施进行干预。

政府对地价不合理上涨进行行政干预,是为使地价上涨速度与国民经济发展速度保持一致,避免地价过快上涨对国民经济造成冲击。同时,保持一个相对稳定、适度上涨的土地价格对于培育土地市场、促进土地合理流转、充分利用土地资源也有十分重要的意义。

政府在地价不合理上涨时,可选择采取以下措施进行干预:

(1)实行地价冻结,规定地价的最高限额;

(2)实行土地交易许可证制度,限制交易数量;

(3)适当增加土地供给量,通过调整供求关系平抑地价;

(4)增强土地市场透明度,为土地交易双方提供正确的地价信息;

(5)严格控制囤积土地的行为,防止因土地囤积和垄断而造成的地价不合理上涨,政府可根据实际情况,依法制定其他紧急措施,以保持地价的合理稳定。

(七)征收土地增值税

《土地增值税暂行条例》第一条规定,征收土地增值税的目的是规范土地、房地产市场交易秩序,合理调节土地增值收益,维护国家权益。具体而言,征收土地增值税的作用有两点:①将由社会经济发展造成的地价上涨收益收归国有;②防止交易双方申报交易地价时虚报、瞒报地价。

根据我国《土地增值税暂行条例》及其实施细则,土地增值税的纳税人是以出售或其他方式有偿转让国有土地使用权、地上建筑物及其附着物并取得收入的单位或个人。征税标准是根据纳税人转让房地产所取得的增值额,按超额累进税率计算。增值额的计算是用纳税人转让房地产取得的收入减去扣除项目或前后两次转移地价的差值。这样,若交易双方申报的地价低于实际成交价,在土地下次转让时,以前次申报的交易价作为计税基数得出的两次之间的增值额会比以前次实际成交价为基数计算的增值额大,由此受让人下次转让时将多支付增值税而造成自身经济损失,从而促使其如实申报成交价。

(八)规范土地使用权出让收支管理

国有土地使用权出让总价款全额纳入地方预算,缴入地方国库,实行收支两条线管理。土地出让总价款必须首先按规定,足额安排支付土地补偿费、安置补助费、地上附着物和青苗补偿费、拆迁补偿费以及补助被征地农民社会保障所需资金的不足,其余资金应逐步提高用于农业土地开发和农村基础设施建设的比重以及用于廉租住房建设和完善国有土地使用功能的配套设施建设。

(九)土地价格评估制度

《城市房地产管理法》第三十三条规定:"国家实行房地产价格评估制度。"房地产价格评估,应当遵循公开、公平、公正的原则,按照国家规定的技术标准和评估程序,以基准地价、标定地价和各类房屋的重置价格为基础,参照当地的市场价格评估。

实行这一制度的目的是:以评估价格作为土地市场中土地使用权流转和国家征税的依据,维护国家和土地使用权转让者、受让者的利益。具体来说,该制度要求:①对土地使用权出让、转让、出租、抵押中涉及的土地价格进行评估;②对清产核资、企业改制(如建立股份制企业、企业兼并、合资等)中土地资产的价格进行评估,以避免国有资产流失;③对土地税征收中涉及的土地价格进行评估。

(十)土地估价人员资格认证及土地估价机构资格评级制度

《城市房地产管理法》第五十八条规定:"国家实行房地产价格评估人员资格认证制度。"第五十六条、第五十七条则对房地产价格评估机构提出了具体要求,从而在法律上明确了实行土地估价机构资质评级制度。原国家土地管理局印发的《土地估价机构管理暂行规定》和《土地估价师资格考试暂行办法》对土地估价人员资格认证及土地估价机构资格评级的具体操作进行了详细规定。实行这一制度的最终目的是保证估价结果的正确性和精确度,以维护土地市场秩序。

任务四 城市土地市场微观管理

【任务目标】

1. 掌握城市土地市场微观管理的概念,掌握对城市土地市场客体管理、对土地市场主体的资质审查、对土地市场交易程序的规范;

2. 了解土地市场中介管理。

【学习过程】

1. 课件演示;

2. 分组讨论。

【案例导入】

国土资源部关于建立土地有形市场促进土地使用权规范交易的通知

为了切实贯彻《中共中央 国务院关于进一步加强土地管理切实保护耕地的通知》(中发〔1997〕11号,简称11号文件)和《国务院办公厅关于加强土地转让管理严禁炒卖土地的通知》(国办发〔1999〕39号,简称39号文件),落实党的十五届四中全会精神,培育和规范土地要素市场,制止炒买炒卖"地皮"等非法交易行为,为国有企业改革盘活土地资产创造良好的外部环境,现就建立土地有形市场(简称有形市场),促进土地使用权规范交易的有关问题通知。

【知识导航】

所谓城市土地市场微观管理,是指国家通过法律、行政等手段对城市土地市场运行进行统一的规范与管理,保证市场主体公平交易、平等竞争,以发挥土地市场机制的正常调节功能。

一、对土地市场客体的管理

城市土地市场的客体主要是指土地及土地产权,对土地市场客体的管理主要是限制进入市场的土地产权的范围。

我国《宪法》明确规定:城市土地属于国家所有,任何组织或者个人不得侵占、买卖或者以其他形式非法转让土地,土地的使用权可以依照法律的规定转让。因此,我国城市土地所有权不能进入市场,只允许国有土地使用权进入市场流转。在土地使用权出让、转让期间,土地所有权仍属于国家,其地下各类资源以及文物、市政设施等埋藏物也为国家所有,不在土地使用权出让、转让的范围之内。

按照《土地管理法》、《城市房地产管理法》以及相关法规的要求,以下土地不得进入土地市场:

(1)以出让方式取得土地使用权,未按土地使用权出让合同约定进行投资开发的或未按照出让合同约定支付全部土地使用权出让金的;

(2)司法机关和行政机关依法裁定、决定查封或以其他形式限制土地权利的;

(3)依法收回土地使用权的;

(4)共有土地,未经其他共有人书面同意的;

(5)权属有争议的;

(6)未依法登记领取土地使用权权属证书的。

二、对土地市场主体的资质审查

在我国现行的土地制度下,进入土地市场的主体是多方面的,其中包括国有企业、集体企业、私营企业和居民个人,同时还包括外资企业和中外合资、合作企业等。只有按统一标准对进入土地市场的主体进行资质审查,才能保证主体之间的平等竞争,才能使土地市场有序地运行。

(1)土地使用权出让人和转让人的资格。按照目前我国《宪法》、《土地管理法》和《城镇国有土地使用权出让和转让暂行条例》的规定,土地使用权出让是指国家以土地所有者身份将土地使用权在一定年限内让与土地使用者,并由土地使用者向国家支付土地使用权出让金的行为。因此,土地使用权出让人只能是国家,其代表是经国家授权的各级政府。

土地使用权转让是土地使用者将土地使用权再转移的行为,包括出售、交换和赠与。因此,凡因土地使用权的出让、转让而享有土地使用权的境内外的公司、企业、其他组织和个人,均可成为城镇国有土地使用权的转让人。

(2)土地使用权受让人的资格。作为土地使用权受让人的企业、其他组织或个人,不仅要有正当的用地理由,还要有支付土地出让、转让费用的能力或筹资能力以及相应的经营管理能力。受让人在取得土地使用权的地块上进行各项经营活动,必须遵守中华人民共和国的法律、法规和规定并按合同规定的时限和用途使用土地。

三、对土地市场交易程序的规范

(一)土地使用权出让程序

城镇国有土地使用权出让方式有四种,即协议出让、招标出让、拍卖出让和挂牌出让,每一种方式各有其严格的出让程序。

（二）土地使用权转让程序

1. 申请

由原受让人向出让人提出批准转让土地使用权的请求。但是，对于转让土地使用权是否必须经过申请，各地规定不一。从目前情况来看，只有少数地方明确规定转让必须经过申请。

2. 批准（或同意）

由土地使用权的出让人批准或同意原受让人提出的转让申请。和申请程序一样，大部分地方政府基本上没有做出类似的规定，当事人可以自行决定是否转让或如何转让土地使用权，在转让之前无需经出让人允许（土地使用权分割转让除外）。

3. 签约

原受让人通过协议、招标、拍卖等方式确定新的受让人后，与新受让人订立转让合同。《城镇国有土地使用权出让和转让暂行条例》第二十条规定：土地使用权转让应当签订转让合同。各地地方法规一般也都规定除继承转让外，双方当事人应当签订转让合同。

4. 公证

由国家公证机关对土地使用权转让合同进行公证。《城镇国有土地使用权出让和转让暂行条例》虽然并未规定转让合同必须经过公证，但各地地方法规基本上明文规定公证是土地使用权转让合同生效的条件。

5. 登记（也称过户登记）

土地使用权的转让和地上建筑物及其他附着物所有权的转让必须办理过户登记手续，过户登记是土地使用权转让合同生效的条件。土地使用权转让行为的限定条件如下：

（1）未按土地使用权出让合同规定的期限和条件投资开发、利用土地的，土地使用权不得转让。

（2）转让合同的终止日期和建设项目完成日期不得超过原出让合同所规定的终止日期和建设项目完成日期，不得改变原出让合同所列的权利、义务和各项用地要求。

（3）土地使用权转让后，原出让合同规定的土地使用权受让人的权利、义务也全部随之转移，新的受让人无条件地享受原出让合同的全部权利和承担全部义务。

（4）土地使用权转让时，如需改变原出让合同的规划用途，必须事先向国土管理部门和规划部门提出申请，经审核批准，补交土地使用权出让金后方可转让。

（三）土地使用权出租程序

与土地使用权转让一样，土地使用权的出租必须符合一定的程序。不过，由于出租后原受让人与国有土地所有者或其代表机关之间继续保持出让合同关系，国家对其监督关系并未改变，因而土地使用权出租程序较为简单，一般只需经过签约和登记两个阶段。

1. 签约

《城镇国有土地使用权出让和转让暂行条例》第二十九条规定："土地使用权出租，出租人与承租人应当签订租赁合同。"租赁合同的内容包括：①出租土地的位置、面积、四至及租金。②租期，即承租人使用土地的期限。这个期限不能超过出让合同规定的使用年限减去出让合同生效后土地使用权受让人已经使用的年限后的余额。③建设条件。出让合同的转移条款，即出租合同中的建设条件必须符合出让合同规定的建设条件和土地使用规划等，出租合同无权变更出让合同中的有关这方面的规定。

土地使用权租赁合同不得违背国家法律、法规和土地使用权出让合同的规定。未按土地使用权出让合同规定的期限和条件投资开发利用土地的，土地使用权不得出租。

2. 登记

《城镇国有土地使用权出让和转让暂行条例》第三十一条规定："土地使用权和地上建筑物、其他附着物出租，出租人应当依照规定办理登记。"1993 年国家土地管理局发布的《关于变更土地登记的若干规定》要求，"出租国有土地使用权的，土地使用权出租人和承租人应在土地使用权租赁合同签订后 15 日内，持土地使用权出让或转让合同、土地使用权租赁合同共同向土地管理部门申请他项权利登记。"

土地使用权出租的注册登记应按《土地登记规则》规定的要求在宗地原土地登记卡上进行，并在土地登记卡上"登记的其他内容、变更事项及依据"栏登记以下内容：①承租人的名称、地址；②出租面积；③出租用途、期限及起止日期；④租金及缴纳方式；⑤宗地标定价；⑥其他约定条件。

土地使用权出租经过他项权利登记后，核发他项权利证明书——《土地使用权承租证明书》。《土地使用权承租证明书》发给土地使用权承租人。《土地使用权承租证明书》根据土地登记卡填写，证明书格式由各省、自治区、直辖市土地管理部门自行设计，但必须载明下列内容：①承租人名称、地址；②出租人名称、地址；③承租宗地的坐落、地号、图号；④承租宗地的面积、用途；⑤租赁期限及起止日期；⑥租金；⑦宗地标定价；⑧其他给定条件；⑨承租宗地的宗地图（宗地部分出租的，承租宗地图上标出出租部分的界线）；⑩填发机关及发证日期。

（四）土地使用权抵押程序

与土地使用权转让或出租不同，土地使用权抵押一般不受土地投资和开发条件的限制。因此，土地使用权抵押的手续较为简单，一般只需出示土地使用证，证明其土地使用权的真实性，并签订土地使用权抵押合同。土地使用权抵押合同不得违背国家法律、法规和土地使用权出让合同的规定，合同的终止日期不得超过原出让合同的终止日期。签订抵押合同之后，必须予以登记。在中国内地，抵押合同的登记被视为合同生效的必要条件，只有经过登记的抵押合同，才具有效力。土地使用权抵押一般向土地管理部门登记，如果涉及地上建筑物和其他附着物，还应向房产管理部门登记。

抵押国有土地使用权的，土地使用权抵押人和抵押权人应在抵押合同签订后 15 日内，持土地使用权出让或转让合同、土地使用权抵押合同共同到土地管理部门申请他项权利登记。抵押贷款合同终止后，抵押权人应在规定的时间内到土地管理部门办理抵押登记的注销手续。

土地使用权抵押的注册登记应按《土地登记规则》规定的要求在宗地原土地登记卡上进行，并在土地登记卡上"登记的其他内容、变更事项及依据"栏登记以下内容：①抵押权人名称、地址；②抵押面积；③抵押贷款金额及偿还日期；④宗地标定价；⑤其他约定条件。

土地使用权抵押经过他项权利登记后，核发他项权利证明书——《土地使用权抵押证明书》。《土地使用权抵押证明书》发给土地使用权抵押权人。《土地使用权抵押证明书》根据土地登记卡填写，证明书格式由各省、自治区、直辖市土地管理部门自行设计，但必须载明下列内容：①抵押权人名称、地址；②抵押人名称、地址；③抵押宗地的坐落、地号、图号；④抵押面积；⑤抵押金额、期限；⑥宗地标定价；⑦其他约定条件；⑧抵押宗地的宗地图（宗地部分抵押的，应在宗地图上标出抵押部分的界线）；⑨填发机关及发证日期。

四、土地市场中介管理

(一)对土地中介服务企业与个人进行严格的资质审查

所谓资质审查,是政府有关机构(房地产行政管理部门、土地管理部门、工商行政管理部门等)对从事土地中介服务的企业或个人进行资格审定和确认。

1.土地市场中介服务企业必须具备的资质条件

(1)必须是具有法人资格的经济实体。要有明确的经营主体和章程,实行自主经营,独立核算,自负盈亏,能独立承担经济责任。

(2)必须有健全的管理机构。要有合法的法人代表,并配有与经营内容、经营方式及经营规模相适应的具有土地专业知识的经营、技术和财务人员。

(3)必须具有与经营规模、经营内容相适应的自有资金。

(4)必须建立符合财政部门和银行规定的财务管理制度。

(5)必须有固定的办公地点和合法的经营方式与经营手段。

2.土地经纪人必须具备的资质条件

(1)要具有一定的经营能力。要熟悉了解土地市场管理的方针、政策、市场行情及相关业务技术知识。

(2)要有一定的经营方向和经营范围。每个经纪人要确定一定的经营方向并按业务种类或地域确定经营活动的范围。

(3)要有正当的社会身份和从业目的。土地经纪人必须有合法的社会身份和为土地市场服务的从业目的。

(4)要有良好的职业道德。要严格执行土地市场管理的方针政策,遵纪守法,在国家法令和政府允许的范围内开展中介服务活动。

3.对土地中介服务企业或个人(经纪人)进行资质审查的具体程序

(1)由已从事或准备从事土地中介服务的企业(或个人)向主管部门申报,并取得主管部门的同意。

(2)向土地行政管理部门申请资质审查,并提交有关证件、资料。经审查合格,由土地行政管理部门颁发《经营资格证书》。

(3)凭《经营资格证书》和其他有关证件、资料,到工商行政管理部门办理开业登记手续,由工商行政管理部门核发《营业执照》。任何从事土地中介服务的企业或个人,只有在取得《经营资格证书》和《营业执照》之后,方可从事土地中介服务活动。

(二)对土地中介服务企业与个人进行经常性的审查和监督

政府除对从事土地中介服务的企业与个人进行严格的资质审查外,还必须进行经常性的审查和监督,其内容包括:

(1)在审查和监督中,对未经资质审查而从事土地中介服务的企业或个人,其中不具备条件的应坚决取缔;已具备条件而未经资质审查的,应该督促其办理资质审查手续。

(2)已经资质审查合格的中介服务企业或个人,如果违反国家法令和有关政策规定,从事非法经营活动,要视其情节轻重给予行政和经济处罚,甚至取消其经营资格,以保证将土地市场的经营活动纳入国家法令和政策允许的范围之内。

(3)对于发生分立、合并和倒闭的土地中介服务企业,要重新予以资质审查或办理注销手续。

(4)严格限制土地经纪人的业务范围,土地经纪人不得以咨询、介绍、服务为名进行实务性买卖。要建立经纪人经营规范,委托、代办、收费必须通过合同协议公开进行,服务费的收取应由物价管理部门核定。对非法从事土地经纪活动的企业和个人要严肃查处。

【知识拓展】

土地中介、土地经纪人是指搭建于土地供、需双方的第三方,其有效大面积推动土地流转,起到沟通和桥梁的作用。

有供、需客户的产生,自然会产生服务于两者之间的土地中介机构组织。中介机构形式也具有多样性,如土地中介公司、土地信托服务中心、土地信托服务站、土地银行、土地流转协会等。

土地中介机构本身具有以下三大优势:

(1)可适当降低交易成本,更方便快捷处理、推广流转信息,如通过专业的土地流转平台等,及时提供供需流转土地的基本条件,如土地位置、面积、价格等。另外,有专业的土地评估,能为供需双方提供较好的参考。

(2)减少交易风险,能较好地提供政策、法律等咨询,通过书面协定约束双方行为,进而降低交易带来的风险。

(3)实现规模效益,统一流转管理。可将小范围土地流转转换为大范围流转,从临时性、季节性流转变成整体性、长期性流转,更好地将土地流转推向市场。同时也有助于提高交易价格。土地供应方将土地流转事宜委托给中介,需求方直接从中介进行地源挑选,直接沟通谈判,双方都减少了成本及时间。

近年来,土地流转的速度和规模在不断上升,目前来说,出现的中介机构以北京、广东、沿海等地较发达,土地流转比率较高的地区,尤其是在中西部地区,土地中介机构发育缓慢,土地流转市场跟不上总体步伐。其次,中介机构数量不多,都属于起步、摸索阶段,不能适应土地流转实际需求,更大范围内进行土地优化配置,全国范围在不断的扩大,相对应的专业水平有待加强学习,主要为调节土地流转纠纷,土地测量评估、估价法律咨询等专业方面的业务。

土地流转交易市场,是一项比较复杂的交易活动,需培养一批专业的中介服务组织机构,从事农村土地评估、法律咨询、土地融资信托等金融机构、土地信息推广交易等,发展土地金融将是未来农地的一个潜在项目。

思考题

1. 简述城市土地市场管理的目的、原则和内容。
2. 何谓城市土地市场供需平衡?
3. 如何调控城市土地市场供需平衡?
4. 简述城市土地储备制度在土地市场管理中的作用与效果。
5. 如何对城市土地市场价格进行有效管理?

项目六　土地信息管理

【学习目标】

1. 能了解国土资源管理信息化建设的意义；

2. 能操作土地信息系统。

【知识目标】

1. 了解国土资源信息化建设的现状；

2. 掌握土地信息系统的结构和功能。

任务一　国土资源管理信息化建设

【任务目标】

1. 了解国土资源建设的现状；

2. 了解国土资源管理信息化的目标与任务；

3. 了解国土资源管理信息化建设内容。

【学习过程】

课件展示。

【案例导入】

中新社福州 11 月 9 日电（记者赵胜玉）　国土资源部副部长王世元在此间结束的“金土工程”一期建设现场会上指出，只有树立新的管理理念，应用新的技术手段，改革工作方式，提高管理效能，才能适应新形势下国家对土地管理的要求。

据悉，从 2006 年开始的这项工程，目前已有北京、山西、辽宁、上海、江西、山东、河南、湖南、广东、广西、海南、重庆、四川、云南、新疆等 15 个省（区、市）和宁波、焦作、吉林、绍兴、南宁、成都、贵州、昆明等 8 个市开展此项信息化工程，各地共落实经费 12 亿元。

王世元说，党的十七大报告首次将“信息化”作为当今世界社会经济发展的五大趋势之一，放在中国社会经济发展的全局极为重要的位置，充分反映了信息化建设在中国特色社会主义进入改革发展关键时期的突出地位和关键作用。

他指出，大力推进国土资源信息化建设，有利于提高国土资源管理效能，提高干部管理水平和整体素质。没有国土资源信息化，就没有国土资源管理的现代化，就不能履行对国土资源调查评价、规划、管理、保护和利用的职能，也就无法担当守住 18 亿亩耕地红线的历史责任。

【知识导航】

一、国土资源信息化建设概况

1998 年国土资源部成立后，经过 10 年努力，国土资源信息化建设从无到有，从小到大，从东到西快速发展。以“数字国土”、“金土工程”一期建设为主体的信息化与电子政务建设项目的实施,带动和推进了国土资源系统信息化的建设步伐。"一批政务管理信息系统建成并应用,一批重要的基础数据库建成,3S 技术在国土资源调查评价中得到应用;大部分省国土资源门户网站建成,政务信息网上公开取得了良好的社会效果,网络、标准建设步伐明显加快",有力地支持了各级国土资源管理工作,促进了国土资源各项事业的发展。

目前,就我国国土资源信息化与电子政务建设现状看,发展还不平衡,基本上呈现出东部超前、中部崛起、西部滞后的态势。一些经济欠发达省份,除个别省发展较快外,大部分还处于信息化建设初期,或者说还在起步阶段。进入 21 世纪,信息技术创新步伐仍未减缓,向高速大容量、网络化、综合集成化方向发展的势头更加迅猛,通信、光学、微机械、认知科学、传感技术等多学科相互交叉,涌现出云计算、智慧地球、物联网等新技术、新理念,正孕育着新的重大突破,并继续向经济社会各领域广泛渗透。对地观测系统向高分辨率、智能化、网络化、综合协作方向发展,正在迈向多层、立体、多角度、全方位和全天候对地观测新时代,获取地表信息的周期越来越短,精细化程度越来越高,途径越来越多。随着深部探测技术的发展,将会获取更加丰富的地球深部信息。信息技术的迅猛发展正在深刻地改变着信息化发展的技术环境和条件。

二、国土资源信息化的含义

国土资源信息化是以信息技术广泛应用为主导,信息资源为核心,信息网络为载体,信息技术为支撑,信息人才为依托,国土资源各项法规、政策、标准、安全为保障的综合体系。其目的与新机制的运行是一致的,其核心是从技术上为保障国土资源事业科学发展提供高效、快捷的信息服务,从而促进国土资源政务公开、宏观调控和监督管理等工作。国土资源信息化包含国土资源调查评价信息化、国土资源政务管理信息化和国土资源信息服务社会化。

三、国土资源信息化建设目标与任务

根据国家社会经济发展的需求和国土资源管理目标,国土资源管理信息化工作的总的指导方针是"统一领导、统筹规划、统一标准、信息共享、服务管理、面向社会"。

以依托四级网络互联互通的国土资源遥感监测"一张图"、电子政务平台、综合监管平台和共享服务平台为基础,努力构建覆盖全国的集数字化、网络化、智能化为一体的"智慧国土",全面实现网上办公、网上审批、网上监管、网上交易和网上服务,促进管理方式的根本转变,增强全程监管能力,提高管理决策的科学化水平,推动服务型政府建设。主要目标如下:

(1)基本实现以信息技术为支撑的常态化调查监测,促进国土资源信息的实时汇集和动态更新。不同分辨率、不同平台遥感数据统筹和规模化、业务化处理能力进一步提高,满足每年全国覆盖一次、每季度重点地区覆盖一次和应急性的调查监测对数据源的需要。基本实现重点基本农田保护区、重要矿山、重点地质灾害点的实时监测。形成贯穿四级国土资源主管部门和覆盖土地、矿产开发利用主体的畅通的网络化信息采集与监测渠道,逐步实现国土资源管理、开发利用、市场交易信息在国家、省、市三级国土资源数据中心的实时汇集、动态更新,形成覆盖国土资源行业的结构优化、布局合理、专业齐全、功能完善、服务有效、更新及时的国土资源数据体系。

(2)构建四级联动的网上管理运行体系,促进管理方式的根本转变。部和省、市、县级国土资源主管部门所有业务,半数乡镇国土所主要业务实现网上运行和网络化电子数据交换。形成贯穿四级、责任明晰、过程可控、协调联动的网上审批大流程,审批规则标准化,审批行为规范化,审批结果透明化,管理业务无分隔,为简政放权、持续推进审批管理制度改革创新提供技术支撑。

(3)形成覆盖全国的网上监管运行体系,提高监管质量和效率。形成以信息技术为支撑的,贯穿四级国土资源主管部门和土地督察机构的违法线索发现、反馈、处置机制,监管视野覆盖全国,监管触角延伸到国土资源管理全周期的末梢、资源开发利用和市场交易现场,监管指标涵盖资源、资本、资产三属性,监管方式向常态化转变,前移关口,下移重心,动态跟踪,促进执法监管形势根本好转。地质灾害监测信息传输网络覆盖重点地质灾害区,应急处置能力显著增强。

(4)实现信息资源的深度挖掘,促进国土资源决策的科学化。完成一批国土资源核心指标和数据综合分析模型建设,实现数据综合分析、异常报告的常态化、制度化。基于数据挖掘的知识全面融入国土资源管理决策、监管、预警和应急处置,提高国土资源形势分析研判的及时性、科学性和绩效评估的定量化水平,促进国土资源精细化管理、合理配置、供需双向调节和节约集约与综合利用。

(5)构建网上服务体系,进一步提升各级国土资源主管部门的政府公信力和公众满意度。政务信息网上公开,实现县级以上国土资源主管部门全覆盖。在线申报、网上办理业务进一步扩展,初步实现全国土地、矿业权的网上交易。门户网站成为各级国土资源主管部门社会服务的主要窗口。基本实现地质资料信息服务集群化,服务保障"地质找矿突破战略行动"能力显著增强,形成国土资源权威信息产品,一批基础性、公益性国土资源信息在国民经济相关行业得到共享服务。

(6)进一步完善基础设施,信息化可持续发展能力显著增强。国土资源业务网和视频会议系统四级全覆盖。初步建成支撑应急信息传输的无线网。信息网络安全保障进一步加强。国家、省、市三级国土资源数据中心运行环境的集成程度明显提高。信息化标准体系进一步完善。市级以上国土资源主管部门有专门的信息化机构,县级国土资源主管部门有专门的信息化机构或工作人员,人才队伍进一步壮大,信息化运行机制和制度保障体系进一步健全。信息化总体技术架构进一步完善。

国土资源管理信息化建设的主要任务如下:

(1)以"金土工程"二期建设为抓手,大力推进国土资源信息化建设。要抓紧做好"金土工程"一期竣工验收。围绕当前和今后一个时期国土资源管理的中心工作,着眼于电子政务对管理决策和服务的支撑能力建设,站在全局高度,设计好"金土工程"二期的总体框架。抓紧开展需求调查,编制需求分析报告。严格按照国家电子政务工程项目立项程序,抓紧开展"金土工程"二期的立项工作。各地也要积极与当地信息化主管部门沟通,加快推进"金土工程"二期立项的相关工作。

(2)积极推进国土资源"一张图"建设。加强第二次土地调查等专项调查与数据库建设的统筹,按照统一标准加强数据的整合集成。建立数据汇交更新制度和共享共用机制,不断增加数量、扩展容量、提高质量,充分反映资源的数量、质量、分布、潜力,做到资源状况"一览无余",资源家底"心中有数"。对于支撑决策服务、监测监管和社会服务的各类数据必须集中汇交,并按照"谁生产谁负责"的原则及时进行数据更新,保持数据的现势性。

(3)抓好办公业务网络系统建设。办公业务网络系统建设的核心是网上办公,适时并轨,在线服务。这方面部机关本身的任务很重,部机关要带头。各级国土资源管理部门都要下大力气抓好全业务、全流程的网上运行,基于统一电子政务平台集成各类业务应用系统,尽快实现横向到边,纵向到底,县级以上单位无死角,逐步向乡镇国土所延伸。

(4)完善综合信息监管网络系统。要扩大业务覆盖面和地区覆盖范围,把包括用地审批、土地供应、土地利用、土地权属、补充耕地、探矿权、采矿权、矿产资源储量登记统计、矿山开发利用统计、地质灾害、执法监察在内的资源状况、资源收益、管理行为等信息全部纳入监管平台进行监测、监控和监管,并以此为基础,加强数据综合分析和比对研究,有效服务于宏观调控。

(5)建立国土资源网站体系。要进一步优化、调整各单位、各专业网站,解决网站建设小、散、乱的问题,建立统一的对外信息发布平台。通过技术手段,整合各级国土资源管理部门的对外服务网站信息,加强信息的汇总和统一发布,提高信息更新频率,建立更加实用的门户网站和服务社会的大窗口。县级国土资源部门要在明年全面建立对外服务网站。

(6)加快四级国土资源网络建设。网络建设要尽快实现全覆盖,形成规模效应。省级国土资源管理部门要尽可能利用已有资源构建省以下的三级网络,并在确保安全的前提下与主干网进行对接。省以下三级网络最迟于明年做到全覆盖,有条件的地方进一步向乡镇延伸。要用好网络资源,全面实行远程电子申报和信息直报,充分发挥网络优势,推行视频会议,降低行政成本,提高行政效率。

(7)加强应用系统的整合开发与应用。要通过强化应用,不断发现新的需求,带动系统的整合开发和升级改造,从而不断规范和创新行政行为。主管部门要做到强行推,业务部门要积极主动用,技术部门要做好支撑服务,三位一体,密切配合,才能通过信息化手段把我们的管理理念、管理方式转变过来。

(8)推进国土资源信息服务集群化、产业化。要借鉴上海等地的经验和做法,凡有条件的,都要整合地下、地表、地上等各类国土资源信息,创新服务方式、集中显化成果。面向不同层面用户需求,提供数据服务,逐步形成权威的信息产品。加快馆藏成果地质资料、实物地质资料、原始地质资料、土地登记信息等资料的数字化建库工作。对于社会影响大、各行业有广泛需求的国土资源调查成果,适时开展数据产品的分发服务。当前,要重点开展地质资料信息服务和地籍信息查询服务。

四、国土资源信息化建设内容

(1)完善国土资源调查评价和监测技术体系,加快以国土资源遥感监测"一张图"为基础的核心数据库建设。

立足现有基础,借助对地观测、物联网等技术进步,升级国土资源调查评价监测技术体系及装备,增强动态监测能力,通过调查监测成果与日常管理信息的对接,推动调查监测由阶段性向常态化的根本转变。完善国土资源遥感监测"一张图",加快国土资源核心数据库建设,建立健全数据动态更新机制。

(2)加快国土资源管理全业务网上运行,构建国土资源管理决策与综合监管技术支撑体系。

建立国土资源电子政务平台,加强应用系统统筹与整合,加快推进覆盖四级国土资源行政办公、行政审批、综合事务等全业务的系统建设与应用,实现国土资源全业务的信息化管理和四级协调联动。建立国土资源综合监管平台,加强动态监测与网上运行系统之间的对接,增强综合监管和应急处置能力。

(3)加强在线服务和信息共享,推动国土资源主管部门服务型政府建设。

按照推进政府职能转变的总体要求,建立共享服务平台,实现信息服务的集成整合。持续推进政务信息网上公开,为社会公众监督创造条件,引导资源民生问题舆论导向。加强在线服务,扩大服务领域,不断提高各级国土资源主管部门的政府公信力和公众满意度。

(4)完善信息化基础设施,增强信息化支撑保障能力。

进一步完善各级国土资源数据中心基础环境,加快四级国土资源网络系统互联互通,强化安全保障措施,加强信息化标准贯彻执行。

【知识拓展】

数字国土工程是国土资源信息化建设的骨干工程,于 1999 年 10 月正式启动,计划至 2010 年完成。这项由国土资源部信息中心牵头,中国地质调查局、中国土地勘测规划院共同承担的项目,从数字地球的战略高度,系统地整合与集成有关地球表层的国土资源空间基础信息。

数字国土工程是利用现代信息技术促进调查评价工作的现代化和推进国土资源信息系统建设,全面提高国土资源的管理效能和开发利用水平。将基础性、公益性、战略性的国土资源信息数字化,建立国土资源基础数据库。逐步形成国土资源电子政务和信息社会化服务运行所需的雄厚数据支撑,实现国土资源信息加工、处理和存储的科学化、现代化,使国土资源数据积累满足国土资源政务管理和信息社会化服务的需要。

"金土工程"是 2004 年 1 月国务院副总理曾培炎在国土资源部视察工作时提出的。"金土工程"是在国土资源电子政务建设的总体框架下,围绕当前国土资源管理的中心工作,选择耕地保护、矿产资源管理、地质灾害防治等重要业务,在流程梳理、整合的基础上,建立业务应用系统和相应的信息服务系统,形成边界清晰的政务信息系统。"金土工程"的总体目标是完成"三大系统"建设(耕地保护国家监管、矿产资源国家安全保障和地质灾害预警、预报与应急指挥系统),建立覆盖国家、省、市、县级国土资源电子政务管理信息化系统。形成"天上看、地上查、网上管"的国土资源管理运行体系,促进国土资源管理方式的转变。

2004 年 10 月 22 日国务院发布的《国务院关于深化改革严格土地管理的决定》(国发〔2004〕28 号)提出,实施"金土工程"。2005 年 5 月 31 日国家发改委批复立项。

"数字地球"是以计算机技术、多媒体技术、卫星遥感技术、空间信息技术和大规模存储技术为基础,以高速宽带网络为纽带,用数字的方法将地球、地球上的活动及整个地球环境的时空变化装入电脑中,实现在网络上的流通和可视化,使之最大限度地为人类的生存、可持续发展和日常的工作、学习、生活、娱乐服务,用以支持和改善人类活动和生活的质量。

"数字地球"的建立,不但对于实现各类国土资源信息的获取、传输、存储和处理一体化,真正实现信息共享起到决定性的作用,而且将大大提高国土资源工作的效率和水平,加大国土资源工作的社会影响。首先,"数字地球"的建立将为各类国土资源信息进入全球网络交换提供了可能,使我们可以像在 WWW 网上浏览主页一样在全球以多级比例尺搜索和获取所需要的国土资源空间信息。其次,数字地球为国土资源工作获取、处理和分析大量高精度的对地观测卫星数据提供了平台。再次,数字地球为我们进行有关国土资源可持续利用的决策提供有力武器。我们可以在数字地球中根据已有的信息,按照不同的决策方案在电脑中虚拟和模拟,并通过比较,优选出最佳方案。此外,数字地球还将架起国土资源工作者与社会公众之间的桥梁。

任务二　土地信息系统

【任务目标】

1. 掌握土地信息和土地数据的含义；

2. 掌握土地信息系统的构成、功能。

【学习过程】

课件演示。

【案例导入】

澳大利亚 Westerm Australia 州国土部正在实施一个 Smart plan，设计和研制土地信息查询子系统，向四类用户提供服务：一是远程电话访问；二是政府网络用户；三是内部用户；四是一般公众。用户可查询街道、地理名称、政府财产登记、地产、土地地块信息等数据。该项目于 1997 年完成共 1 205 页需求功能分析，于 1999 年启动系统。

我国土地信息系统建设起步较晚，20 世纪 90 年代以来，先后有深圳市规划国土局、常州市规划国土局、武汉市土地局等部门建成业务性的图文信息系统，投入日常业务运作。

【知识导航】

一、土地信息

信息是用文字、符号、图像、图形、声音等介质来表示事件、事物和现象等的内容、数量或特征。信息是一个社会概念，不是事物本身，而是社会共享的一切知识、学问以及从客观现象中提炼出来的各种消息的总和。自然界中一切事物和人类社会的社会活动都要发出信息。信息具有客观性、适用性、传输性和共享性。

土地信息是指与土地相关的信息，包括描述这一块土地的空间属性、自然属性、经济属性和权属属性以及这些属性间互相联系的信息。

土地信息的内容主要包括以下方面：

(1) 地籍管理信息。地籍管理是土地管理的基础，因此地籍管理信息是整个土地管理信息中重要的基础信息，包括土地调查、土地登记、土地统计、土地分等定级、档案管理等诸多业务产生的全部图集、数据、文字和音像等信息。

(2) 土地权属管理信息。主要包括土地产权制度的系列动态文档、土地所有权与使用权的确权、国有土地流转、集体土地使用权、土地征收、土地权属调整等信息。

(3) 土地利用管理信息。主要包括建设用地管理、未利用土地开发利用、土地用途管制、土地利用总体规划、土地利用的调控与监督管理、农用地的利用和保护等信息。

(4) 城市土地市场管理信息。主要包括土地市场交易管理制度文档、土地市场供需、交易情况、中介服务、市场监管等信息。

(5) 土地管理的政策法规与技术规范类信息。包括土地管理的各项法律、法规、规章、制度、政策，土地管理的技术标准等信息。

二、土地数据

数据是通过数字化或直接记录下来的可以被鉴别的符号。例如，数字、文字、符号、图形、声音、影像等,它是未加工的原始材料,是客观对象的表达,在一定程度上可以反映事物的数量关系。信息和数据是不可分离的,信息是数据的内涵,数据是信息的表达。

土地数据是与土地有关的数据集合,主要包括:

(1)分类或分级数据,如土地利用分类数据、土地分等定级数据等;

(2)面域数据,如行政区域界线、宗地等;

(3)网络数据,如道路交点、街道、街区等;

(4)样本数据,如地价监测样点、影像校正控制点等数据;

(5)曲面数据,如高程点、等高线数据;

(6)文本数据,如道路名称、单位名称等;

(7)符号数据,如地物符号等数据;

(8)属性数据,如土地位置、权属性质等数据;

(9)文档数据,如技术设计、技术报告、规范等数据;

(10)音频、视频数据;

(11)图像数据,如影像、照片等数据。

三、土地信息系统

土地信息系统是一种信息和控制系统,指的是以计算机为核心,以土地资源详查、土壤普查、规划、计划、各种遥感图像、地形图、控制网点等为信息源,对土地资源信息进行获取、输入、存储、统计处理、分析、评析、输出、传输和应用的大型系统工程,是土地管理信息化的核心内容。

由于土地管理部门的业务繁杂,为防止系统过于庞大,避免产生业务的重叠和数据处理存储过程中的混乱,根据用户单位工作特点和需要,可将系统划分为若干模块,如图 6-1 所示。

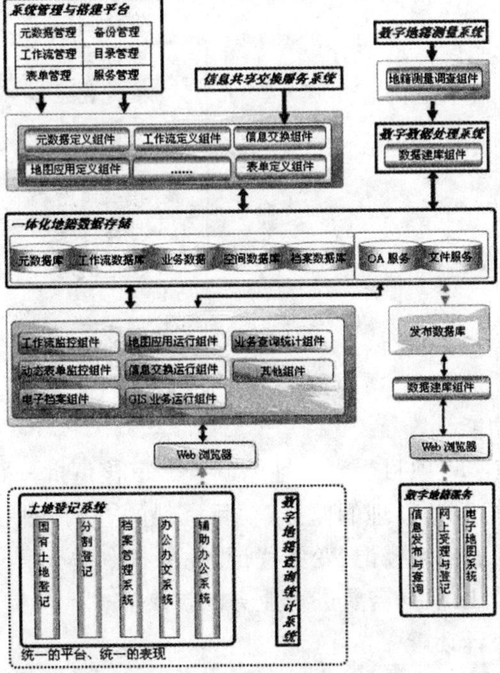

图 6-1　土地信息系统功能结构

四、土地信息系统功能

土地信息系统主要实现以下功能。

(一)数据建库及维护

数据建库是以设计的地籍数据库的结构为参考,按照设计的数据分层、数据编码、字段、常量等信息进行入库,主要包括数据交换格式的装载、数据检查、编辑处理、数据入库等功能。如图 6-2 所示为数据转换功能的实现。数据维护工具包括投影、坐标转换、数据输入输出、数据配准等功能。

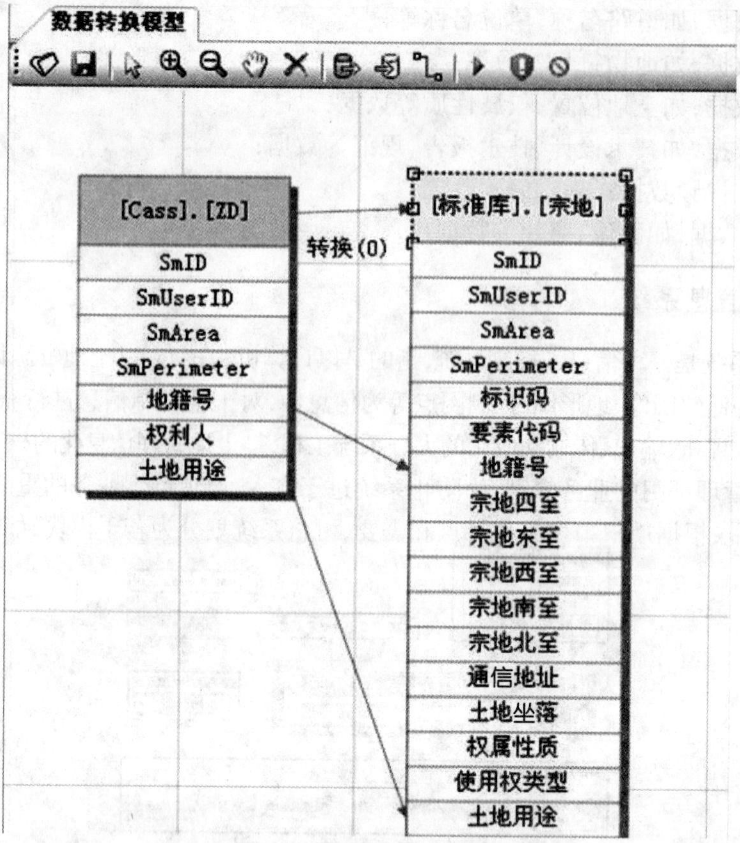

图 6-2　数据转换功能的实现

(二)土地登记业务功能

土地登记业务功能应实现项目受理—地籍调查—审核审批—登记发证过程的流程化管理。办理过程中,可以进行业务办理的监控、项目资料的查询、图形的编辑与地图打印以及证表卡的输出。系统内置了初始登记、变更登记、他项权利登记等常见业务过程,并提供灵活的流程管理工具,用户可以根据需要进行业务的扩展。

(三)地籍的查询与统计功能

地籍业务查询主要包括地籍查询检索、地籍业务统计、地籍分类面积统计三个主要功能。可以在查询结果的基础上进行进一步的统计分析,分析结果可以通过复合表格、专题图等丰富的形式进行表现。如图 6-3 所示为地籍查询功能界面。

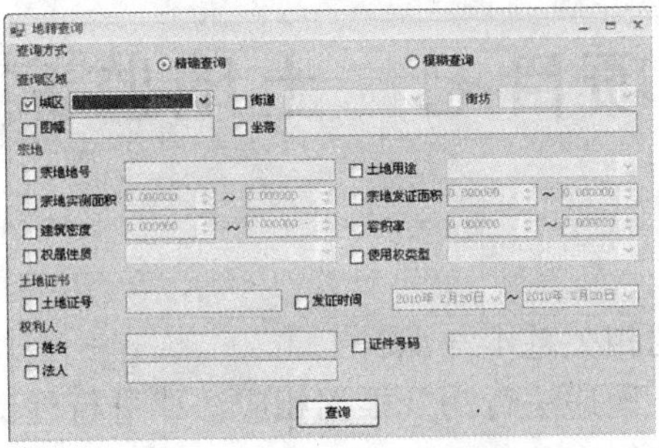

图 6-3　地籍查询功能界面

(四)制图输出功能

制图输出功能提供各种打印模板,根据需要进行各种图件的打印输出,如表、卡、证、册的打印,制图输出(标准分幅地籍图、街道街坊图打印、宗地图……)等。

(五)历史回溯功能

根据时空数据模型,地籍信息系统可实现单宗地历史回溯功能,可以追溯宗地的变化过程,查询每个变化过程的详细信息;区域历史回溯功能实现区域某一时间点的历史用地状态恢复,可以同时实现多窗口多时间点的对比显示。

(六)元数据管理功能

能够对矢量元数据、DOM 元数据、DEM 元数据等数据进行管理和维护。

随着我国土地使用制度改革的深入、市场经济体制的进一步完善、城乡经济和建设日趋融合的发展以及对集体土地产权管理的逐步加强,土地信息系统必将有新的发展。

思考题

1. 什么是土地信息?
2. 什么是土地政策?
3. 什么是土地信息系统?
4. 简述土地信息系统的功能和结构。

项目七　土地监察

【学习目标】

1. 了解土地执法监察的相关基本知识；
2. 能够分析哪些属于土地违法行为及根据相应法律进行处罚；
3. 能够分析土地行政复议案件。

【知识目标】

1. 掌握土地执法监察的内涵及内容，了解土地执法监察的意义；
2. 掌握各种违法用地的内涵、认定、表现形式及处罚；
3. 掌握土地行政复议及诉讼的程序。

本章涉及有关的法律、法规包括：《土地管理法》《刑法》《基本农田保护条例》《土地管理法实施条例》《土地复垦条例》《最高人民法院关于审理破坏土地资源刑事案件具体应用法律若干问题的解释》《关于人民检察院直接受理立案侦查案件立案标准的规定》。

任务一　土地执法监察

【任务目标】

1. 掌握土地执法监察的内涵；
2. 熟悉土地执法监察的内容；
3. 了解土地执法监察的意义。

【学习过程】

1. 案例导入；
2. 分组讨论。

【案例导入】

调查土地违法行为，有权利也有义务

——A市国土资源局调查甲投资发展有限公司违法占地案

2012年8月10日，A市国土资源局J区分局发现了甲投资发展有限公司擅自占用土地38亩建设H路项目，并对其下发了责令停止违法行为通知书，要求甲公司立即停止非法占用土地的行为。然而，甲公司的违法用地行为仍在继续。2012年9月18日，A市国土资源局由乙主办、丙协办，对该案进行了调查。

乙和丙出示了土地管理监督检查证件，要求甲投资发展有限公司出示组织机构代码证、营业执照、甲公司对委托代理人的授权委托书、委托代理人的身份证、该项目的立项批复文件、土地租赁协议及对农民补偿的落实凭证等证书的复印件，甲公司全部出示并复印。此后，二人对现场进行了勘测及拍照，甲公司也作出了《关于H路用地情况的说明》。2012年

10月11日,乙和丙在出示执法证件后对委托代理人做了询问笔录,以对事实进行认定。委托代理人表示后期将积极完善相关用地手续,配合处理。

2012年11月15日,乙和丙将该案的调查报告和证据材料交给A市国土资源局审理,审理委员会认为该案调查的程序合法,事实清楚,证据材料齐全,无须补充调查。

【分析】

本案是土地行政主管部门依法调查土地违法行为的行政执法案例。本案例浓缩展示了土地行政主管部门对土地违法行为行使调查权的全过程。乙和丙的调查过程完全符合《土地管理法》第六十七条和其他配套法律法规的实体规定和程序规定,因此其调查报告和相关证据被审理委员会所采纳。

【知识导航】

一、土地执法监察内涵

(一)土地执法监察的概念

土地执法监察,是指县级以上人民政府国土资源行政主管部门按照法定程序和方式,依法对本行政区域内土地管理法律、法规的执行情况进行监督检查,并对违法者实施法律制裁的活动。

(二)土地执法监察的主体

土地执法监察的主体是代表国家行使土地管理职权的县级以上人民政府国土资源行政主管部门,具体指国土资源部,省、自治区、直辖市国土资源行政主管部门,设区的市、自治州国土资源行政主管部门以及市、县级国土资源行政主管部门。

(三)土地执法监察的对象

土地执法监察的对象不仅包括土地管理的相对人,即与土地发生法律关系的单位或者个人,而且还包括享有土地征收和建设用地审批权的地方各级人民政府及代表政府行使土地管理权的国土资源行政主管部门。土地执法监察活动就是对土地管理者、土地所有者和土地使用者的活动和行为进行督促和检查。土地执法监察的对象是与土地发生法律关系的土地管理者、土地所有者和土地使用者。

(四)土地执法监察的目的

土地执法监察的目的是实现国家的土地管理职能,保证土地管理法律法规的全面实施。在土地管理、土地利用的过程中,土地执法监察机构依法对其过程进行监督检查,预防、制止、查处土地违法行为,从而维护土地的社会主义公有制和土地管理的正常秩序,保证土地管理法律、法规全面实施,最终实现土地管理的总目标。

(五)土地执法监察的内容

土地执法监察的内容是对土地管理法律、法规的执行情况进行监督检查,并对违法者实施法律制裁。法律制裁主要是追究行政责任,包括给予当事人行政处罚或行政处分,将土地犯罪移送有关机关处理等。

(六)土地执法监察的形式

(1)按照监察时间的不同,可将土地执法监察划分为事前监察、事中监察和事后监察。事前监察是在监察对象进行某一行为之前所作的监察,目的是预防土地违法行为的发生。

事中监察也可称作日常监察，是在监察对象实施某一行为的过程中所作的监察。事后监察是指土地违法行为发生后，依法对违法者进行惩处的活动。

当前，最积极、最科学的办法是加强土地执法监察活动中的事前监察和事中监察，尽最大可能预防和杜绝土地违法行为的发生，把土地违法现象消灭在萌芽状态。

（2）按照监察的活动范围，可将土地执法监察划分为普遍监察与专门监察。普遍监察也称一般监察，是指监察主体对其工作管辖范围内的机关、团体、单位和个人遵守土地管理法律法规的情况和土地使用、保护、权属变更的情况实行普遍的监督检查，并不针对特定的对象。专门监察也称重点监察或特定监察，是监察主体对特定的监察对象所进行的监察。

普遍监察适用于对某项法律、法规、规章等普遍性的规范性文件的遵守与执行情况或者带有普遍性管理而检查内容又较为简单的行政监察领域；专门监察多适用于某个组织或个人可能有不符合法律的情形或是否执行具体决定、命令情况的监察，或者带有特定性而专业性又较为复杂的行政事项的监察。

（3）按照监察的对象，可将土地执法监察分为内部监察和外部监察。内部监察是指上级国土资源行政主管部门和下级国土资源行政主管部门对贯彻、执行土地管理法律、法规情况所进行的双向监督检查。外部监察，是指国土资源行政主管部门依法对本系统外使用土地的机关、团体、单位和个人以及审批用地的机关（主要是指政府）、人员（主要是指政府领导）遵守土地管理法律、法规的情况所进行的监督检查。

（4）按照监察的系统关系，可将土地执法监察分为自力监察和他力监察。自力监察也就是自我监察，有两种情形：对使用土地的单位、个人的申报；同一土地管理机关内部各部门之间对贯彻执行土地管理法律、法规的情况进行互检互查。他力监察，是指土地执法监察主体对组织上不隶属于他们的监察对象实施的监察，即与前面所述的外部监察含义相同。

（5）按照监察的目的，可将土地执法监察分为守法监察和执法监察。守法监察包含对监察对象遵守土地管理法律、法规的情况实施监督检查和对违法者实施行政制裁的全过程。执法监察是指对监察对象执行国土资源行政主管部门的行政制裁决定的情况所作的监督检查。

（七）土地执法监察的方法

土地执法监察的方法有超前控制方法、跟踪检查方法、目标管理方法以及协作处理或公开处理等。

1. 超前控制方法

超前控制方法是通过实行“政务”公开的制度，对可能出现的各种土地违法现象，超前控制，预防其发生。这是实现土地执法监察防范职能的重要途径。具体做法包括：①公开用地审批制度；②各项用地实行顺序排队制度；③公开土地执法监察办法和制度。

2. 跟踪检查方法

跟踪检查方法就是通过各种途径，对各项建设用地实行全过程的跟踪管理，及时发现和制止违法行为的方法。具体做法包括：①实行建设用地挂牌制度；②实行定期现场察看制度；③实行巡回检查制度；④实行土地利用动态监测制度；⑤建立群众举报制度。

3. 目标管理方法

目标管理方法是将依法管理土地和干部目标管理挂钩，防止和杜绝管理者违法行使土地管理权。这是对管理者实施监察的有效方法。

4. 协作处理方法

协作处理方法是指某些土地违法案件因为案情复杂、涉及面广,根据不同情况,需要与行政监察机关、党的纪检机关、经济监督部门、政府其他部门以及司法机关等,组成联合调查组进行调查和处理的方法。

5. 公开处理方法

公开处理方法是指对一些在本地区有重大影响的土地违法案件,实行公开处理的制度。在处理时,组织干部和部分群众到场,请新闻、舆论界公开报道。

二、土地执法监察的内容

土地执法监察的内容是对土地管理法律、法规的执行情况进行监督检查,并对违法者实施法律制裁。包括对国土资源行政主管部门法律、法规职责履行情况的监督检查和对土地所有者和使用者是否依法合理利用土地情况的监督检查。土地执法监察的具体内容如下。

(一)监督检查土地管理法律、法规的贯彻执行情况

土地管理法律、法规,是落实土地基本国策的保证,而土地执法监察是这些法律、法规得到正确贯彻实施的重要手段。通过对国土资源行政主管部门是否依法履行职责进行监督检查,对土地所有者和土地使用者是否依法合理利用土地进行监督检查,可以及时发现、制止和纠正土地违法行为,从而减少土地违法案件的发生,保证土地管理法律、法规的正确贯彻执行。

(二)受理对土地违法行为的检举、控告

国土资源行政主管部门要建立土地违法行为举报制度,鼓励单位和个人对土地违法行为进行检举、控告。对属于自己管辖的案件,应予以受理,对不属于自己管辖的案件,应将有关材料移送有管辖权的部门。

(三)调查土地违法案件

调查处理土地违法案件,是土地执法监察的重要任务和内容。国土资源行政主管部门通过对土地违法案件的处理,依法追究违法者的法律责任,严厉制裁土地违法行为,从而达到维护土地管理正常秩序,保证社会主义土地公有制这一根本目的。

(四)受理不服土地行政处罚、决定申请复议的案件

受理土地复议案件并经审理作出复议决定,可以有效地维护正确的处罚,制裁土地违法行为;纠正不当的处罚,保护当事人的合法权益,提高国土资源行政主管部门的威信。

(五)指导、监督检查下级国土资源行政主管部门的土地执法监察工作

土地执法监察工作是一项严肃的行政执法工作。土地执法监察人员必须秉公执法,依法追究违法者的法律责任,以维护法律的尊严。上级国土资源行政主管部门要对下级国土资源行政主管部门的土地执法监察工作经常进行指导,对下级国土资源行政主管部门的工作人员的行政行为进行监督监察,以保证国土资源行政主管部门及其工作人员依法行政。

(六)协助有关部门调查处理土地行政管理人员在依法执行职务时遭受打击报复的案件

国土资源行政主管部门必须旗帜鲜明地维护土地行政管理人员的合法权益。对于那些造成严重后果的打击报复事件,要诉诸法律,严惩犯罪分子,以解除广大土地行政管理人员的后顾之忧。

三、土地执法监察的意义

(1)土地执法监察是保证土地管理各项法律、法规实施的重要手段。土地执法监察是国土资源管理工作的重要环节,是贯彻国土资源法律、法规的重要手段,是落实有法可依、有法必依、执法必严、违法必究的重要保证。

(2)土地执法监察是维护土地权利当事人合法权益的重要途径。通过加大土地执法监察力度,严肃查处土地违法案件,特别是严重侵犯群众利益的违法行为,维护和保证人民群众的合法权益,切实维护社会和谐稳定。

(3)土地执法监察是防止国家土地资产流失的重要方式。改革开放以来,随着土地使用制度改革的深化,土地资源的资产价值得到体现,逐步适应城市建设、企业改革、经济结构调整的需要。但目前国有土地资产通过市场配置的比例不高,透明度低;划拨土地大量非法入市,隐形交易;随意减免地价,挤占国有土地收益的现象严重,使得大量应由国家取得的土地收益流失到少数单位和个人手中。这不仅严重影响对土地的保护和合理开发、利用,而且滋生腐败现象。因此,必须切实加强制度建设,开展土地执法监察,规范行政行为,杜绝土地资产流失和腐败行为的发生。

(4)土地执法监察是维护土地管理和土地市场秩序,促进土地资源可持续利用的基本途径。土地监察的主要任务是发现和纠正一切违反国家土地行政管理要求的行为,防止和纠正土地政策执行活动中的偏差和失误。通过开展土地执法监察,重点解决违规设立各类开发区、非法占地、土地非法入市和执法不严等问题,特别是通过对土地占有、使用的监督检查,对各类土地利用的管理秩序,用地、供地的管理秩序,土地市场流转的管理秩序和土地行政执法的管理秩序进行监督检查,依法维护土地市场秩序,实现土地管理法制化发展。

任务二　土地违法行为处罚

【任务目标】

1. 掌握土地违法行为的概念与特征;
2. 掌握查处违法行为的基本原则及处理程序;
3. 掌握常见的各种土地违法用地的内涵、认定、表现形式及处罚;
4. 了解其他各种违法用地的内涵、认定、表现形式及处罚。

【学习过程】

1. 案例导入;
2. 分组讨论。

【案例导入】

2003 年 3 月,甲镇政府以行政命令的方式,征用了本镇乙村耕地 10 亩,并签订了征地补偿协议。甲镇政府对此块土地进行平整后,兴建了一座化工厂,该化工厂为甲镇所属的乡镇企业,有独立法人资格。2007 年 5 月,该化工厂破产,厂房一直闲置。2007 年年底,甲镇政府招商引资引进丙厂,甲镇政府将原化工厂使用的土地以及厂房租赁给丙厂使用,租期

10年。2008年7月,当地国土资源局巡查发现后,对此违法案件进行了调查取证,试分析该如何对其处罚。

【分析】

本案例主要疑惑在于:①甲镇政府批准使用乙村土地的行为是非法批地还是非法转让?如何处罚?②丙厂的用地行为是按照非法转让处罚还是非法占地进行处罚?

判断甲镇政府的违法行为是非法批地还是非法转让,关键是要区分两种违法行为的主体和表现形式。

非法批地行为,是指违反土地管理法律法规的规定,非法批准征收、使用或占用土地的行为。根据《土地管理法》第七十八条的规定,非法批地主要有四种情形:一是无权批准征收、使用土地的单位和个人非法批准征收、占用土地;二是超越批准权限非法批准占用土地;三是不按照土地利用总体规划确定的用途批准用地;四是违反法律规定的程序非法批准占用、征收土地。

非法转让土地行为,是指违反土地管理法律、法规的规定,以各种形式非法转让建设用地使用权的行为。可以归纳为三种情形:一是未经批准,非法转让以划拨方式取得的建设用地使用权;二是不具备法定条件,非法转让以出让等有偿方式取得的建设用地使用权;三是违反《土地管理法》第六十三条的规定,买卖、转让农民集体所有的土地用于非农业建设的行为。

根据《土地管理法》第四十五条的规定,征收土地由国务院和省级人民政府批准,其他任何国家机关没有征地批准权限。本案中,甲镇政府作为政府机关,虽没有征地批准权限,但通过行政命令的方式,与乙村签订征地补偿协议,征收乙村土地用于兴建乡镇企业,其实质是实施了批地行为,这是一种非法批地行为。对甲镇政府的行为,应当根据《土地管理法》第七十八条的规定进行处罚。

关于丙厂的行为是非法受让土地还是非法占地,由于甲镇政府的行为是非法批准征收行为,其批准文件无效,化工厂所占土地应当归还乙村所有。根据《土地管理法》第六十三条的规定,农民集体所有的土地的使用权不得出让、转让或者出租用于非农业建设。但是,符合土地利用总体规划并依法取得建设用地的企业,因破产、兼并等情形致使土地使用权依法发生转移的除外。丙厂未经批准租赁化工厂土地用于非农业建设,应当属非法占地行为,可根据《土地管理法》第七十六条的规定进行处罚。

【案例导入】

未经批准非法占用土地应依法追究其法律责任

——某食品公司非法占地案

群众举报,A市某食品公司在2011年6月依法取得15.05亩合法用地手续后,开始建设厂房及办公用房,但是该企业实际占地面积为34.85亩,即超过批准数量19.8亩。

按照《土地管理法》第七十六条第二款之规定,"超过批准的数量占用土地,多占的土地以非法占用土地论处"。A市国土局于2012年9月依法对其下达了行政处罚决定书,限其在7日内自行拆除非法占用的19.8亩土地上新建的建筑物和其他设施,恢复土地原状。因该企业到期未履行行政处罚决定,A市国土局依法申请A市人民法院强制执行。

【分析】

本案是公司超出批准非法占用土地的行政处罚案件。《土地管理法》第七十六条第二款规定,“超过批准的数量占用土地,多占的土地以非法占用土地论处”。因此,A 市某食品公司超过批准数量多占 19.8 亩建厂房及办公用房的行为应定性为非法占地行为。依据《土地管理法》第七十六条第一款的规定,市土地行政主管部门作出“限其在 7 日内自行拆除非法占用的 19.8 亩土地上新建的建筑物和其他设施,恢复土地原状”的决定,由此也可推知该食品公司所多占的 19.8 亩土地不符合土地利用总体规划。

因该公司到期未履行限期拆除的行政处罚决定,根据《土地管理法》第八十三条的规定,市国土局依法申请人民法院强制执行。

【知识导航】

一、土地违法行为的概念与特征

(一)土地违法行为的概念

所谓土地违法行为,是指单位和个人(包括中外合资经营企业、中外合作经营企业、外资企业)违反土地管理法律、法规(包括国家土地管理法、国务院关于土地管理的行政法规、地方性土地管理法规)的行为,即不履行《土地管理法》规定的义务或滥用权利与职权,应当追究法律责任的行为(包括作为和不作为)。违反土地管理法的行为,同其他违法行为一样,其实质是违反统治阶级的意志,对国家利益造成危害。

(二)土地违法行为的特征

土地违法行为具有以下特征:

(1)必须是违反土地管理法律、法规的一种实际发生了的行为。若仅有占用土地的想法而没有占用土地的具体行为的,不能确认为土地违法行为。

(2)必须是侵犯了土地管理法律、法规所保护的土地关系和土地管理秩序,对社会造成了某种危害的行为。我国实行土地的社会主义公有制,如某人买卖国有土地或集体土地,这就侵犯了我国的土地公有制度,危害了国家或集体的土地所有权。如果某种行为并没有侵犯土地管理法律、法规所保护的土地关系或土地管理秩序,也就不构成土地违法行为。

(3)必须是行为人出于故意或过失,有主观方面的过错。土地违法行为是在行为人的思想支配下实施的。故意和过失是行为人对自己违反土地管理法律、法规的行为及其所产生的后果所持的两种不同的心理状态。土地管理法律、法规已在我国城乡广为宣传贯彻,“土地管理有了法,使用土地要依法,乱占滥用受处罚”已广为人知。同时,我国土地是公有制,没有私人土地,私人没有任意占用和处置的权力,这已是人们常识范围内的事。因此,实施土地违法行为的行为人的主观心理状态一般是故意的。

(4)土地违法行为的主体必须是具有法定责任能力的自然人、法人和其他组织。主体是自然人的,必须具有法定的权利能力和行为能力,即能够享受土地管理法律、法规所规定的权利,又能够通过自己的行为承担土地管理法律、法规所规定的义务。如少年儿童和精神病患者不能成为土地违法行为的主体。主体是法人或者其他组织的,必须有以自己的名义取得法定权利和承担法定义务的能力。

在认定某公民、某法人或某其他组织的行为是否是土地违法行为时,必须综合考察、全面分析,既要具有主观要件,又要具有客观要件,缺少任何一个方面都不是土地违法行为。

二、土地违法行为构成要件

(一)主体要件

从《土地管理法》规定的法律责任来看,除"越权非法批准占用土地"是特殊主体外,其他土地违法行为的违法主体都是一般主体。从主体的量的规定看,有3种情况:

(1)任意性的。指成为该土地违法行为主体的对象广泛而没有限制条件。它指以下6种:①未经批准或骗取批准非法占用土地的;②非法转让土地的;③无权批准而非法批准占用土地的;④非法占用土地补偿费和安置补助费的;⑤破坏土地资源的;⑥侵犯土地所有权或使用权的。

(2)条件性的。指成为该土地违法行为主体,是有一定前置条件的,在对象范围上作了限制。它指以下4种:①超过批准的用地数量非法占用土地的;②临时租地期满不归还的;③土地使用权被收回而拒不交出土地的;④拒不履行或者拒不按规定要求履行土地复垦义务的。

(3)唯一性的。指成为该土地违法行为主体的对象只此一种,别无他人。唯一性即越权非法批地的一种。

(二)主观要求

根据行为人实施土地违法行为时的心理状态,可将违法的主观方面大致分为两种。

(1)故意的。下列行为者的主观方面是故意的:①非法占用土地的;②非法转让土地的;③非法批准占用土地的;④非法占用征地费款的;⑤应交还而拒不交还土地的;⑥严重毁坏耕地种植条件的;⑦拒不履行或拒不按规定要求履行复垦义务的。

(2)既可以是故意的,也可以是过失的:①开发土地,造成土质退化、水土流失的。对法律禁止开发的地带明知不该而去开发造成土质退化、水土流失的,属故意行为;有的开发行为人从良好的愿望出发,在法律并未禁止的地带开发,但由于对情况估计不足,对技术问题论证不够,以致造成土质退化、水土流失,这种结果不是行为人所希望或放任发生的,因而是过失的。②不履行或不按规定要求履行复垦义务的。有的单位或个人对在生产建设过程中,因挖损、塌陷、压占等造成破坏的土地是否均要予以复垦或复垦达到什么技术指标不明白、不了解,就应认为是过失的。③侵犯土地所有权或土地使用权的。土地侵权行为一般是故意的,即"恶意侵犯",但也有是过失的。如某农民集体组织或某国家、集体土地使用权人,多年来未利用该地,对周围的单位或个人平时临时使用该地也未加管理和干涉,使之认为所有权或使用权人对该地已不主张权利而进行永久性建设占用,以致对方主张权利时发生侵权结果的,这种侵犯应为"善意侵犯",主观上应是过失的。

(三)客观要件

各种土地违法行为人在客观上都实施了违反土地管理法律、法规的行为,破坏了土地管理法律、法规所保护的社会关系和管理秩序,造成了一定的危害结果。

(四)客体要件

违法客体根据其范围的大小,可分为一般客体、同类客体和直接客体。分析违法行为的构成所要研究的是直接客体。如一行为同时侵犯两个直接客体的,称双重客体。各种土地违法行为所侵犯的共同客体是社会主义土地法所保护的土地关系和土地管理秩序。但根据各种土地违法行为所侵犯的直接客体不同,可将其大致分为以下几类。

(1)侵犯社会主义土地公有制原则。①非法占用土地行为。土地所有权包括土地的占有、使用、收益、处分四大内容,其中处分权是土地所有权的核心职能,处分权包括批准对土地的占有、使用、收益等方面,这个处分权不是谁都可以行使的,只有土地所有者才能行使。根据"两权"可以分离的原则,单位和个人可以依法获得土地使用权,但必须得到合法有效的批准。未经批准、骗取批准或超过批准数量非法侵占土地,从客观上看,其目的可能是为获取使用权,但土地使用权是所有权的重要内容之一,在使用权与所有权尚未分离的情况下,去非法侵占,企图化大公为小公,或化公为私,损害的是国家和集体的共同利益,实际上是对土地公有制的侵犯。②非法转让土地行为。土地转让是对土地的处分行为。国有土地和集体土地使用权的转移以及集体土地所有权的改变都只能严格依法进行,单位和个人都没有任何处置的权力。"非法转让土地"的行为人蔑视法律规定,视公有土地为私物,任意处置,无疑是对土地所有权的粗暴侵犯。

(2)破坏城乡土地统一管理原则。统一管理原则是落实"十分珍惜和合理利用每一寸土地,切实保护耕地"这项基本国策的根本原则,是对多年来土地分散多头管理的教训的总结。城乡土地统管的主要标志是征收、使用土地审查,批准权统一由各级人民政府及其土地行政主管部门行使。而无土地管理权的部门批准他人征收、使用土地,则形成"政出多门",致使土地行政关系混乱,依法管理、计划管理都无法落实,这是对城乡土地统管原则的严重破坏。

(3)妨害人民政府及其土地行政主管部门的正常活动。我国的土地行政工作实行的是统一管理、分级负责制度,它要求各级人民政府及其土地行政主管部门在法律规定的职权范围内执行职务。而下级人民政府及其土地行政主管部门越权审批土地,打乱了上下级之间的职责界限,侵犯了上级人民政府及其土地行政主管部门的职权,造成人们思想混乱,给人们以执法不严、法轻权重的形象,损害了政府和主管部门的信誉,影响法律的正确实施,妨碍其开展正常活动。

(4)破坏土地资源利用保护的原则。①严重毁坏耕地种植条件的行为。我国人多地少,耕地相对贫乏,这是国情。据此,《土地管理法》规定,各级人民政府要对耕地实行保护政策,并切实制止破坏耕地的行为。在耕地上乱采乱挖,使耕地丧失生长作物的能力,将加剧我国的人地、人粮矛盾,既损害国家长远利益,也损害农民集体组织的直接利益,这是我国耕地保护政策所不允许的。②开发土地,造成土质退化、水土流失的。土地开发应依法、有计划、科学地进行。开发土地必须是综合整治性的开发,必须是利大于弊的开发。如果开此损彼,开发一小块,流失一大块。这实际上是损害土地资源。③拒不履行和拒不按规定要求履行义务的。我国可供利用的土地资源不足,因采矿、取土等造成破坏的土地,必须整治到可供利用状态,这是我国土地利用原则的重要内容。拒不履行和拒不按规定要求履行复垦义务,是对可恢复利用的资源的浪费。

(5)侵犯被征地单位合法权益的。"民以食为天,粮以土为本"。农民集体土地被征收,就失去了生产场地和传统生活来源。征用土地费款,根据本法规定,是用来安置失去土地的农民就业和生活补助的,这是一种专项资金,使用权人和使用用途都是法定的。上级或其他单位占用了这些费款,势必严重影响被征地单位发展生产、安排就业等工作的进行,损害被征地单位的合法权益,与此同时,还将对人民政府及其土地行政主管部门继续开展征地工作造成阻力。

三、查处土地违法案件的基本原则

查处土地违法案件的基本原则,是指在处理整个土地违法案件工作中应遵循的基本准则,它对于指导土地违法案件的查处工作具有普遍重要的意义。查处土地违法案件的基本原则,包括以下几个方面的内容:

(1)以事实为根据,以法律为准绳。事实和法律是土地管理部门查处土地违法案件的依据和标准。以事实为根据,就是必须忠于事实真相,客观地反映案件的真实情况,以客观存在的事实作为认定案件事实的基础。以法律为准绳,就是在查明案件事实的基础上,以法律、法规为统一的尺度,分清案件违法的性质、程度,给予相应的处罚,而不能由办案人员随心所欲决定处罚。

(2)事实清楚,证据确凿,定性准确。事实清楚,是指案件所涉及的事实明了、清晰,不含糊,经得起检验;证据确凿,是指证明案件真实情况的事实确实、可靠,具有说服力;定性准确,是指对案件性质的认定正确,没有偏差。

(3)处理恰当,即手续完备且适用法律法规正确。所谓处理恰当,是指对案件的处理要公正、合理。具体来讲,它包括两层含义:所谓手续完备,是指按照法定程序,在查处案件过程中的每一个具体环节,都应按照法律法规的要求,完备各种法定的手续;所谓适用法律法规正确,是指在对案件准确定性的基础上,根据案件的性质、违法的情节以及对社会的危害程度等能正确适用法律法规处理案件。

(4)符合法定程序和法定职责权限。法律、法规规定的行政程序,是行政机关正确、及时作出具体行政行为的必要保证,是防止行政机关及其工作人员滥用职权的有效措施。违反法定的行政程序,很可能作出不正确的具体行政行为,侵犯公民、法人或者其他组织的合法权益。违反法定程序的具体行政行为在行政诉讼中一般都要被撤销,而导致行政机关败诉。因此,土地管理部门在查处土地违法案件中必须严格按照法定程序办事,在法定的职责权限范围内行使职权。只有这样,才能保证其作出的具体行政行为合法有效。

(5)行政处罚公开、公正原则。公开——就是要让群众知道和明白公开的内容:①有关行政处罚的规定要公开,使公民事先了解;②对违法者依法给予的行政处罚要公开,这样便于群众监督,也有利于对广大民众进行教育;③执法人员的身份要公开,执法人员必须出示合法有效证件或者佩戴标志。公正——就是指行政机关在处罚中对受罚者用同一尺度平等对待,即对同样的违法行为,不论其地位、权势,应一视同仁,一样处罚。公正的目的在于排除执法人员的偏私,以求查明事实,正确适用法律,作出公正处理。

前面讲了查处土地违法案件的五项基本原则,事实上,在办案过程中还有一些很重要的原则应当遵循,例如分级负责原则,回避原则,不适用调解原则,办案人与决定处理的人分开原则,坚持处罚与教育相结合的原则,当事人享有陈述权、申辩权原则,等等,在此不一一赘述。

四、土地违法案件的处理程序

处理土地违法案件,是各级土地管理部门或乡(镇)人民政府行政执法的主要标志,是制裁违法者、降低案发率的重要手段。土地违法案件查处是一项程序性很强的工作。查处案件是否符合法定程序,直接关系到土地行政执法行为的有效性。根据《土地违法案件查

处办法》(国家土地管理局令〔1995〕第3号)的规定,办案程序需要经历以下几个步骤:

(1)受理,指土地管理部门对土地违法案件进行登记,详细记录案情的活动。受理的案件来源主要有四个方面:①上级交办;②其他部门移送;③群众举报;④自己检查发现。

(2)立案,指土地管理部门认定受理的案件符合立案条件,决定予以查处的活动。立案必须符合立案条件和立案程序。立案条件是:①有明确的行为人;②有违反土地法律、法规的事实;③依照土地法律、法规规定应当追究法律责任;④属于本部门管辖和职责范围内处理的。这四个条件必须同时具备才能决定立案。

立案程序是:①审查受理的案件是否符合立案条件,对符合立案条件的,予以立案,不符合立案条件的,不予立案;②对符合立案条件的,填写《土地违法案件立案呈批表》;③将《土地违法案件立案呈批表》报土地管理部门主管领导审批,领导批准后,予以立案。

(3)调查,指案件立案后,为查明案情,办案人员所进行的调查取证活动。案件立案后,土地管理部门应当及时指派办案人员。办案人员应当全面、客观、公正地调查案件所涉及的人和事,广泛收集有关证据。承办人在案件调查结束后,应当根据事实和法律、法规,提出《土地违法案件调查报告》报所在土地管理部门。

(4)处理,指案件调查结束后,根据认定的事实,土地管理部门依法对案件作出处理决定的活动。根据《土地违法案件查处办法》(国家土地管理局令〔1995〕第3号)第二十七条、第二十八条规定,土地违法案件在承办人提出《土地违法案件调查报告》基础上,由土地管理部门领导进行集体审议,并实行行政首长责任制。经审议的案件,土地管理部门应当分六种情况予以处理:①认定举报不实或者证据不足,未发现违法事实的,立案予以撤销;②认定违法事实清楚,证据确凿的,依法作出行政处罚决定,送达当事人;③认定侵犯土地的所有权或者使用权的,依法作出行政处理决定,送达当事人;④认定当事人拒绝、阻碍土地管理部门工作人员依法执行公务的,应当提请公安机关处理;⑤认定国家工作人员违法,依法应给予行政处分的,提出书面行政处分建议,移送有关单位处理;⑥认定违法行为构成犯罪的,将案件移送司法机关依法追究刑事责任。

(5)听证,指土地管理部门在作出处罚决定前征求利害关系人的意见的一种形式。这也是一种调查性、复核性活动,是行政处罚程序中的基本程序。土地管理部门在作出重大处罚决定前,应先告知当事人处罚的事实与理由。当事人有要求听证的权利,也有放弃要求听证的权利,凡是当事人要求听证的,土地管理部门应当组织听证。听证会应当公开举行,并由土地管理部门指定非本案调查人员主持听证。当事人认为主持听证的人员与该案件有直接利害关系,可能影响公正进行的,有权申请回避。土地管理部门举行听证应在听证前的适当时间内,将举行听证的案由、时间、地点公之于众。在听证时,被处罚的当事人或委托代理人可以就自己认定的事实和理由进行陈述、申辩、反驳、质证,提出有利于自己的新的事实和证据。经过听证后,当事人对土地管理部门作出的行政处罚决定不服的,仍然有权申请行政复议或提起行政诉讼,由上级机关或人民法院作出裁决。

(6)送达,指土地管理部门将依法作出的《土地违法案件行政处罚决定书》《土地侵权行为处理决定书》送交当事人的活动。土地管理部门在作出上述决定书以后,应当在规定的期限内将作出的决定书送交当事人,未送达当事人的,该决定书不产生法律效力。送达当事人后,当事人应当在送达回执上签收,并注明签收日期。当事人不在的,交其同住的成年家属或者所在单位签收。当事人指定了代收人的,可以交代收人签收,并注明代收人与当事人的关系。当事人拒绝接收送达的文书的，土地管理部门应当邀请有关基层组织或者所在单位的代表到场，说明情况，在送达回执上记明拒收事由和日期，由送达人、见证人签名或者盖章，把送达的文书留在当事人的住所或者收发部门，即视为送达。

(7)执行，指土地管理部门对自己作出的已经发生法律效力的《土地违法案件行政处罚决定书》《土地侵权行为处理决定书》依法作出后，当事人应当在规定的期限内，予以履行。当事人不履行或者不及时履行的，土地管理部门应当督促其履行。当事人对行政处罚决定在法定期限内不申请行政复议，也不提起行政诉讼，又不履行行政处罚决定的，期满后由土地管理部门申请人民法院强制执行。

(8)结案，指案件处理结束后，将整个案件处理过程中形成的材料综合整理、立卷归档的活动。案件处理完以后，就进入了案件的结案程序。在结案程序中，主要应做五项工作：①收集整理处理结果，包括行政处罚强制执行书、人民法院的判决书等各种法律文书；②提出结案报告，由办案人员填写《土地违法案件结案报告》，报主管领导审批；③立卷，由办案人员将整个办案过程中形成的全部材料，包括文字、图片、照片材料以及各种文书材料，分类装订成卷；④归档，将装订成卷的材料，按档案管理的要求归档；⑤备案，重大案件和上级交办的案件结案后，应将案件处理结果报上级土地管理部门备案，备案材料包括《土地违法案件行政处罚决定书》、《土地侵权行为处理决定书》、《土地违法案件结案报告》等，经人民法院审理的，应当附人民法院判决书副本。

五、土地违法行为的认定及处罚

(一)非法转让土地

1. 非法转让土地的认定

非法转让土地，是指违反法律规定，将土地权利完全或部分地转移给他人的行为。不符合法律规定的条件将土地权利转移的行为，即为“以其他形式非法转让土地”。对“买卖土地”和“以其他形式非法转让土地”，虽然对其处罚并无区别，但在适用时，仍应准确把握其行为性质。对在实质上非法将土地权利完全地、永久地提供给另一方，另一方为此支付价金的，应定性为“买卖土地”；对将土地违法地、有期限地提供给他方使用，或者一方支付金钱以外的标的物，另一方提供土地的，则应定性为“以其他形式非法转让土地”。

2. 非法转让土地的表现形式

非法转让土地主要有以下6种表现形式：

(1)未经批准，非法转让、出租、抵押以划拨方式取得的国有土地使用权的；

(2)不符合法律规定的条件，非法转让以出让方式取得的国有土地使用权的；

(3)将农民集体所有的土地的使用权非法出让、转让或者出租用于非农业建设的；

(4)不符合法律规定的条件，擅自转让房地产开发项目的；

(5)以转让房屋(包括其他建筑物、构筑物)，或者以土地与他人联建房屋分配实物、利润，或者以土地出资入股、联营与他人共同进行经营活动，或者以置换土地等形式，非法转让土地使用权的；

(6)买卖或者以其他形式非法转让土地的。

从以上非法转让土地的6种表现形式，可将非法转让土地概括为以下三大类：①非法转让集体土地；②非法转让划拨土地使用权；③非法转让出让土地。

3. 非法转让土地的处罚

根据《土地管理法》、《刑法》的有关规定，处罚方式主要包括以下几种：

(1)没收违法所得。违法所得，是指依照违法行为，一方应当交付给另一方的钱或物。在买卖或者以其他形式非法有偿转让土地中，一方得到钱或物，另一方得到土地，则违法所得的内容包含了金钱和土地，均属没收之列；在非法无偿转让土地中，一方得到土地，另一方没有所得，因此违法所得仅为土地，应予没收。

(2)限期拆除新建的建筑物和其他设施。对在买卖或者以其他形式非法转让的土地上新建了建筑物和其他设施的，如果违反土地利用总体规划，应当责令限期拆除，恢复土地原状。

(3)没收新建的建筑物和其他设施。如果在买卖或者以其他形式非法转让的土地上新建的建筑物和其他设施是符合土地利用总体规划的，则可以由作出处罚决定的国土资源行政主管部门予以没收。

(4)罚款。对买卖或者以其他形式非法转让土地的，除采取上述处罚措施外，还可以对当事人处以罚款。根据《土地管理法实施条例》，对买卖或者以其他形式非法转让土地的，《土地管理法实施条例》第三十八条规定，处以罚款的，罚款额为非法所得的百分之五十以下。

(5)行政处分。依据《国务院关于行政机关工作人员的奖惩暂行规定》和《企业职工奖惩条例》，有关责任人员的所在单位或者上级机关给予买卖或者以其他形式非法转让土地的单位的直接负责的主管人员和其他直接责任人员行政处分。

(6)刑事责任。针对非法转让、倒卖土地使用权罪，《刑法》第二百二十八条规定，以牟利为目的，违反土地管理法规，非法转让、倒卖土地使用权，情节严重的，处三年以下有期徒刑或者拘役，并处或者单处非法转让、倒卖土地使用权价额百分之五以上百分之二十以下罚金；情节特别严重的，处三年以上七年以下有期徒刑，并处非法转让、倒卖土地使用权价额百分之五以上百分之二十以下罚金。

最高人民法院《关于审理破坏土地资源刑事案件具体应用法律若干问题的解释》规定，以牟利为目的，违反土地管理法规，非法转让、倒卖土地使用权，具有下列情形之一的，属于非法转让、倒卖土地使用权“情节严重”，依照《刑法》第二百二十八条的规定，以非法转让、倒卖土地使用权罪定罪处罚：①非法转让、倒卖基本农田五亩以上的；②非法转让、倒卖基本农田以外的耕地十亩以上的；③非法转让、倒卖其他土地二十亩以上的；④非法获利五十万元以上的；⑤非法转让、倒卖土地接近上述数量标准并具有其他恶劣情节的，如曾因非法转让、倒卖土地使用权受过行政处罚或者造成严重后果等。具有下列情形之一的，属于非法转让、倒卖土地使用权“情节特别严重”：①非法转让、倒卖基本农田十亩以上的；②非法转让、倒卖基本农田以外的耕地二十亩以上的；③非法转让、倒卖其他土地四十亩以上的；④非法获利一百万元以上的；⑤非法转让、倒卖土地接近上述数量标准并具有其他恶劣情节的，如造成严重后果等。

(二)破坏耕地

1. 破坏耕地的内涵

所谓破坏耕地，是指因当事人在耕地上建房、挖沙、取土、采矿、采石等一系列行为，造成了土地不再具备种植条件的行为。

2. 对破坏耕地行为的认定

认定破坏耕地行为，一个非常重要的标准就是耕地质量受到破坏。

3. 破坏耕地的表现形式

破坏耕地的表现形式包括:

(1)占用耕地建窑、建坟,破坏种植条件的;

(2)未经批准,擅自在耕地上建房、挖沙、采石、采矿、取土等,破坏种植条件的;

(3)非法占用基本农田建窑、建房、建坟、挖沙、采石、采矿、取土、堆放固体废弃物或者从事其他活动破坏基本农田,毁坏种植条件的;

(4)拒不履行土地复垦义务,经责令限期改正,逾期不改正的;

(5)建设项目施工和地质勘查临时占用耕地的土地使用者,自临时用地期满之日起1年以上未恢复种植条件的;

(6)因开发土地造成土地荒漠化、盐渍化的。

4. 对破坏耕地行为的处罚

(1)责令限期改正或者治理。即由作出处罚决定的国土资源行政主管部门责令违法者自行纠正其违法行为,并责令其在一定期限内对其违法行为所造成的后果采取措施进行治理,以减轻其违法行为所造成的后果。这是一种补救性质的处罚,其目的在于使被破坏的耕地得以恢复,以保证现有耕地的数量和质量。

(2)罚款。对于破坏耕地的行为,可以并处罚款,但是否处以罚款,应当由作出处罚决定的国土资源行政主管部门视违法行为所造成的后果来确定。罚款的具体标准和幅度,应由《土地管理法实施条例》作出明确规定。对于破坏耕地的行为,可以并处罚款,《土地管理法实施条例》第四十条规定,罚款额为耕地开垦费的2倍以下。

(3)刑事责任。当破坏耕地的行为触犯《刑法》第三百四十二条时,即构成破坏耕地罪,应承担相应的刑事责任。《刑法》第三百四十二条规定,违反土地管理法规,非法占用耕地、林地等农用地,改变被占用土地用途,数量较大,造成耕地、林地等农用地大量毁坏的,处五年以下有期徒刑或者拘役,并处或者单处罚金。

最高人民法院《关于审理破坏土地资源刑事案件具体应用法律若干问题的解释》第三条规定,违反土地管理法规,非法占用耕地改作他用,数量较大,造成耕地大量毁坏的,依照《刑法》第三百四十二条的规定,以非法占用耕地罪定罪处罚:①非法占用耕地"数量较大",是指非法占用基本农田五亩以上或者非法占用基本农田以外的耕地十亩以上。②非法占用耕地"造成耕地大量毁坏",是指行为人非法占用耕地建窑、建坟、建房、挖沙、采石、采矿、取土、堆放固体废弃物或者进行其他非农业建设,造成基本农田五亩以上或者基本农田以外的耕地十亩以上种植条件严重毁坏或者严重污染。

(三)非法占用土地

1. 非法占用土地的内涵

非法占用土地是指单位或者个人未经批准擅自占用土地、采取欺骗手段骗取批准占用土地以及超过批准的数量多占土地的违法行为。

2. 对非法占用土地行为的认定

非法占用土地的行为包括:①未经批准,擅自占用土地的行为;②采取各种欺骗手段,骗取批准而非法占用土地的行为;③超过批准的数量,多占土地的行为;④超过省、自治区、直辖市规定的宅基地面积标准,多占土地的行为。

认定骗取批准非法占地,应注意把握三个条件:①行为人申请用地时有骗取批准的主观故意，这种故意可能表现为隐瞒或者虚构户籍人口数量、隐瞒原土地使用面积或土地利用现状、将耕地申报为非耕地等；②行为人实施骗取行为后，已经取得了用地批准文件，没有取得的，骗取批准行为不能成立。已经取得的，即使用地批准文件是越权批准的无效文件，骗取行为依然成立；③行为人已经实施了占地行为。未经批准非法占地的一个显著特征是行为人没有取得任何批准文件而擅自使用土地。

拒不交还土地行为，包括：①依法收回建设用地使用权，当事人拒不交还土地的，依照《土地管理法》的有关规定，有关人民政府国土资源行政主管部门报经原批准用地的人民政府或者有批准权的人民政府批准，可以收回的建设用地使用权，当事人拒不交还土地的，即构成拒不交还土地的违法行为。②临时使用土地期满，当事人拒不交还土地的。

3. 非法占用土地的表现形式

非法占用土地的表现形式包括：

(1)未经批准或者采取欺骗手段骗取批准，非法占用土地的；

(2)超过批准的数量占用土地的；

(3)依法收回非法批准、使用的土地，有关当事人拒不归还的；

(4)依法收回国有土地使用权，当事人拒不交出土地的；

(5)临时使用土地期满，拒不归还土地的；

(6)不按照批准的用途使用土地的；

(7)不按照批准的用地位置和范围占用土地的；

(8)在土地利用总体规划确定的禁止开垦区内进行开垦，经责令限期改正，逾期不改正的；

(9)在临时使用的土地上修建永久性建筑物、构筑物的；

(10)在土地利用总体规划制定前已建的不符合土地利用总体规划确定的用途的建筑物、构筑物重建、扩建的。

4. 对非法占用土地行为的处罚

对非法占用土地行为的处罚应根据《土地管理法》第七十六条和《土地管理法实施条例》第四十二条处理。处罚方式主要有：

(1)责令退还非法占用的土地，即将非法占用的土地恢复到占用以前的状态。

(2)限期拆除新建的建筑物和其他设施。如果在非法占用的农用地上新建了建筑物和其他设施的，并且这些建筑物和其他设施是违反土地利用总体规划的，作出处罚决定的国土资源行政主管部门应当责令违法者在一定期限内予以拆除，恢复土地原状。

(3)没收新建的建筑物和其他设施。如果在非法占用的土地上新建的建筑物和其他设施是符合土地利用总体规划的，作出处罚决定的国土资源行政主管部门应当予以没收。

(4)罚款。对非法占用土地的，对当事人处以罚款。《土地管理法实施条例》第四十二条规定，罚款额为非法占用土地每平方米 30 元以下。对拒不交还土地的违法行为，根据《土地管理法实施条例》的规定。对拒不交还土地的违法行为，罚款额为非法占用土地每平方米 10 元以上 30 元以下。

(5)行政处分。给予行政处分的对象是非法占地单位的直接负责的主管人员和其他直接责任人员。

(6)刑事责任。《刑法》第三百四十二条规定，违反土地管理法规，非法占用耕地、林地等农用地，改变被占用土地用途，数量较大，造成耕地、林地等农用地大量毁坏的，处五年以下有期徒刑或者拘役，并处或者单处罚金。

（四）农村村民非法占用土地建住宅

1. 农村村民非法占用土地建住宅的内涵

农村村民未经批准或者采取欺骗手段骗取批准，非法占用土地建住宅的，属于非法占用土地的表现形式。

2. 农村村民非法占用土地建住宅的表现形式

农村村民非法占用土地建住宅，表现形式包括：①农村村民未经批准非法占用土地建住宅；②农村村民采用欺骗手段骗取批准非法占用土地建住宅；③农村村民建住宅的面积超过了省、自治区、直辖市规定的标准。认定农村村民非法占用土地建住宅，其主体必须是没有城镇户口的农村村民。

3. 农村村民非法占用土地建住宅行为的处罚

《土地管理法》第七十七条规定，农村村民未经批准或者采取欺骗手段骗取批准，非法占用土地建住宅的，由县级以上人民政府土地行政主管部门责令退还非法占用的土地，限期拆除在非法占用的土地上新建的房屋。超过省、自治区、直辖市规定的标准，多占的土地以非法占用土地论处。

对非法占用土地行为的处罚应根据新《土地管理法》、《土地管理法实施条例》和《刑法》的规定，处罚方式具体主要有：

（1）责令退还非法占用的土地，即将非法占用的土地恢复到占用以前的状态。

（2）限期拆除新建的建筑物和其他设施。如果在非法占用的农用地上新建了建筑物和其他设施的，并且这些建筑物和其他设施是违反土地利用总体规划的，作出处罚决定的国土资源行政主管部门应当责令违法者在一定期限内予以拆除，恢复土地原状。

（3）没收新建的建筑物和其他设施。如果在非法占用的土地新建的建筑物和其他设施是符合土地利用总体规划的，作出处罚决定的国土资源行政主管部门应当予以没收。

（4）罚款。对非法占用土地的，对当事人处以罚款，《土地管理法实施条例》第四十二条规定，罚款额为非法占用土地每平方米30元以下。

（5）行政处分。给予行政处分的对象是非法占地单位的直接负责的主管人员和其他直接责任人员。

（6）刑事责任。《刑法》第三百四十二条规定，违反土地管理法规，非法占用耕地、林地等农用地，改变被占用土地用途，数量较大，造成耕地、林地等农用地大量毁坏的，处五年以下有期徒刑或者拘役，并处或者单处罚金。

（五）非法批地

1. 非法批地的内涵

非法批地是指违反土地管理法律法规批准征收、使用土地的行为。非法批地主体通常是享有公共管理权的国家机关，也包括地方党委以及地方党委的领导。

2. 对非法批地行为的认定

对非法批地行为的认定包括：①没有批准权的单位非法批准，例如县级人民政府批准农用地转用，就是非法批准，其原因是主体不合法；②虽有批准权但超越了批准权限而非法批准，例如省级人民政府批准占用基本农田就是非法批准；③违反土地利用总体规划而非法批准，即由于批准内容违法而导致的非法批准；④违反法律规定的程序而非法批准。

3. 非法批地的表现形式

非法批地的表现形式包括：

(1)无权批准征收、使用土地的单位或者个人非法批准占用土地的；

(2)超越批准权限非法批准占用土地的；

(3)没有农用地转用计划指标或者超过农用地转用计划指标，擅自批准农用地转用的；

(4)规避法定审批权限，将单个建设项目用地拆分审批的；

(5)不按照土地利用总体规划确定的用途批准用地的；

(6)违反法律规定的程序批准占用、征收土地的；

(7)核准或者批准建设项目前，未经预审或者预审未通过，擅自批准农用地转用、土地征收或者办理供地手续的；

(8)非法批准不符合条件的临时用地的；

(9)应当以出让方式供地，而采用划拨方式供地的；

(10)应当以招标、拍卖、挂牌方式出让国有土地使用权，而采用协议方式出让的；

(11)在以招标、拍卖、挂牌方式出让国有土地使用权过程中，弄虚作假的；

(12)不按照法定的程序，出让国有土地使用权的；

(13)擅自批准出让或者擅自出让土地使用权用于房地产开发的；

(14)低于按国家规定所确定的最低价，协议出让国有土地使用权的；

(15)依法应当给予土地违法行为行政处罚或者行政处分，而未依法给予行政处罚或者行政处分，补办建设用地手续的；

(16)对涉嫌违法使用的土地或者存在争议的土地，已经接到举报，或者正在调查，或者上级机关已经要求调查处理，仍予办理审批、登记或颁发土地证书等手续的；

(17)未按国家规定的标准足额缴纳新增建设用地土地有偿使用费，擅自下发农用地转用或土地征收批准文件的。

4. 对非法批地行为的处罚依据

1)《土地管理法》

《土地管理法》第七十八条规定，无权批准征收、使用土地的单位或者个人非法批准占用土地的，超越批准权限非法批准占用土地的，不按照土地利用总体规划确定的用途批准用地的，或者违反法律规定的程序批准占用、征收土地的，其批准文件无效，对非法批准征收、使用土地的直接负责的主管人员和其他直接责任人员，依法给予行政处分；构成犯罪的，依法追究刑事责任。非法批准、使用的土地应当收回，有关当事人拒不归还的，以非法占用土地论处。非法批准征收、使用土地，对当事人造成损失的，依法应当承担赔偿责任。

2)《刑法》

《刑法》第四百一十条规定，国家机关工作人员徇私舞弊，违反土地管理法规，滥用职权，非法批准征收、征用、占用土地，或者非法低价出让国有土地使用权，情节严重的，处三年以下有期徒刑或者拘役；致使国家或者集体利益遭受特别重大损失的，处三年以上七年以下有期徒刑。其中，全国人民代表大会常务委员会关于《中华人民共和国刑法》第二百二十八条、第三百四十二条、第四百一十条的解释："违反土地管理法规"，是指违反《土地管理法》《森林法》《草原法》等法律以及有关行政法规中关于土地管理的规定。"非法批准征收、征用、占用土地"，是指非法批准征收、征用、占用耕地、林地等农用地以及其他土地。

3)最高人民法院司法解释

依据:最高人民法院《关于审理破坏土地资源刑事案件具体应用法律若干问题的解释》。

第一,非法批准征收、占用土地"情节严重"和"致使国家或者集体利益遭受特别重大损失"认定标准。

国家机关工作人员徇私舞弊,违反土地管理法规,滥用职权,非法批准征收、占用土地,具有下列情形之一的,属于非法批准征收、占用土地"情节严重",依照《刑法》第四百一十条的规定,以非法批准征收、占用土地罪定罪处罚:①非法批准征收、占用基本农田十亩以上的;②非法批准征收、占用基本农田以外的耕地三十亩以上的;③非法批准征收、占用其他土地五十亩以上的;④虽未达到上述数量标准,但非法批准征收、占用土地造成直接经济损失三十万元以上,造成耕地大量毁坏等恶劣情节的。

具有下列情形之一的,属于非法批准征收、占用土地"致使国家或者集体利益遭受特别重大损失":①非法批准征收、占用基本农田二十亩以上的;②非法批准征收、占用基本农田以外的耕地六十亩以上的;③非法批准征收、占用其他土地一百亩以上的;④非法批准征收、占用土地,造成基本农田五亩以上,其他耕地十亩以上严重毁坏的;⑤非法批准征收、占用土地造成直接经济损失五十万元以上等恶劣情节的。

第二、非法低价出让国有土地使用权"情节严重"和"致使国家或者集体利益遭受特别重大损失"认定标准。

国家机关工作人员徇私舞弊,违反土地管理法规,非法低价出让国有土地使用权,具有下列情形之一的,属于"情节严重",依照《刑法》第四百一十条的规定,以非法低价出让国有土地使用权罪定罪处罚:①出让国有土地使用权面积在三十亩以上,并且出让价额低于国家规定的最低价额标准的百分之六十的;②造成国有土地资产流失价额在三十万元以上的。

具有下列情形之一的,属于非法低价出让国有土地使用权,"致使国家和集体利益遭受特别重大损失":①非法低价出让国有土地使用权面积在六十亩以上,并且出让价额低于国家规定的最低价额标准的百分之四十的;②造成国有土地资产流失价额在五十万元以上的。

4)最高人民检察院的相关规定

依据1999年最高人民检察院制定的《关于人民检察院直接受理立案侦查案件立案标准的规定(试行)》,非法批准征收、占用土地,涉嫌下列情形之一的,应予立案:①一次性非法批准占用、征收基本农田0.67公顷(10亩)以上,或者其他耕地2公顷(30亩)以上,或者其他土地3.33公顷(50亩)以上的;②十二个月内非法批准征收、占用土地累计达到上述标准的;③非法批准征收、占用土地数量虽未达到上述标准,但接近上述标准且导致非法批准征收、占用土地或者植被遭到严重破坏,或者造成有关单位、个人直接经济损失20万元以上的;④非法批准征收、占用土地,影响群众生产、生活,引起纠纷,造成恶劣影响或者其他严重后果的。

(六)其他类型的土地违法行为

(1)依法应当将耕地划入基本农田保护区而不划入,经责令限期改正而拒不改正的。

处罚标准:对直接负责的主管人员和其他直接责任人员依法给予行政处分或者纪律处分。

法律依据:《基本农田保护条例》第三十一条:违反本条例规定,应当将耕地划入基本农田保护区而不划入的,由上一级人民政府责令限期改正;拒不改正的,对直接负责的主管人员和其他直接责任人员依法给予行政处分或者纪律处分。

(2)破坏或者擅自改变基本农田保护区标志的。

处罚标准:责令恢复原状,可以处1 000元以下罚款。

法律依据:《基本农田保护条例》第三十二条:违反本条例规定,破坏或者擅自改变基本农田保护区标志的,由县级以上地方人民政府国土资源行政主管部门或者农业行政主管部门责令恢复原状,可以处1 000元以下罚款。

(3)依法应当对土地违法行为给予行政处罚或者行政处分,而不予行政处罚或者行政处分、提出行政处分建议的。

处罚标准:上级人民政府国土资源行政主管部门有权责令有关国土资源行政主管部门作出行政处罚决定或者直接给予行政处罚,并给予有关国土资源行政主管部门的负责人行政处分。

法律依据:《土地管理法》第七十二条:依照本法规定应当给予行政处罚,而有关国土资源行政主管部门不给予行政处罚的,上级人民政府国土资源行政主管部门有权责令有关国土资源行政主管部门作出行政处罚决定或者直接给予行政处罚,并给予有关国土资源行政主管部门的负责人行政处分。

(4)国土资源行政主管部门的工作人员,没有法律、法规的依据,擅自同意减少、免除、缓交土地使用权出让金等滥用职权的。

处罚标准:构成犯罪的,依法追究刑事责任,尚不构成犯罪的,依法给予行政处分。

法律依据:《土地管理法》第八十四条:国土资源行政主管部门的工作人员玩忽职守、滥用职权、徇私舞弊,构成犯罪的,依法追究刑事责任;尚不构成犯罪的,依法给予行政处分。

(5)国土资源行政主管部门的工作人员,不依照土地管理的规定,办理土地登记、颁发土地证书,或者在土地调查、建设用地报批中,虚报、瞒报、伪造数据以及擅自更改土地权属、地类和面积等滥用职权的。

处罚标准:构成犯罪的,依法追究刑事责任,尚不构成犯罪的,依法给予行政处分。

法律依据:《土地管理法》第八十四条:国土资源行政主管部门的工作人员玩忽职守、滥用职权、徇私舞弊,构成犯罪的,依法追究刑事责任;尚不构成犯罪的,依法给予行政处分。

(七)非法侵占、挪用征地费

1. 对非法侵占、挪用征地费行为的认定

非法侵占征地费用,是单位或个人将属于农民集体所有的土地补偿费、安置补助费以及农民个人所有的地上附着物和青苗补偿费据为已有的行为;非法挪用征地费,是单位或个人将被征收土地的土地补偿费、安置补助费、地上附着物和青苗补偿费挪作他用,以谋取利益的行为。

2. 对非法侵占、挪用征地费行为的处罚

根据《土地管理法》的有关规定,处罚方式主要有刑事责任和行政处分。

1)刑事责任

非法侵占征地费,依照《刑法》第二百七十一条规定,公司、企业或者其他单位的人员,利用职务上的便利,将本单位的财物非法占为已有,数额较大的,处五年以下有期徒刑或者拘役;数额巨大的,处五年以上有期徒刑可以并处没收财产。非法挪用征地费,依照《刑法》第二百七十二条规定,公司、企业或者其他单位的工作人员,利用职务上的便利,挪用本单位资金归个人使用或者借贷他人,数额较大,超过三个月未还的,或者虽未超过三个月,但数额较大、进行营利活动的，或者进行非法活动的，处三年以下有期徒刑或者拘役；挪用本单位资金数额巨大的，或者数额较大不退还的，处三年以上十年以下有期徒刑。

2）行政处分

非法侵占、挪用征地费行为不构成犯罪的，要给予单位直接负责的主管人员和其他责任人员行政处分，包括警告、记过、记大过、降级、降职、撤职、留用察看、开除等。

六、查处土地违法案件的法律文书及应注意的几个问题

（1）查处土地违法案件的法律文书，通常称为土地监察文书。土地监察文书，是指土地管理部门依法制作的有关查处土地违法案件，具有法律效力或法律意义的土地管理公文。这一概念说明土地监察文书具有五个方面的含义：①制作机关是土地管理部门；②必须依法制作；③适用于查处土地违法案件；④具有法律效力或法律意义；⑤其性质为土地管理公文，即土地管理部门为履行查处土地违法案件公务而制作的文书。

（2）查处土地违法案件应注意的问题：①要正确确定土地违法者，土地违法者因案件性质的不同而不同，如对未经批准、非法占地行为进行处罚，违法者应确定为占地建房人，对骗取批准、非法占地的行为进行处罚，违法者应确定为骗取人；对非法批准而导致非法占地行为进行处罚，违法者应确定为实际占地人和非法批准人（或单位），对买卖土地或以其他形式非法转让土地的行为进行处罚，违法者应确定为买方和卖方或出让方与受让方；如果有转手买卖土地或转手以其他形式非法转让土地的，全过程各个环节的当事人均是违法者。②要依法追究土地违法者的法律责任，这既是为了维护土地法律、法规的尊严，也是为了教育广大行政管理相对人自觉学法、守法，因此在处理土地违法案件时，既要坚持实事求是，又要依法处理。该拆除的就要拆除，该没收的就要坚决没收，执法者不能心慈手软，有怜悯之心，更不能违背国家法律的规定，另搞一套。③要积极争取有关部门的支持和配合，因此在查处的过程中，对吃不准、难度大的违法行为，应主动听取司法等部门的正确意见，争取他们的积极配合支持，使土地执法工作能够顺利进行。④要注意《行政处罚法》实施后查办土地违法案件的有关问题，如行政处罚的主体只能是行政机关或特定的组织（法律规定的机关和受权处罚的机关），罚款的额度要严格依照《土地管理法》及相关法规的规定执行。《行政处罚法》规定违法行为在两年内未被发现的不再给予行政处罚……违法行为有连续或继续状态的，从行为终了之日起计算，严格按照查办案件六项制度实施（一是听证制度，二是证据先行保存制度，三是调查取证与处罚决定分开制度，四是罚款决定与罚款收缴相分离制度，五是土地行政执法过错责任追究制度，六是行政处罚决定公开制度）。

任务三　土地行政复议及诉讼

【任务目标】

1. 掌握土地行政复议及诉讼的概念及特点；
2. 掌握土地行政复议及诉讼的程序。

【学习过程】

1. 案例导入；

2. 分组讨论。

【案例导入】

不服国土资源局非法占地行政处罚案
——林地亦属农用地，私自建房须拆除

1999年，甲公司与乙村签订协议，使用乙村山地4亩。其后，甲公司未经批准，便在该宗地上建房，占地面积3.6亩，建筑面积290 m^2。接到举报后，市国土资源局认定甲公司非法占用的山地符合土地利用总体规划，对其作出没收地上建筑物并处罚款的行政处罚。甲公司不服，向市政府申请复议，市政府维持了该处罚决定。甲公司又提起行政诉讼，一审法院判决维持处罚决定，二审法院审查后认为，市国土资源局认定非法占用的土地符合土地利用总体规划与事实不符。根据土地利用总体规划，非法占用的土地为林地，在该地建房不符合土地利用总体规划，故责令其重新作出行政处罚。市国土资源局根据法院判决重新作出了行政处罚，认定甲公司非法占用的土地为农用地，不符合土地利用总体规划，并作出拆除在非法占用的土地上新的建筑物和罚款的决定。甲公司再次提出行政复议申请。

【分析】

复议机关审理认为：第一，应采信法院认定事实，因此认定甲公司非法占用的土地为农用地。市国土资源局依据《土地管理法》第七十六条和《土地管理法实施条例》第四十二条对其作出行政处罚决定适用法律正确。第二，关于违法行为追诉时效的问题。根据最高人民法院《对原国家土地管理局〈关于如何计算土地违法行为追诉时效的请示〉的答复》，非法占用土地具有继续状态，应根据《行政处罚法》第二十九条第二款的规定，违法行为有连续或者继续状态的，从行为终了之日起计算。最终，复议机关认为市国土资源局新的行政处罚决定事实清楚，证据确凿，适用依据正确，故维持了第二份行政处罚决定书。

根据《土地管理法》第七十六条的规定，未经批准或者采取欺骗手段骗取批准，非法占用土地的，由县级以上人民政府土地行政主管部门责令退还非法占用的土地，对违反土地利用总体规划擅自将农用地改为建设用地的，限期拆除在非法占用的土地上新建的建筑物和其他设施，恢复土地原状，对符合土地利用总体规划的，没收在非法占用的土地上新建的建筑物和其他设施，可以并处罚款。非法占用的土地是否符合土地利用总体规划，直接决定了对在非法占用的土地上新建的建筑物是适用拆除还是作出没收的处理决定。行政机关应当以客观事实为依据。市国土资源局第一次行政处罚决定，虽然认定当事人非法占用土地是正确的，但是没有调查清楚非法占用的土地的土地利用总体规划情况，认定占用林地建房符合土地利用总体规划，与客观事实不符。二审法院认定甲公司非法占用的土地为林地，对照土地利用总体规划属于农用地，据此撤销原行政处罚决定，并责令重新作出行政处罚决定是正确的，因为法院一般不能直接变更行政行为。最后，市国土资源局根据法院判决所认定的事实，重新作出的行政处罚决定正确。复议机关采信经法院质证所认定的事实清楚，维持了第二份行政处罚决定书。该复议决定书说理充分，复议决定作出后，甲公司信服，没有再向法院起诉，行政复议做到了“案结事了”。

【知识导航】

一、土地行政复议

（一）土地行政复议的概念和特征

1. 土地行政复议的概念

土地行政复议是指公民、法人或者其他组织不服土地行政机关对其作出的具体土地行政行为，依法在规定的时间内，向上一级土地行政机关提出申诉，上一级土地行政机关受理后，依法对具体行政行为是否合法与是否重新进行审查判断，并作出裁决的活动。

依据《土地管理法》的规定，享有土地行政行为的机关是县级以上（包括县级）的土地管理部门。

2. 土地行政复议的特征

（1）土地行政复议的主管机关通常是作出土地行政决定的上一级土地管理部门。其优点是权责明确，易于落实，便于形成制度化、法律化。

（2）土地行政复议是以一定的行政争议为其处理内容和适用范围的。土地行政复议只处理发生于土地行政主体与其管理相对人之间因土地行政行为而发生的纠纷。

（3）土地行政复议是以土地行政相对人提起复议申请而引起的。它是一种依法申请的行政行为。因此，行政复议对于行政相对人来说是一种权利。而对于应受理的复议机关来说是一种职责和义务。

（4）土地行政复议申请必须在法律、法规规定的期限内提出。《行政复议条例》第二十九条第一款规定：“公民、法人或其他组织向有管辖权的行政机关申请提出复议，应当在知道具体行政行为之日起十五日内提出，法律、法规另有规定的除外。”

（5）土地行政复议对土地行政行为的合法性与合理性均进行审查。

（6）土地行政复议必须对下级土地管理部门作出的具体行政行为作出明确的裁定，正确的予以维持，错误的予以撤销，失当的予以更改。行政职权的性质决定了土地行政主体不能自由抛弃和处置其所行使的职权，因而行政行为复议不适用调解方式。此外，如果土地行政复议机关在法定期限内未做出答复，申请人有权在法定期限内向人民法院提起行政诉讼，提起行政诉讼应以作出原行政行为的土地管理部门为被告。

（二）土地行政复议的程序

1. 行政复议申请

（1）公民、法人或者其他组织认为具体行政行为侵犯其合法权益的，可以自知道该具体行政行为之日起六十日内提出行政复议申请。

（2）申请人申请行政复议，可以书面申请，也可以口头申请，口头申请的，行政复议机关应当当场记录申请人的基本情况、行政复议请求、申请行政复议的主要事实、理由和时间。

（3）对县级以上地方各级人民政府工作部门的具体行政行为不服的，由申请人选择，可以向该部门的本级人民政府申请行政复议，也可以向上一级主管部门申请行政复议。

2. 行政复议受理

（1）行政复议机关收到行政复议申请后，应当在五日内进行审查，对不符合《行政复议法》规定的行政复议申请，决定不予受理，并书面告知申请人；对符合《行政复议法》规定，但不属于本机关受理的行政复议申请,应当告知申请人向有关行政复议机关提出。

(2)公民、法人或者其他组织依法提出行政复议申请,行政复议机关无正当理由不予受理,上级行政机关应当责令其受理,必要时,上级行政机关也可以直接受理。

(3)行政复议期间具体行政行为不停止执行;但是,有下列情形之一的,可以停止执行:

①被申请人认为需要停止执行的;

②行政复议机关认为需要停止执行的;

③申请人申请停止执行,行政复议机关认为其要求合理,决定停止执行的;

④法律规定停止执行的。

3. 行政复议审查

(1)行政复议原则上采取书面审查的办法,但是申请人提出要求或者行政复议机构认为有必要时,可以向有关组织和人员调查情况,听取申请人、被申请人和第三人的意见。

(2)行政复议机关应当自行政复议受理之日起7日内,将行政复议申请书列本或者行政复议笔录复印件发送被申请人。

(3)被申请人应当在收到申请书副本或者申请笔录复印件之日起10日内,提出书面答复,并提交当初作出具体行政行为的证据、依据和其他材料。

(4)在行政复议过程中,被申请人不得自行向申请人和其组织或者个人收集证据。

(5)复议决定作出前,申请人要求撤回行政复议申请的,经说明理由,可以撤回;撤回行政复议申请的,行政复议终止。

4. 行政复议决定

(1)行政复议机关应当在受理申请之日起六十日内作出行政复议决定;情况复杂,不能在规定期限内作出行政复议决定的,经行政复议机关的负责人批准,可以适当延长,并告知申请人和被申请人,但是延长期限最多不超过三十日。

(2)行政复议机关作出行政复议决定,应当制作行政复议决定,并加盖印章。

(3)行政复议决定书一经送达,即发生法律效力。

(4)被申请人应当履行行政复议决定。被申请人不履行或者无正当理由拖延履行行政复议决定的,行政复议机关或者有关上级机关应当责令其限期履行。

(5)申请人逾期不起诉又不履行行政复议决定的,或者不履行最终裁决行政复议决定的,按下列规定处理:

①维持具体行政行为的行政复议决定,由作出具体行政行为的行政机关依法强制执行,或者申请人民法院强制执行;

②变更具体行政行为的行政复议决定,由行政复议机关依法强制执行,或者申请人民法院强制执行。

二、土地行政诉讼

(一)土地行政诉讼的概念与特点

1. 土地行政诉讼的概念

土地行政诉讼是指公民、法人或者其他行政组织认为土地行政主管部门作出的具体行政行为侵犯了其合法权益,依法向人民法院提起诉讼,并由法院审理后,依法作出裁决的活动。

2. 土地行政诉讼的特点

(1)原告是作为土地管理相对方的公民、法人或者组织。这里的原告必须与作出土地具体行政行为有直接的利害关系。

(2)被告是享有土地行政行为的土地管理部门或者土地行政复议机关。

(3)原告提起诉讼是因其认为土地管理部门的具体行政行为侵犯其合法权益。同时,提起土地行政诉讼必须符合人民法院受理行政案件的范围。

(4)土地行政诉讼的客体是土地管理部门作出的具体行政行为。人民法院审理行政案件,也是紧紧围绕具体行政行为是否合法进行审查。

(5)土地行政诉讼是在人民法院的主持下,依照司法程序解决土地行政争议的活动。

(二)土地行政诉讼的程序

1. 起诉

起诉分为两类:一是直接向法院起诉;二是经复议后向法院起诉。

起诉的期限如下:

(1)单行法律对起诉时间另有规定的,按照单行法律的规定执行,如《治安管理处罚条例》规定的起诉时限为 5 日等。

(2)除法律对起诉时间另有规定的,当事人直接向人民法院提起诉讼的,应当在知道作出具体行政行为之日起 3 个月内提出。

(3)不服复议决定的,可以在收到复议决定之日起 15 日内向人民法院提起诉讼。复议机关逾期不做决定的,在复议期满之日起 15 日内向人民法院起诉。

(4)行政机关作出具体行政行为时,未告知行政相对人诉讼权或者起诉期限的,起诉期限从行政相对人知道或者应当知道诉讼权或者起诉期限之日起计算,但不得超过 2 年。对涉及不动产的具体行政行为从作出之日起超过 20 年、其他具体行政行为从作出之日起超过 5 年提起诉讼的,人民法院不予受理。

2. 受理

法院接到起诉状应当在 7 日内立案或作出裁定不予受理。对不予受理的裁定不服的,可以提出上诉。

3. 审理

法院决定立案,依法组织合议庭开庭审理。除涉及国家秘密、个人隐私、商业秘密及法律另有规定的外,都应公开审理。

4. 判决

一审法院经过审理,根据不同情况,分别作出以下判决:

(1)具体行政行为证据确凿,适用法律、法规正确,符合法定程序的,判决维持。

(2)主要证据不足的,适用法律、法规错误的,违反法定程序的,超越职权的,滥用职权的,判决撤销或者部分撤销,并可以判决被告重新作出具体行政行为。

(3)被告不履行或者拖延履行法定职责的,判决其在一定期限内履行。

(4)行政处罚显失公正的,可以判决变更。

(5)造成损失的,判决赔偿。

对一审法院判决不服的,自一审判决书送达之日起 15 日内提出上诉;对一审裁定不服的,自一审裁定书送达之日起 10 日内提出上诉。

二审法院可以作出以下判决:①原判决认定事实清楚,适用法律、法规正确的,判决驳回上诉,维持原判;②原判决认定事实清楚,但适用法律、法规错误的,依法改判。

思考题

1. 什么是土地监察?
2. 简述土地监察的内容。
3. 简述土地行政复议的概念及特征。
4. 简述土地行政诉讼的概念及特征。

项目八　土地管理实务与探索

【学习目标】

1. 能够运用土地管理相关基础知识及法律对土地纠纷案例进行分析；
2. 能够运用所学专业相关知识，对一些土地现象进行分析研究并能提出有效调控政策。

【知识目标】

1. 可以根据土地登记的相关基础知识及法律对土地登记案例进行分析；
2. 可以根据土地权属的相关基础知识及法律对土地权属案例进行分析；
3. 可以根据土地用途管制相关基础知识及法律对土地用途转用案例进行分析；
4. 能够运用所学专业相关知识，对土地征收制度提出改革建议。

任务一　土地登记相关案例及分析

土地登记案例 1　划拨国有土地使用权设定登记

经批准，某市 A 学校于 2001 年 8 月 1 日以划拨方式取得。宗地国有土地使用权，批准用途为教育用地，现 A 学校提出土地登记申请，要求给予办理土地登记。应该如何办理，在权属审核中应该注意什么？

要点：

(1) A 学校应申请划拨国有土地使用权设定登记，申请人为 A 学校法人及法定代表人。划拨土地使用权设定登记的申请时限按《土地登记规则》分为三种情况：一是新开工的大中型建设项目使用划拨国有土地的，建设单位应当在接到县级以上人民政府发给的建设用地批准书之日起 30 日内，持建设用地批准书申请土地预登记，建设项目竣工验收后，建设单位应当在该建设项目竣工验收之日起 30 日内，持建设项目竣工验收报告和其他有关文件申请国有土地使用权设定登记；二是其他项目使用划拨国有土地的，土地使用单位或者个人应当在接到国有土地划拨决定书之日起 30 日内，持批准用地文件申请国有土地使用权设定登记；三是集体土地依法转为国有土地的，原集体土地使用者继续使用该国有土地的，申请土地登记时间为土地所有权性质变更后 30 日内。

该宗地 A 学校应在接到国有土地划拨决定书之日起 30 日内办理土地使用权设定登记申请。

(2) 应提交的文件资料包括：①土地使用权登记申请表；②A 学校法人证明、法定代表人身份证明和个人身份证明；③县级以上人民政府建设用地批准书；④国有土地划拨决定书；⑤委托代理的应交土地登记委托书及代理人身份证明等。

(3) 划拨土地使用权设定登记权属审核要点如下：

①对申请人的审核。要注意土地登记申请人与人民政府建设用地批准书和国有土地划拨决定书批准的土地使用者是否一致。

②对土地权属来源文件的审核。要注意对划拨国有土地使用权批准机关及批准权限的审核。

③对土地用途的审核。要注意是否与批准用途一致。

④对宗地面积的审核。要注意地籍调查结果是否与建设用地批准书批准的用地面积一致。

土地登记案例2 出让国有土地使用权设定登记

B县第一机械厂,1995年5月在城郊以协议出让方式取得一宗地国有土地使用权,面积为18 000 m^2,用途为工业,使用年限50年,未办理土地登记。1998年8月该厂进行技术改造,又在原宗地近邻购置了8 000 m^2 工业用地,使用年限50年。现为抵押贷款之需,该厂急来办理土地登记。问应当如何申请土地登记?如何确定土地使用期限?在权属审核中应注意什么?

要点:

(1)B县第一机械厂应分别申请两宗地的出让国有土地使用权设定登记。申请人为该厂法人及法定代表人。申请时限按规定:一是按出让合同约定,受让方一次支付全部土地使用权出让金的,应在支付出让金后30日内;二是成片开发用地采取一次出让、分期付款、分期提供出让国有土地使用权的,应当在每期付款后30日内申请国有土地使用权设定登记。B县第一机械厂未按规定及时申请土地登记,应进行处理后再予以办理出让土地使用权设定登记。

两宗地应分别提交:①土地使用权登记申请表;②该企业法人证明、土地登记法定代表人身份证明和法定代表人个人身份证明;③建设用地批准书;④国有土地使用权出让合同;⑤出让金支付凭证等;⑥委托代理的还应提交土地登记委托书及代理人身份证明等。

(2)土地使用期限应按出让合同的规定来推定终止日期,而不能从现在土地登记之日起50年计算。

(3)出让土地使用权设定登记权属审核要点如下:

①对申请人的审核。要注意土地登记申请人与国有土地使用权出让合同中的受让人是否一致。

②对土地权属来源文件的审核。要着重审核两个方面:一是国有土地使用权出让合同的出让方,依法是市、县人民政府土地管理部门;二是出让合同出让的只能是依法批准的国有土地使用权。

③对使用期限的审核。要注意出让年限是否符合《城镇国有土地使用权出让和转让暂行条例》第十二条规定的土地使用权出让最高年限:居住用地70年;工业用地50年;教育、科技、文化、体育用地50年;商业、旅游、娱乐用地40年;综合或者其他用地几十年。

④对土地面积的审核。要注意地籍调查结果是否与出让合同中的面积相符。

⑤对土地使用权出让金支付情况的审核等。

土地登记案例3 划拨国有土地使用权变更登记

某市M企业,以划拨方式拥有三宗国有土地使用权,用途为工业。现M企业进行企业改制,拟组建N股份有限公司,现经土地权属界定、地价评估,拟订了土地资产处置方案,并经有批准权的机关批准,同意以国有土地作价入股方式处置该三宗地国有土地使用权。问土地资产处置后,该办理什么手续?应注意什么?

要点：

三宗地应分别办理土地使用权变更登记手续，权利人由 M 企业变更为 N 股份有限公司。

土地使用权类型由划拨变更为作价入股。应注意：

(1)变更登记申请时限：签订入股合同之日起 30 日内；

(2)申请人为 N 股份有限公司的法人及法定代表人；

(3)三宗地分别申请土地使用权变更登记；

(4)应分别提交相应的文件资料：①土地使用权变更登记申请表；②N 股份有限公司法人证明、土地登记法定代表人身份证明和法定代表人个人身份证明；③公司审批机关的批准文件：土地使用权处置方案批准文件以及土地管理部门与 N 股份有限公司签订的委托持股合同；④土地估价备案材料；⑤原土地使用证；⑥房屋所有权证及其他地上附着物证明；⑦委托代理的应提交土地登记委托书及代理人身份证明等。

(5)权属审核中要注意：①对申请人的审核。要注意申请人是新设的 N 股份有限公司，且申请人必须与公司审批机关的批准文件、土地使用权处置方案批复的文件土地使用者一致。②对土地权属来源文件的审核。要着重对公司审批机关的批准文件、土地使用权处置方案批准文件以及土地管理部门与 N 股份有限公司签订的委托持股合同进行审核。③对使用期限的审核。要注意出让年限是否符合土地使用权出让最高年限等。

土地登记案例 4　土地使用权分割登记

某 M 企业，1996 年在工业区内已依法登记拥有一宗工业用地的出让国有土地使用权，面积为 13 300 m^2，地籍号为 5-20-30，使用年限为 50 年，登记时间为 1996 年 3 月 5 日。为办理抵押贷款，1999 年企业经批准将其中北边一区土地使用权设定了抵押权。现因抵押权的实现，被法院处以拍卖，最后由 Y 企业拍卖取得位于该厂北边的 7 000 m^2 的土地使用权，问如何办理该宗地的变更登记手续？

要点：

(1)M 企业和设定抵押权的银行应向原土地登记机关提出注销土地他项权利（抵押登记申请，土地登记机关按土地登记程序办理注销登记手续）的申请。

(2)Y 企业和 M 企业应分别申请土地使用权变更登记。申请时限为 Y 企业与 M 企业办理房产变更登记后 15 日内。应当提交的证明文件主要有：①土地使用权变更登记申请表；②Y 企业和 M 企业的法人证明、土地登记法定代表人身份证明和法定代表人个人身份证明；③转让合同；④原土地使用证；⑤变更后的房屋所有权证；⑥税费缴纳证明；⑦委托代理的应提交土地登记委托书及代理人身份证明等。

(3)土地使用权变更登记的基本程序为：申请—变更地籍调查—权属审核—注册登记—核发土地证书。一是对 Y 企业和 M 企业提交的土地使用权变更登记申请资料进行审查，符合规定要求的予以受理。二是进行地籍调查。因本宗地系分割转让，涉及界址的变更，必须进行变更地籍调查，包括权属调查和变更测量，宗地号变更为 30-1 和 30-2。三是进行权属审核，重点应对土地使用期限、土地面积等进行审核，分别填写《土地使用权变更登记审批表》。四是注册登记，分别新建《土地登记卡》，在新土地登记卡上进行登记。五是核发证书，收回并注销原土地证书，分别填制新的国有土地使用证。

土地登记案例 5　土地他项权利（抵押权）设定登记

某市 A 公司，1991 年 8 月以划拨方式取得一宗地国有的土地使用权，面积 15 567 m^2，用途为工业。2001 年 8 月 15 日，A 公司与 B 银行签订了《土地使用权抵押贷款合同》；贷款金额为 100 万元，期限 3 年。问该如何办理土地他项权利（抵押权）设定登记手续？

要点：

土地抵押权设定登记的一般程序为：土地登记申请—受理—权属审核—注册登记—核发土地他项权利证明书。

（1）申请。土地使用权抵押登记要求："双方申请"，即抵押人和抵押权人共同提出申请。

申请时限：应当在抵押合同签订后 15 日内，为 A 公司与 B 银行签订《土地使用权抵押贷款合同》后 15 日内。

（2）应当提交的证明文件主要有：①土地登记申请书；②抵押人、抵押权人的单位设立证明及法定代表人身份证明，委托他人代理的应提交委托代理人身份证、土地登记委托书、土地登记委托代理合同，指定代理的应提交指定机关的证明材料，法定代理人代理的应提交土地权利人所在的村、居、单位的证明；③国有土地使用证；④房产证；⑤贷款合同；⑥抵押合同；⑦抵押物清单；⑧抵押人为股制企业的要提交董事会同意抵押的证明，抵押人为个人的要提交夫妻双方同意抵押的证明，以共有的土地使用权抵押的，提交其他共有人同意抵押的证明，抵押权人为非银行的，要提交中国人民银行银监会出具的同意抵押的证明、土地估价报告；⑨其他证明文件材料。

（3）土地他项权利设定登记的基本程序见图 8-1。

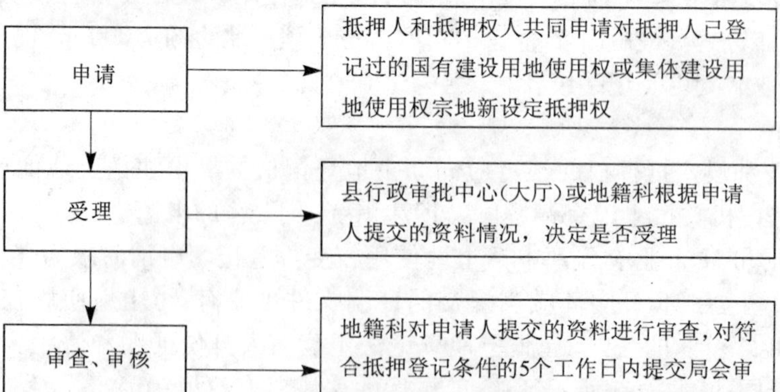

图 8-1　土地他项权利设定登记的基本程序

土地登记案例6　集体土地所有权变更登记

一宗地原属D县武义镇东山村所有，位于武义镇东平村行政区域内，为东山村在东平村的飞地。另一宗地，原属东平村，位于东山村行政区域内，为东平村在东山村的飞地。现为实施整理项目，东山村和东平村签订了交换这两宗土地的协议，并报当地县人民政府批准。为加强土地整理中的权属管理，问该如何办理这两宗地的土地变更登记手续？

要点：

(1)因土地交换引起集体土地所有权变更登记，所以要求两宗地共同申请，并依照法定程序进行变更登记。

(2)申请人：分别为D县武义镇东山村、东平村及其两村的法定代表人。

应提交的证明文件主要有：集体土地所有权变更登记申请表；《东山村和东平村关于交换土地的协议》；《D县人民政府对〈东山村和东平村关于交换土地的协议〉的批复》；原集体土地所有证；申请人身份证明；委托代理的还应提交土地登记委托书及代理人身份证明等。

(3)权属审核要点：一是土地所有权人分别是D县武义镇东山村农民集体和东平村农民集体；二是要着重对土地调整协议及县人民政府对交换土地协议的批复的审核，即审核调整行为及过程是否符合法律规定；三是要注意土地实测面积、分地类面积与协议交换面积和原宗地面积是否一致。

土地登记案例7　集体土地使用权抵押权设定登记

村办企业K机械厂于1993年经县政府批准取得J村一宗地集体土地使用权。1994年土地初始登记时依法办理了土地登记，领取了集体土地使用证。后企业为筹集资金，以企业厂房等抵押为由向A信用社申请贷款，双方签订了《房地产抵押合同》，贷款金额20万元，期限2年。问是否需要办理土地使用权抵押登记？办理过程中应注意什么？

要点：

(1)根据《中华人民共和国担保法》的规定，以乡(镇)、村企业的厂房等建筑物抵押的，其占用范围内的土地使用权同时抵押。所以，应向土地登记机关申请集体土地使用权抵押设定登记。

(2)办理过程中要注意：①申请人：要求"双方申请"，即抵押人和抵押权人共同提出申请。②申请时限：应当在抵押合同签订后15日内。③应提交的文件资料主要有：土地他项权利(抵押)登记申请表；K机械厂和A银行的法人证明、土地登记法定代表人身份证明和法定代表人个人身份证明；抵押宗地的集体土地使用证；地上建筑物、附着物权属证明；主合同和抵押合同；地价评估报告；还应提交集体土地所有者——J村同意抵押的证明等。权属审核时要注意：一是抵押人是否与土地使用者及土地证书上的权利人一致，抵押人和抵押权人是否与抵押合同签订双方一致；二是必须有集体土地所有权人同意抵押的证明。

土地登记案例8　土地用途变更和使用权变更登记

1978年，A企业经批准在某城区拥有一宗地划拨土地使用权，用途为工业，1993年初始土地登记时，依法申请，领取了国有土地使用证。1998年A企业为开拓业务，把厂区迁移到了开发区，原用地准备用来开发商业。现已得到市规划局和市土地管理局同意，并于1998年12月5日与市土地管理局签订了国有土地使用权出让合同，合同规定土地用途为商业，使用期限40年。问该如何办理土地变更登记？

要点：

(1)本宗地变更登记实际包含两大变更登记类型：一是划拨国有土地使用权补办出让手续办理变更登记；二是土地用途变更登记。

(2)A企业应在缴纳土地出让金后30日内申请土地变更登记，应提交的资料除申请表、申请人身份证明等，主要还应包括：市规划局对A企业改变土地用途申请的批复、市土地管理局与A企业签订的国有土地使用权出让合同、土地使用权出让金和有关税费缴纳凭证、原国有土地使用证等。

(3)土地变更登记的一般程序是：申请—地籍调查—权属审核—注册登记—核发土地证书。权属审核中着重要对土地用途改变和土地使用权类型改变的行为及过程是否符合法律规定、是否交清土地使用权出让金等进行审核。

土地登记案例9　土地使用权注销登记

某市在风起路南侧约66 500 m^2范围内进行旧城改造，市政府发出公告，收回这66 500 m^2的国有土地使用权，要求原土地使用权人持土地证书和房屋产权证到主管机关申请注销登记，签订补偿协议。请问什么是注销土地登记？该如何办理注销土地登记？

要点：

(1)注销土地登记是指因土地权利灭失或其他原因致使原登记内容失去效力，而由土地登记机关将已登记内容进行注销的变更土地登记。在我国，主要包括以下几种情形：一是因土地权利之收回；二是存续期届满；三是土地灭失；四是集体所有土地依法被全部征用或农业集体经济组织成员成建制转为城镇居民；五是土地他项权利终止等。注销土地登记是变更土地登记的一类。

(2)注销土地登记的一般程序为：变更土地登记申请—地籍调查—审核—注册登记—注销或更改土地权利证书。本案中的注销土地登记是因土地使用权收回而进行的注销，其一般程序为：

①要求土地使用者提出注销土地登记申请。如土地使用者不按规定申请注销登记的，土地登记机关可以按照《土地登记规则》直接办理注销土地登记。

②地籍调查。主要核查土地登记状况是否发生变化。

③权属审核。一是核对土地登记卡；二是审核申请人；三是审核土地权利证书；四是对注销土地登记的证明材料等进行审核。符合规定要求的，土地登记人员填写《注销土地登记审批表》。按《土地登记规则》，注销土地登记不需报人民政府审批，由土地管理部门审核通过即可直接进行注销登记。《土地管理法》明确规定：土地所有权、使用权由县级或县级以上人民政府登记造册，核发证书。所以，土地使用权注销登记最好也应该由县级以上人民政府进行。在实践中，县级以上人民政府往往把土地登记职权委托给土地管理部门行使，在这种情况下，土地管理部门可代为办理，但需加盖人民政府土地登记专用章。

④注册登记。在宗地原《土地登记卡》上进行注销登记，相应在“序号”、“日期”、“登记的其他内容及变更登记事项”、“经办人”、“审核人”等栏目填上本次注销登记内容，并加盖“注销”印章。

⑤注销土地权利证书。在土地权利证书上加盖“注销”印章，在“记事”栏内注明注销土地使用权的依据及日期，并将注销的土地权利证书立卷归档。

土地登记案例 10　更正登记

D 县 1999 年开展了大规模的土地证书年检工作，在年检过程中发现有三宗地是错登或漏登的，请问该怎么办？

要点：

(1)按照《土地登记规则》，土地登记后，发现错登或漏登的，土地管理部门应当办理更正登记；利害关系人也可以申请更正登记。

(2)更正登记应按土地登记的法定程序进行，即按申请—地籍调查—权属审核—注册登记—换发或更改土地权利证书进行。如土地管理部门直接办理更正登记，应增加告之程序，即在土地管理部门审核后，把审核结果告之当事人，如有异议的，要求在一定时期内提出；否则，视为认可，直接办理更正登记，注销原土地权利证书。

(3)按《土地登记规则》，土地管理部门即可直接进行更正登记。《土地管理法》明确土地所有权、使用权由县级或县级以上人民政府登记造册，核发证书，确认土地所有权、使用权。

所以，更正登记最好也应该由县级以上人民政府进行。在实践中，县级以上人民政府往往把土地登记职权委托给土地管理部门行使，在这种情况下，土地管理部门可代为办理，需加盖人民政府土地登记专用章。

任务二　土地权利相关案例分析

土地权利案例 1　地役权争议

2007 年 5 月村民甲和乙的承包地相邻，乙为灌溉的便利与甲协商，从甲承包地内的井引水，每年支付甲 500 元，双方签订了书面合同并办理了土地登记手续。2007 年 11 月，甲将包含井在内的部分农地转包给丙，但未就该井的使用向丙说明，丙承包该地后，禁止他人从该井引水，甲乙对此提出异议。

简要分析，在该井的使用中甲、乙、丙各自的权利和义务。

(1)该争议是地役权争议。

(2)根据《物权法》的规定，地役权自合同生效时设立，已登记的地役权可对抗第三人，故甲与乙订立的地役权合同有效。

(3)根据《物权法》的规定，供役地上的承包经营权部分转让时，转让部分涉及地役权的，地役权对受让人具有约束力，因此甲与乙签订的地役权合同对丙具有约束力，丙应继续履行合同约束的义务。

土地权利案例 2　土地权属(使用权)确认

甲镇卫生院自 1964 年建院以来，先后征用乙村土地 17 亩，办理了征地手续，支付了相关补偿，并持有征地批文和支付凭证，但实际使用其中的 13 亩土地。2001 年，卫生院因扩建需要，要求乙村归还其余土地，乙村认为该土地一直由其使用，依法享有集体土地所有权。简要分析 17 亩土地权属如何确认。

(1)根据《土地管理法》和《确定土地所有权和使用权若干规定》等法律法规，依法征收的土地属于国家所有，故甲镇卫生院征用的 17 亩土地所有权属于国家。

(2)甲镇卫生院对其实际使用的 13 亩土地,依法享有国有土地使用权。

(3)根据《土地管理法》和《确定土地所有权和使用权若干规定》等法律法规,征而未用的土地两年以上未使用的由县级以上人民政府收回,交由原农民集体继续耕种,使用者享有国有土地使用权,故甲镇卫生院征而未用的 4 亩土地使用权属于国家,对乙村可确认国有土地使用权。

土地权利案例 3　宅基地使用权确认

村民甲、乙的住宅相邻,分别建于 1985 年、1988 年,双方共用长 20 m、宽 2 m 的通道,均未申请办理宅基地使用权登记。2002 年甲以该通道中部分土地属于其批准的宅基地范围为由,占用了部分通道翻建住宅,乙对此持有异议,并多次阻止甲施工,为此双方向当地国土资源行政主管部门提出争议调处申请。

该争议应如何处理?

(1)根据《确定土地所有权和使用权若干规定》第五十二条,宅基地批准后空闲两年以上的不予确权,甲所称 1985 年申请建房中所批准的宅基地未用部分至翻建时已达 17 年,故甲对通道中部分土地享有宅基地使用权的主张不成立。

(2)基于甲、乙共同使用通道十几年的事实,根据《民法通则》《物权法》等法律规定,相邻双方应本着有利生产、方便生活等原则,按现状使用通道。

(3)甲未经批准占用通道翻建住宅的行为,不符合法律规定,应予制止,并按有关规定处理。

土地权利案例 4　土地权属(所有权)确认

1990 年市农贸办提出征地申请,市政府发文批复,同意市农贸办征用甲村宅基地 4 亩,划拨大沙坝处国有沙滩 43 亩作为市蔬菜水产种育厂用地,甲村对此提出异议,并提供了对大沙坝 43 亩沙滩地享有土地使用权的证明文件,国土局经多方调查和调解后由农贸办在支付甲村 13 亩沙滩地的补偿款,并依法补办了这 13 亩沙滩地的征地手续,其余 30 亩的沙滩地在使用过程中,双方曾多次发生争议,1996 年甲村再次向国土局提出该 30 亩沙滩地的确权申请,对该沙滩地主张使用权,市农贸办则以市政府批复为依据,对 43 亩沙滩地主张土地所有权。

(1)1990 年经批准补办征用的 13 亩耕地确定为国有土地,其使用权确定给市农贸办。

(2)大沙坝 30 亩沙滩地未经征收,依法确认给甲村农民集体所有。

(3)市人民政府将属于农民集体的 43 亩沙滩地作为国有土地划拨给市农贸办的决定不符合法律规定。

任务三　土地用途管制相关案例分析

土地用途管制案例 1　划拨土地擅自改变用途为商业用地

某院校取得了作为教育用途的国有划拨土地使用权,2003 年 3 月该院校经省教育厅批复同意进行基建改造。同年得到市规划部门和建设部门颁发的许可证后,建成了一栋占地为 2 682 m^2、建筑面积为 7 711 m^2 的综合大楼。综合大楼竣工后,该院校将其出租给三家公司从事空调销售、餐饮、宾馆等商业活动。国土管理部门认定该院校在未办理合法土地手续情况下擅自动工,在本院校划拨的教育用地上建设商业大楼并对外营业的行为,违反《土地管理法》第五十六条的规定,构成不按照批准用途使用国有土地的事实,作出行政处罚:责令该院校交还该宗面积2 682 m^2 的土地,并处以7.509 6万元的罚款。

(1)划拨土地能擅自改变用途吗?

(2)擅自改为商业用途的划拨土地一定要收回吗?

【分析】

划拨土地,也称划拨土地使用权。《划拨土地使用权管理暂行办法》第二条规定:"划拨土地使用权,是指土地使用者通过除出让土地使用权以外的其他各种方式依法取得的国有土地使用权。"《城市房地产管理法》第二十二条对划拨土地使用权的取得途径进行了规定:"县级以上人民政府依法批准,在土地使用者缴纳补偿、安置等费用后将该幅土地交付其使用,或者将土地使用权无偿交付给土地使用者使用。"同时,《土地管理法》第五十四条和《城市房地产管理法》第二十三条也对可以以划拨方式取得土地的建设用地进行了限制:"(一)国家机关用地和军事用地;(二)城市基础设施用地和公益事业用地;(三)国家重点扶持的能源、交通、水利等基础设施用地;(四)法律、行政法规规定的其他用地。"

结合本案来看,学校属于公益事业用地,可以通过划拨取得,但是若其擅自将一部分改为商业用地就缺少法律的支撑,是违法行为,对其进行处罚无疑是正确的。但是是否必须对这些违法使用的土地进行回收呢?

《招标拍卖挂牌出让国有土地使用权规定》第四条规定:"商业、旅游、娱乐和商品住宅等各类经营性用地,必须以招标、拍卖或者挂牌方式出让。"有人认为,应由政府将该土地及地上建筑物统一收回后,以招标、拍卖或挂牌方式出让,再用出让金对院校的原划拨土地和地上建筑物进行补偿。但从法律规定看,这一规定仅针对土地一级市场而言,并不适用于原划拨土地改变为经营性使用的情形。况且,《国务院关于深化改革严格土地管理的决定》规定:"经依法批准利用原有规划土地进行经营性开发建设的,应当按照市场价补缴出让金。经依法批准转让原划拨土地使用权的,应当在土地市场公开交易,按照市场价补缴出让金。"可见,对原划拨土地改变为经营性用途,不管是自用还是转让给他人使用,是允许采用补办出让方式的,只要符合公开原则,按照市场价补缴出让金即可。

另外,从法理上分析,划拨土地使用权应当认定为使用权人的财产权,除非有法律的明确依据,否则不能对划拨土地使用权随意收回,因为这实际上是对使用权人财产权的剥夺。

土地用途改变案例2　擅自改变土地用途,国土管理部门可以收回土地使用权

——公路通行费某征收管理所改变土地用途受处罚案

1997年3月28日,某市公路通行费某征收管理所(原告)根据莆政〔1997〕土43号市人民政府文件《关于同意市公路局建设征收公路车辆通行费管理所建设项目的批复》,依法取得划拨用地,并在该用地上建设办公楼、宿舍楼和加油站,1997年7月竣工使用,其中加油站由原告工会负责承包经营并出租。2004年市国土资源局(被告)发现原告未按批准用地要求,未经审批擅自将划拨地用于建设加油站并经营出租,属改变土地用途,违反了法律、法规的禁止性规定,于2004年12月27日对原告做出莆国土资行罚字〔2004〕第021号行政处罚决定书,收回加油站建设用地范围内1 303 m^2 的土地使用权,没收非法收入237 500元人民币,并处罚款83 125元人民币。原告不服,向法院提起诉讼。法院审理认为原告未经规划和土地部门同意,未办理报批变更登记手续,更改用地用途建设加油站并经营出租至今,其行为违反法律、法规及规范性文件的禁止性规定,属于不按批准用途使用土地的改变土地用途的行为,判决维持被告市国土资源局的行政处罚决定。

【分析】

本案中原告未经批准将划拨用地改变土地用途作为经营性用途使用,违背了本法第五十四条划拨用地使用范围,和本条规定擅自改变用途使用土地,当地国土部门收回土地使用权的决定是合法的。

任务四 耕地保护相关案例

耕地保护案例1 耕地占补平衡必须"先补后占,占一补一"

——补充耕地弄虚作假案

四川省德阳市A镇B街道办事处的部分耕地,已经由四川省人民政府批准征收为国有土地并转为建设用地进行商业开发建设。北京市农权律师事务所调查中心查明,此次征地中报批的补充耕地方案弄虚作假,并未进行补充,存在严重违法。德阳市A镇B街道办事处补充耕地的违法表现主要有:①未进行补充,谎报已经补充完毕;②同一块补充耕地,在若干个征地批复的补充耕地方案中出现;③实际补充面积少,补充耕地方案中的面积明显大于实际补充面积。

【分析】

根据《土地管理法》第三十一条及其配套规定,耕地占补平衡实行"先补后占",必须先实际补充后再批准占用,且补充耕地须满足"占一补一"规定,补充耕地的数量须与占用耕地面积相等,补充耕地的质量须不低于占用耕地质量。没有条件开垦或者开垦的耕地不符合要求的,应当按照省、自治区、直辖市的规定缴纳耕地开垦费。

耕地保护案例2 禁止占用基本农田挖塘养鱼

——江某占用基本农田挖塘养鱼受刑事处罚案

2007年的10月、11月,江某与麦某经口头协商合伙承包耕地挖塘养鱼。由江某出面与灵山县灵城镇某村委会的8位农户协商,承包这8位农户的责任田用于挖塘养鱼。2008年3月,在没有取得土地部门批准的情况下,江某雇请他人将上述土地挖成4块鱼塘,改变了农田的用途,麦某支付了挖鱼塘等费用。灵山县国土资源局发现江某等人的违法行为后,于2008年4月3日下发了《责令停止国土资源违法行为通知书》给江某,江某与麦某认为自己的投资没收回成本,未停止占用,而是继续投放鱼种繁殖鱼苗,造成上述耕地严重毁坏。经灵山县土地管理技术服务站、灵山县国土资源局勘测、鉴定,江某与麦某非法占用农用地面积为8.02亩,其中有2块地共6.044亩属基本农田保护区范围。经钦州市国土资源局鉴定,江某与麦某非法占用的6.044亩基本农田种植条件遭受严重破坏。

灵山县人民法院判决被告人江某犯非法占用农用地罪,判处有期徒刑1年6个月,并处罚金人民币8 000元,判决被告人麦某犯非法占用农用地罪,判处有期徒刑7个月,并处罚金人民币5 000元。

【分析】

行为人非法占用耕地建窑、建坟、建房、挖沙、采石、采矿、取土、堆放固体废弃物或者进行其他非农业建设,造成基本农田5亩以上或者基本农田以外的耕地10亩以上种植条件严重毁坏或者严重污染,即构成非法占用农用地。

耕地保护案例 3　破坏基本农田达到置刑标准需承担刑事责任

——余姚市鲁某某等三人破坏基本农田案

1998 年 4 月，鲁某某为建造余姚市同光福寿园墓区停车场，未经依法批准，以每亩 1.7 万元的价格，向凤山街道同光村非法租用基本农田 3 亩。并于 1999 年 5 月，擅自在上述土地上填铺塘渣，建造平房用于停车。2006 年 8 月到 2007 年 6 月，鲁某某伙同俞某某、罗某某，以余姚市同光福寿园墓区名义，向余姚市凤山街道同光村和同光村的部分村民以每亩 5 万元的价格租用基本农田 7.8 亩，后于 2008 年 2 月，未经批准擅自填铺塘渣，拟扩建停车场。三名当事人的非法占地行为，共造成 10.8 亩基本农田遭受严重毁坏，已触犯了《刑法》。2008 年 9 月，三名违法当事人在当地集中开展的土地违法违规问题专项整治期间，主动到公安机关投案，并将被毁土地依法复耕。2009 年 4 月，余姚市人民法院依法作出从轻处罚，判处鲁某某有期徒刑 8 个月，缓刑 1 年，并处罚金 10 000 元；对俞某某、罗某某分别单处罚金 10 000 元。

【分析】

本案中，鲁某某等三人行为构成最高人民法院《关于审理破坏土地资源刑事案件具体应用法律若干问题的解释》中第三条规定的非法占用耕地“造成耕地大量毁坏”行为。

耕地保护案例 4　占用耕地需将耕作层剥离

——湘潭市处罚耕作层未剥离遭查处案

湘潭市农业局土肥站、湘潭市农业局基本农田保护办公室和湘潭市农业局农业行政执法支队对湘潭县小城镇建设项目进行检查，发现在潭花线湘潭县河口镇古塘桥路段正在建设的古塘桥综合市场占用耕地 0.76 hm^2，已开始基础的挖掘，未进行耕作层的剥离，当即就对湘潭县某建设有限公司下达了责令改正通知书，逾期不改，依照《湖南省耕地质量管理条例》第 31 条进行依法处理。

【分析】

占用耕地的单位将所占用耕地耕作层土壤剥离的做法在《土地管理法》第三十二条作了任意性规定，但被地方法规作了强制性规定。如本案中，除《湖南省耕地质量管理条例》第三十一条外，还有《湖南省耕地质量管理条例》第十九条“涉及耕地质量建设的项目建设单位应当剥离可能遭到破坏的耕作层土壤，并在项目竣工验收前将耕作层土壤恢复利用”、第二十三条“耕地占用单位或者个人应当按照耕作层土壤再利用方案的要求剥离耕作层土壤。耕地开垦单位或者个人，应当利用剥离的耕作层土壤改良新开垦耕地的质量”对其予以明确规定。

任务五　土地征收案例分析

土地征收案例 1　未经审批，县政府不得对农用地实施征收

——云南省寻甸县政府非法批地案

2011 年 11 月，寻甸县政府未经农用地转用和土地征收审批，违法对羊街镇新街村委会羊毛河村 92.63 亩集体土地实施征收。12 月，羊街镇政府与寻甸县土地储备交易中心、鹏腾公司签订《土地现场移交书》，将上述土地移交给鹏腾公司，明确必须办理相关用地手续方可开工。2012 年 1 月，鹏腾公司未经批准平整场地、圈建围墙。经现场勘测，该公司平整土地 98.57 亩，其中 31.5 亩不符合土地利用总体规划。2012 年 2 月，寻甸县国土资源局对此案进行了立案查处,并作出行政处罚决定,限期复耕已平整的土地,恢复种植条件。

案例来源:法制网 http://www. legaldaily. com. cn/index/content/2012 _t)7/25/caiilwit_3729426. ban? node =20908,2013 年 12 月 18 日访问。

【分析】

在这起案件中,寻甸县政府副县长李祥、羊街镇政府镇长胡春海、县园区会土地规划建设和环境保护局局长李吉春被行政记过处分,昆明市和寻甸县机关责令羊街镇政府副镇长毕堃停职检查。《土地管理法》第七十八条规定,无批准权限的单位非法批准占用土地、超越批准权限非法批准占用土地、违反土地利用总体规划批准用地,违反法律规定的程序批准占用、征收土地,均构成非法批地行为依法接受行政处罚、行政处分乃至追究刑事责任。

土地征收案例2　人民政府需依法作出土地征收公告

——言某要求撤销株洲市人民政府土地征收公告案

2009 年 6 月 7 日,湖南省人民政府以政国土字〔2009〕第 589 号《湖南省人民政府农用地转用、土地征收审批单》,批准株洲市国土资源局为建设株洲市迎宾大道新建工程(株洲市迎宾东路、迎宾西路)征收石峰区田心办事处田心村,井龙办事处井龙村、横石村,龙头铺镇兴隆山村 34.484 1 hm^2 土地。市政府依据湖南省人民政府政国土字〔2009〕第 589 号文批准,于 2009 年 6 月 25 日发布征用土地公告,该公告同时发布了批准用途、办理征地补偿的期限等。2009 年 8 月 3 日, 株洲市国土资源局发布征地补偿安置方案公告,对被征地单位、征地面积、土地补偿费标准、安置补偿费标准、青苗补偿费及房屋补偿标准进行了公告,同时公布青苗补偿费及地上建(构)筑物补偿费直接支付给个人,土地补偿费及安置补助费采用转账的方式付给集体经济组织;对方案若有异议可以在方案发布之日 5 个工作日申请听证,原告言某向法院提起诉讼,诉求撤销被告市政府于 2009 年 6 月 25 日发布的公告。经审理,驳回原告言某的诉讼请求。一审宣判后,原告言某不服,向上级人民法院提出上诉。株洲市中级人民法院经审查,驳回上诉人言某诉株洲市人民政府土地征收公告的上诉,维持原判。

【分析】

本案的争议焦点为被上诉人株洲市人民政府于 2009 年 6 月 25 日作出的第 589 号征收土地公告是否合法。从事实来看,株洲市人民政府于 2009 年 6 月 17 日获得了湖南省人民政府政国土字〔2009〕第 589 号土地审批单,并于 2009 年 6 月 25 日发布了征收土地公告。根据《土地管理法》第四十六条之规定,株洲市人民政府作为市级人民政府,具有发布公告的行政职能。因此,被上诉人株洲市人民政府发布的第 589 号征收土地公告主体、程序均符合法律、法规的规定。

上诉人言某上诉提出“本案被上诉人株洲市人民政府制发的征地公告内容与法律规定不一致,但一审法院认定并未实质侵害原告的合法权益,没有应当确认违法或撤销情形,驳回原告的诉讼请求不合法”。经查,被上诉人株洲市人民政府于 2009 年 6 月 25 日发布的征地公告公布了批准征地机关、批准文号、征收土地的用途、范围、面积以及办理征地补偿的期限等内容。根据《土地管理法实施条例》第二十五条的规定,征收土地方案经依法批准后,由被征收土地所在地的市、县人民政府组织实施,并将批准征地机关、批准文号、征收土地的用途、范围、面积以及征地补偿标准、农业人员安置办法和办理征地补偿的期限等,在被征收土地所在地的乡（镇）村予以公告。该案中，被上诉人株洲市人民政府在征地公告中未公布征地补偿标准、农业人员安置办法，但在征地过程中，相关部门将征地补偿标准和农业人员安置途径以征地拆迁工作宣传文件的形式向被征地集体经济组织、农户宣传、发放，并未实质损害上诉人言某等被征地农民的合法权益，故该上诉理由不能成立，法院不予支持。上诉人言某提出"被上诉人在没有审查公告前征地行为的合法性的情况下发布征地公告，故该征地公告行为违法"。经查，被上诉人株洲市人民政府在湖南省人民政府土地征收审批前的报批行为是否合法与本案不属于同一法律关系，不属于本案的审理范围，故该上诉理由也不能成立，法院不予支持。

案例来源：110 判裁案例 http://www. 110. com/panli/panli_23194511. html，2013 年 12 月 18 日访问。

土地征收案例 3　发放征地补偿款不是乡人民政府的法定职责

——临澧县朱某等 35 人诉柏枝乡人民政府违法发放征地补偿款案

临澧县朱某等 35 人认为临澧县人民政府、临澧县柏枝乡人民政府有依法发放土地征用补偿费的法定职责，认为被告在没有六房冲组组民会议决议的情况下，将土地补偿款违法发给了原青龙生产作业组的农户，要求确认被告行为违法。

经法院审理认为，2009 年 4 月，二广高速公路澶县（东岳庙）至常德段（简称东常高速）建设征用了临澧县柏枝乡老屋坪村的土地 124. 3 亩。临澧县人民政府报经湖南省人民政府批准，对该征用的土地进行了公告等法定程序后，于 2009 年 7 月 21 日由临澧县柏枝乡财税所、柏枝乡老屋坪村委员会共同出具收款收据，临澧县征地拆迁事务所将应支付老屋坪村土地补偿费、劳力安置补偿费、青苗补偿费共 295 万元支付至临澧县柏枝乡财税所。2009 年 8 月，临澧县政府规定村级财务由乡代管。同年 10 月 29 日，柏枝乡老屋坪村将东常高速公路征用青龙村民小组土地补偿款分配花名册交临澧县柏枝乡政府，临澧县柏枝乡政府根据老屋坪村出具的土地征用补偿款分配花名册打卡到青龙村民小组各农户。这种支付土地补偿款的行为，是老屋坪村的行为，不是临澧县人民政府和临澧县柏枝乡人民政府的行政行为。临澧县人民政府将土地补偿款支付给老屋坪村，并未委托临澧县柏枝乡人民政府发放土地征用补偿款。因此，临澧县柏枝乡人民政府不是本案适合被告，且发放土地补偿款不是行政机关的法定职责，行政机关也未依职权行使发放土地补偿款的行为，原告也无证据证明临澧县人民政府给老屋坪村青龙村民小组发放了土地补偿款，原告所诉临澧县人民政府、临澧县柏枝乡人民政府违法发放土地补偿款的行为不成立，没有法律依据和事实依据。如对村民委员会发放土地补偿款的行为有争议，可以通过民事诉讼解决，本案不属行政审判受案范围。

【分析】

国土资源管理部门应将征地补偿款支付给原集体土地所有权人即被征地集体经济组织，相关补偿费用在集体经济组织成员内部的分配属于集体资产管理范畴。

土地征收案例 4　"外来户"村民也享有集体收益分配权

——36 名"外来户"村民要求村委会发放征地补偿款案

河南省修武县周庄乡李屯村毗邻焦作市区，2005 年，该村位于焦作市丰收路北侧的部分土地被依法征用，征地补偿款给付该村委会。

2006 年春，村委会决定将征地补偿款作为集体收益分配给全体村民，并召开村民大会讨论分配方案。90% 的村民认为，村里有 36 名村民是"外来户"，在村里未住满 15 年，按该村村规民约,不能分钱。这36名村民为8户人家,1997年4月至1998年10月先后从河南省辉县市、林州市等地迁入,并办理了户籍登记。于是,村委会按照“合民意”的村规民约,决定不向这36名村民分配征地补偿款。

36名村民认为,他们是村里合法村民,在村委会发放集体收益时,该得到应有的收益。于是,36名村民多次向乡政府反映情况,请求乡政府出面协调。周庄乡党委、政府专门成立调研组入村了解情况,根据事实和法律,要求李屯村委会对36名村民不予分配征地补偿款的决定予以纠正。但李屯村委会仍不发放征地补偿款。无奈,36名村民向修武县人民法院提起诉讼。

2006年8月4日,修武县人民法院依法公开审理了此案,法院认为,36名村民合法取得了该村村民资格,理应享有与村民同等的权利和待遇,应享有集体收益分配权,村民大会决议和村规民约因违反法律,侵犯他人合法权益,应属无效,遂判决村委会支付36名“外来户”集体收益款各900元。一审宣判后,村委会未提起上诉。

【分析】

征地补偿款属于集体资产,应在集体经济组织成员内部依法分配,具有集体经济组织成员资格,并依法享受集体资产分配权的人员,应依法享受征地补偿款分配。

土地征收案例5 村发展留用地的建设必须依法依规

——土地行政管理部门责令限期拆除河南二村集体留用地违法建筑案

2011年10月,永康市委、市政府作出限期拆除东城街道河南二村村集体留用地违法建筑的决定。

河南二村共有12个村民小组,其中8个村民小组涉及土地征用,有村集体留用地指标落实。按照规划,这些村集体留用地性质为工业用地。2010年,河南二村就曾经发生过村集体留用地私分到户或非法出售的情况。了解到情况后,东城街道党工委、办事处十分重视,及时进行制止,回收已经私分和买卖的村集体留用地。2011年5月,河南二村6个村民小组以联合开发的名义,在未办理建设工程规划审批许可手续的情况下,超批准供地红线,按商业住宅的方式进行村集体留用地建设。

河南二村未经审批改变用途建设村集体留用地违反了《城市规划法》和《土地管理法》,按照法律规定,应该进行拆除。市国土部门强调,村集体留用地的产权属于村集体,政府也绝不会与村集体争利,村集体留用地开发利用要遵循几个原则:其开发形式要按照规划的性质来定,可以因地制宜地采取联合开发、出租建设、整体拍卖、建设农村新村等多种方式来开发。无论采取何种形式,其收益都归村集体,然后由村集体根据法律和村两委及村民代表会议的决定进行分配。市委、市政府重申,私分村集体留用地和擅自改变其用途是违法行为,要按照《城市规划法》和《土地管理法》等相关法律法规,坚决反对、制止、打击私分、买卖村集体留用地和改变其用途的行为。对部门和镇街区干部当中存在的放任失管、监督不力、以权谋私等行为,纪委监察、检察、公安等部门要立案侦查,严肃查处。

【分析】

村发展留用地是多种征地补偿安置办法的有益探索,但村发展留用地的建设必须依法依规,不得违反《城市规划法》和《土地管理法》。

【知识拓展】

土地征收制度存在的问题及对策分析

一、土地征收制度现状及存在的问题

(一)土地征收制度现状

由于我国工业化和城镇化的推进,必然要求大量的农业用地转化为非农业用地,继而为工业发展和城市扩大提供充足的建设用地。所以,土地非农用地的转化、农民与土地分离、劳动力的产业转移等现象都是为消除城乡二元经济结构、推进现代化发展的必然要求,出现被征地农民属经济发展的正常现象,但这与现实中大量侵害被征地农民的合法权益的现象并无直接的因果关系。2000 年以来,全国出现了以开发区热、高尔夫球场热、大学城热为形式的全国性第三次圈地浪潮,加之大量的基础设施建设占地,越来越多的农村集体土地以种种合法的或非法的、公开的或隐蔽的形式变为城镇建设用地,被征地农民的数量不断增加。

由于许多地方政府为了追求经济发展和政绩工程,不惜以牺牲被征地农民的利益为代价,任意地扩大征用权,在土地征收的工作中存在明显对农民的不公平行为、征地补偿标准偏低等问题,严重侵犯了农民的根本利益。一个新的群体出现了———“五无农民”,即种地无土地,进城无工作,建家无家园,“非农”无保障以及状告无门。这些问题引发了上访、群体性事件等社会现象,严重干扰了社会现代化的进程。

(二)土地征收制度存在的问题

1. 征地监督机制不健全,缺乏相应的仲裁机构

地方政府和村组干部理应是一个为人民服务的群体,但其中的部分人法律意识淡薄,在征地过程中频频违法。这主要是由于地方政府和村组干部自身法律素养不高,法律意识较为淡薄,没有按法律的规定来严格要求自己的行政行为;同时,地方政府和村组对于少数干部的违法行为惩治不严,处罚较轻,因而不具有威慑力,不能够引起违法干部的重视。如前所述,在土地征收过程中存在补偿收益混乱,其中一个重要的原因就是监督机制不健全。对于地方政府的行政行为缺乏有效的监督,这是非法截留国家给予农民的补偿的一个重要原因。据了解,在其他国家和地区除设立土地决策、咨询、执行机构外,还专门设立了仲裁机构裁决征地者与土地所有者之间的争议,以保证土地征收的合理性和公平性。许多国家都有独立的仲裁机构,解决征地过程中的纠纷。如加拿大法律规定,若双方就赔偿问题达不成协议,则由政府成立由专家组成的协调委员会,调查取证,进行裁决,裁决不成的,可以向法院申诉或上诉。我国没有这样一个部门来裁决征地中的争议及矫正征地双方行为。由于农民经济基础较为薄弱,寻求司法救济成本过高,土地征收发生纠纷后,农民常因“打不起官司”而大多选择通过上访和信访的途径来维护自身的合法权益,但这并不是解决问题的根本措施,不能真正解决农民的切实问题。即使有的农民在发生纠纷后诉至法院,法院也常以补偿纠纷案件不属于民事案件为由不予受理,即便是法院受理,法律也没有规定对裁决不服的救济途径,因为我国缺少一个专门的仲裁机构,所以农地征收中被侵害利益的农民难以得到司法救济。

2. 农村土地集体产权法律制度的缺陷

现行农村土地集体所有制既不是一种共有的、合作的私人产权,也不是一种纯粹的国家所有权,它是由国家控制但由集体来承受其控制结果的一种农村产权制度安排。国有土地

使用权依法可以转让,集体土地使用权则禁止转让,基于这种法律地位的不平等,农村集体土地没有得到应有的保护。《土地管理法》第四十三条规定:“任何单位和个人进行建设,需要使用土地的,必须依法申请使用国有土地;但是,兴办乡镇企业和村民建设住宅经依法批准使用本集体经济组织农民集体所有的土地的,或者乡(镇)村公共设施和公益事业建设经依法批准使用农民集体所有的土地的除外。”这条规定表明,农民集体土地只能用于农业生产和农村宅基地、乡村企业用地等与集体密切相关的建设中,直接剥夺了集体土地所有权人为法定情况外的其他建设项目提供建设用地的选择权和处分权。

3. 欠缺审查征地是否符合公益目的的程序

无论是《宪法》还是《土地管理法》都规定了土地征收只能是出于公共利益目的,但是这一规定在实施的过程当中却缺乏程序的保障。《国土资源听证规定》第十九条第二款规定:“土地主管部门在报批非农业建设占用基本农田方案的,应当书面告知当事人有听证的权利。”然而农民受其自身文化的限制,难以判断征收是否符合公共利益的需求。在行政机关单方决定征收行为合法的前提成立之后缺少程序性审查的制约,致使公共利益被无限扩大解释。

4. 土地补偿价格低,无法维持农民长远生计

首先,土地征收的补偿是政府单方面确定对失地农民利益损失的补偿,理应分为三个部分:一是土地价格,二是地上附着物(含青苗)的价格,三是社会保障的价格。在我国,《土地管理法》和《土地管理法实施条例》明确规定:“征收土地按照被征收土地的原用途给予补偿,补偿标准为前 3 年平均产值的 6 ~ 10 倍,但最高不超过 30 倍。”现阶段我国征地补偿是按照土地原有的用途进行补偿的,仅仅把土地视为农业生产资料,而没有考虑到商业化利用的价值或者增值利益,这是不科学、不合理的。因为按照现代资产理论,土地属于一种最原始的生产要素,因而也属于资产的范畴。由于上述法定的征收农地的补偿(前 3 年平均产值的 6 至 10 倍,但最高不超过 30 倍)远远不够维持农民原有的生活水平,导致被征地农民的利益被严重损害。即使按国家规定最高标准——乘以 30 倍补偿,这些补偿也无法与国家赋予农民长期拥有使用权、收益权和转让权相比,是不足以维持农民长远生计的。而同一块地拿到市场上出售,其收益则是农民补偿费的几倍、十几倍甚至是几十倍。以湖南省为例,据《湖南省人民政府关于调整湖南省征地补偿标准的通知(2012 年)》的有关规定,在征地补偿标准中包含土地补偿费和安置补助费两项之和,但征收单位或个人的房屋及其他不动产、青苗等补偿,参照执行市州制定并报省人民政府批准的补偿标准进行补偿。根据湖南省 2012 年征地补偿标准,各市州由于经济发展程度不同,存在一定的差距是合理的,但是同一个市不同的区存在较大的差距并不合理。例如,长沙市区Ⅰ区的补偿标准为 76 000 元/亩,但在宁乡县Ⅰ区的补偿标准为 50 000 元/亩,其中存在 26 000 元/亩的差距,实属于不合理的现象。

5. 农民在征地过程中无法平等地参与征地过程

国家基于建设需要征收土地是国家的行政行为,具有强制性。虽然农民有知情权、参与权、发言权等权利,但由于其自身文化素质的差异,以及某些权利被人为限制等因素,致使农民不能真正平等地参与到征地过程中,因而造成其利益首先被损害。农民自身素质尤其是文化素质较低造成了他们表达其利益诉求的困难。列宁在《列宁全集》中这样写道:“文盲是处在政治之外的……不识字就不可能有政治。”在农民群体中,绝大部分人对征地方面的

法律不了解。笔者曾在湖南省株洲市茶陵县洣水乡下瑶村做过走访调查，在走访的10余户农民家中，几乎没有农民对土地征收方面的法律有所了解，他们仅仅是知道在土地征收后政府会对其进行补偿，但对具体怎么补偿以及补偿的标准是什么并不了解。所以，征地补偿的主动权完全由地方政府和村组掌握，农民在此过程中往往处于劣势地位。其次，农民的相关权利被人为限制。农民的相关权利被人为的限制主要表现在征地前没有征地公告和征地后补偿标准不公开两个方面。土地补偿、失地农民的安置方案等关于农民切身利益的重大事项，往往不是由土地行政主管部门实施的，更多的是由用地单位和农村组织来实施的。虽然征地是国家的行政行为，但是应当依法向农民公开的事项应该向基层群众，特别是失地农民公开并广泛征求意见。依据我国现行《土地管理法》的规定，有关部门批准征地要有公告程序，在征地前给予农民知情权和参与权。但在实践中，有关部门行政缺乏透明度，公告内容具有强制性，并没有听取农民的意见，缺乏公开公正的决定。

6. 补偿收益混乱，截留补偿款现象严重

土地征收过程中，土地收益为土地所有权及使用权的收益，因此这部分收益应该在失去土地所有权和使用权的产权主体之间进行分配，即在农村集体经济组织和农民个人之间进行分配。实践中，一些县、乡、镇政府也参与到利益分配之中来，从而导致集体经济组织和农民个人获取的补偿收益大大减少，除此之外，还存在落实到农民手中的补偿款被层层截留的现象。据国家有关统计资料，以土地出让成本价为100%计算，在征地收益分配中，农民只得到5% ~10%，村一级得到25% ~30%，政府及相关部门得到60% ~70%。目前，我国的农地征用和实际操作存在着错位和官本位格局下的“强政府—弱农民”的力量对比。工业要发展，城市化要发展，就必然要求重新配置社会资源。农地征收就是发展过程中典型的利益重新分配过程。在这个利益分配当中，政府总是试图使自己的利益最大化，并凭借自身强大的力量占据了上风。农民虽得到了一定数额的劳动力安置费、土地附着物和青苗补偿费，但他们所得到的与他们失地后面临的生活和重新创业的风险支出并不成正比。具体而言，在征地过程补偿中，政府和农民之间的利益分配关系是一种零和博弈。在这场博弈中，农民和国家的利益受到损害，地方政府和开发商获得巨大利益，前者的利益损害大于后者所获得的利益，所以对于整个社会而言，社会的利益等于零。

二、土地征收制度存在问题的对策研究

(1)深化农村土地产权制度改革，为保护被征地农民权益提供法律支撑。

农村土地产权制度是农村的基本经济制度，它决定着农民与土地的关系，决定着农民与政府和集体的关系，决定着农地资源的利用与配置效率。推进农村土地产权制度的改革，要按照土地产权配置市场化要求，可以从以下几个方面着手：一是确定国家土地所有权和集体土地所有权的平等保护原则。物权的平等保护原则是指所有物权不论权利人为何人，平等地受法律保护。国家土地所有权和集体土地所有权平等保护就要求国家土地所有者和集体土地所有者都平等地享有对自己土地占有、使用、收益和处分的权利，二者都相等地受法律保护。我国《物权法》第四条就确立了物权的平等保护原则：“国家、集体、私人的物权和其他权利人的物权受法律保护，任何单位和个人不得侵犯。”二是明确集体土地所有权的代表。首先，要明确土地所有权的层级范围，明确农村土地中国家、乡镇政府、村委会和村民小组对农地的所有权边界，并通过核发集体产权证的方式确认集体土地所有权的空间范围。

其次，在确定空间的范围后，选出集体土地所有权的代表，在农地征收过程中代表农民保护其合法权益。三是落实村民自治制度，保障集体农民决策的自主性。集体农民是市场经济条件下合法的市场主体，其具有自主支配自身财产的权利，即表现为民主决策，共同协商处理集体财产的权利。农村是我国最基层的民主自治的主体，保障集体农民决策的自主性是我国法治建设最基本的保障。要实现村民自治，在征地过程中的体现则是应在征地之前开展听证会，充分听取农民的意见，尊重其自身的决定，从而实现集体农民决策的自主性。四是明晰集体建设用地使用权权能。在明确集体土地所有权主体的前提下，明晰集体建设用地使用权权能，是实现集体建设用地有序流转的前提。农村集体土地所有权是一种私权，它是和国有土地所有权并列的一种权利，它们之间没有优劣之分，没有上下之别，法律应该平等保护。作为民事权利，在权能方面，集体土地所有权也不应与国有土地所有权有所差别，应同等产权同等对待，建立统一的城乡建设用地市场。产权平等是产权制度建设的重要内容。产权平等首先是产权主体的平等，土地产权主体要以平等的身份进入土地市场，任何超经济权力的介入，都会对市场交易的秩序构成破坏，影响市场机制的作用。在土地产权交易中，产权主体服从市场规则的约束，而不是服从行政权力的支配，不同的产权主体应享有同等的权利。要保证政府、企业和个人进行土地产权交易时处于平等的地位。其次是保证同种产权权利的平等，主要是国有建设用地和农民集体建设用地的产权权利要平等，要赋予农民集体建设用地所有权的产权与国家建设用地同等的权利，将集体建设用地纳入到正常的市场轨道，统一建设用地市场。

(2)严格限定"公共利益"，严格控制征地范围。

被征用的土地，作为个人交出的权利，应当用于增进社会的福利，作为国家，绝不能给个体加以社会毫无用处的约束，因此用地的公共利益性是对土地征用的首要限制。这种制度安排是农民集体所有权向政府手里的一种转移，而且是单向的不可逆转的转移，是行政强制性的、非意志性的转移，其法律依据是国家《宪法》和《土地管理法》，其经济动因是"公共利益"的需要。为了避免公共利益概念模糊而被泛化，应在法律的范围内对"公共利益"进行严格的限定。

(3)提高征地补偿标准，确保各项资金发放齐全。

征地补偿对于失地农民而言是直接的经济效益，是他们最重要的经济来源，但同时又是最容易引起矛盾的地方。提高征地的标准是建立合理的征地补偿和利益分享机制，解决失地农民问题的关键所在。在对失地农民进行补偿时，可以根据征地后土地的使用性质进行分类补偿。例如，对于纯公益性的项目用地(如学校、公园、医院等)可由国家拨款支付；对于准公益性的项目用地(如高速公路、自来水厂等)除国家支付征地费用外，还应允许集体经济组织代表农民与之平等协商，让农民也能分享有其增值收益。

(4)征地补偿费用采用分期和终身货币补偿。

将一次性的货币补偿分期、终身发放，可以给予农民长期保障。如江苏省昆山市出台政策规定：改一次性的补偿为分期和终身补偿，对被征地农户实行按年分期补偿的办法，每年落实发放到户，并根据物价上涨指数，三年左右上调一次。

(5)征地安置费采用土地债券安置。

土地债券安置即将农民的征地补偿费用直接入股到征收土地上建设的经营性企业中。这种方式是指在农村金融或基金信用较好的地区，在农民个人和集体同意的前提下，可采用发行土地债券的办法进行安置。此外,对于重点能源、交通、水利等基础设施建设,基于其综合效益周期长、收益稳定的特点,也可发放一定数量的土地债券作为征地补偿费,一定年限期满后,农民可以凭借土地债券获得相应的本息。

(6)征地补偿费入股安置方式。

此种方式一般仅适用于公益经营类项目而征收土地的情形。在农村集体经济组织和农民个人愿意的前提下,将部分或者全部征地补偿费入股,农村集体经济组织和农民个人作为股东参与用地单位的生产经营,享受经营利润并承担经营风险,其收入按股份合作制企业分配办法分配。这种安置方式能保护农民的长期利益,但存在一定的风险,因此必须强调农村集体经济组织成员集体民主决议和农民个人自愿的前提条件。

(7)规范征地程序,让农民平等地参与到征地过程中。

根据国土资源部制定的《国土资源听证规定》(2004 年 5 月 1 日起施行),对拟征地项目的补偿标准和安置方案,以及对拟订非农业建设占用基本农田方案存有疑问时,当事人将有权利向国土资源行政主管部门申请举行听证。凡当事人提出申请的,主管部门必须组织听证,不组织听证的将被视为程序违法,同时将对直接负责的主管人员和其他直接责任人员依法给予行政处分。规范和健全土地征用程序,增强信息的公开性和公正性,必须在通过审批后,尽早将土地的征用信息在一定范围内公告,让被征地农民尽早有知情权,以减少在具体征收时的抵触情绪和行为,让被征地农民享有异议权,避免矛盾的激化。

(8)加强农村的法制建设。

解决失地农民的保障问题,不只是一个经济问题,更是一个社会问题、政治问题。农村的土地征收方面出现一系列问题,造成农民利益受到损害,很大一部分原因是农村法制建设不健全。一方面,政府工作人员要增强自身的法律意识,提升自己的行政水平,心系百姓,秉持为人民服务的精神;另一方面,农民要加强其法律信仰,形成代表自己利益的群众组织,积极参与到与政府、社会经济组织的协商沟通中,直接、正面地表达其利益诉求。信访部门在面对农民上访案件时,应及时向有关部门汇报,在查明事实、调查清楚后依法做出处理,维护农民的合法权益。

(9)建立完善的再就业机制,鼓励失地农民自主创业。

失地农民在失地后已经不是纯粹意义上的农民了,只是由于户籍的限制仍被当作“农民”。当他们失去土地后,就和城市居民没有本质上的区别了,他们一样承受着市场经济下生存的巨大压力。因此,必须为失地农民建立相应的社会保障。我国目前征地的补偿标准较低,一般难以维持他们先前的生活水平,且这些补偿费也只能够维持 3 ~5 年的生活,加之征地对其发展权有一定的侵害,他们既无法继续以前的生产与生活,也难以再就业。所以,加强失地农民的就业技能培训力度就显尤为重要。在对失地农民进行技能培训时,尤其要加强中青年失地农民的技能培训,以提高失地农民的自身素质,适应竞争上岗就业的要求。各级政府应以市场为主导,将职业培训、技能鉴定、考核纳入为失地农民争取再就业的统一运作。另外,大力鼓励失地农民自主创业,营造良好的创业环境,建立灵活多样的创业机制,提供财税方面的优惠政策,彻底改变其在创业上的劣势。

(10)完善养老保障制度。

胡锦涛在中央政治局第三十一次集体学习时讲话强调,使农民享受到更好的社会保障,应制定出台切合当地实际的失地农民基本养老保险。为此,要坚持以下几个原则:一是“低门槛准入，多档次选择，不同标准享受”原则，实现“征地”与“城保”并轨运行、统一管理。二是相衔接原则。制订的失地农民基本养老保险方案、办法既要区别于城镇职工基本养老保险和其他保险，又要考虑与城镇职工基本养老保险和已建立的农村养老保险相衔接。三是区别对待原则。对征地时已经超过或接近超过劳动年龄段的人员，可一次性缴费，直接进入养老保障体系；对征地时的中年人员，可按不同年龄段每人分别一次性缴纳不同年限的基本养老保险费后，纳入城市统筹；对征地时的年轻人员，由于不确定因素多，原则上不用一次性补缴基本养老保险。四是自愿与强制相结合原则。对较早失地人员参加社会养老保险采取以自愿参保为主，对新征地人员则采取“应保尽保”的强制办法。五是因地制宜、循序渐进原则。征地一批，实施一批，先行试点，推动全局。在建立失地农民基本养老保险制度过程中，对于资金筹集问题，应采取“政府出一点、集体出一点、个人交一点”的办法，多方筹资，共同负担。

参 考 文 献

[1]陆红生.土地管理学总论[M].北京:中国农业出版社,2002.
[2]王万茂.土地利用规划学[M].北京:中国农业出版社,2002.
[3]叶公强.地籍管理[M].北京:中国农业出版社,2009.
[4]毕宝德.土地经济学[M].4版.北京:中国人民大学出版社,2001.
[5]王凤彬,李东.管理学[M].北京:中国人民大学出版社,2000.
[6]刘胜华,刘家彬.土地管理概论[M].武汉:武汉大学出版社,2006.
[7]杨闳伟.案例导读《土地管理法及配套规定适应与解析》[M].北京:法律出版社,2013.
[8]李遐桢.土地管理法配套解读与实例[M].北京:法律出版社,2014.
[9]国土资源执法监察规范编委会、土地违法案件查处及典型案例评析(上下卷)[M].北京:中国科技文化出版社,2007.
[10]法制网 http://www. legaldaily. com. cn/index/content/2012 _t7/25/caiilwit_3729426. ban node =20908.